U0182695

国家出版基金项目

绿色制造丛书

组织单位 | 中国机械工程学会

机床绿色制造
关键技术及应用

李聪波　曹华军　刘　飞　著

机械工业出版社

CHINA MACHINE PRESS

机床是装备制造业的核心，面对传统高能耗、高物耗的现状，发展机床绿色制造技术是实现制造业可持续发展的必由之路，对机床行业产业结构现代化转型有重大意义。本书系统地论述了机床绿色制造关键技术及应用，主要内容按照机床绿色制造总体框架、机床轻量化技术、机床节能技术、机床清洁切削工艺技术、机床再制造技术递进展开。

本书可作为高等院校机械工程、工业工程、管理科学与工程、环境工程等绿色制造相关专业研究生的教材或参考书，也可供制造企业工程技术人员和管理人员参考。

图书在版编目（CIP）数据

机床绿色制造关键技术及应用／李聪波，曹华军，刘飞著 . —北京：机械工业出版社，2022.5

（绿色制造丛书）

国家出版基金项目

ISBN 978-7-111-70524-6

Ⅰ.①机… Ⅱ.①李… ②曹… ③刘… Ⅲ.①机床-机械制造-无污染技术-研究 Ⅳ.①TG502

中国版本图书馆 CIP 数据核字（2022）第 058988 号

机械工业出版社（北京市百万庄大街 22 号　邮政编码 100037）
策划编辑：郑小光　　　　　　责任编辑：郑小光　戴　琳　杨　璇
责任校对：张　征　王明欣　责任印制：李　娜
北京宝昌彩色印刷有限公司印刷
2022 年 6 月第 1 版第 1 次印刷
169mm×239mm · 20.25 印张 · 378 千字
标准书号：ISBN 978-7-111-70524-6
定价：96.00 元

电话服务　　　　　　　网络服务
客服电话：010-88361066　机　工　官　网：www.cmpbook.com
　　　　　010-88379833　机　工　官　博：weibo.com/cmp1952
　　　　　010-68326294　金　书　网：www.golden-book.com
封底无防伪标均为盗版　机工教育服务网：www.cmpedu.com

"绿色制造丛书" 编撰委员会

主　任
宋天虎　中国机械工程学会
刘　飞　重庆大学

副主任（排名不分先后）
陈学东　中国工程院院士，中国机械工业集团有限公司
单忠德　中国工程院院士，南京航空航天大学
李　奇　机械工业信息研究院，机械工业出版社
陈超志　中国机械工程学会
曹华军　重庆大学

委　员（排名不分先后）
李培根　中国工程院院士，华中科技大学
徐滨士　中国工程院院士，中国人民解放军陆军装甲兵学院
卢秉恒　中国工程院院士，西安交通大学
王玉明　中国工程院院士，清华大学
黄庆学　中国工程院院士，太原理工大学
段广洪　清华大学
刘光复　合肥工业大学
陆大明　中国机械工程学会
方　杰　中国机械工业联合会绿色制造分会
郭　锐　机械工业信息研究院，机械工业出版社
徐格宁　太原科技大学
向　东　北京科技大学
石　勇　机械工业信息研究院，机械工业出版社
王兆华　北京理工大学
左晓卫　中国机械工程学会
朱　胜　再制造技术国家重点实验室
刘志峰　合肥工业大学
朱庆华　上海交通大学
张洪潮　大连理工大学

李方义　山东大学
刘红旗　中机生产力促进中心
李聪波　重庆大学
邱　城　中机生产力促进中心
何　彦　重庆大学
宋守许　合肥工业大学
张超勇　华中科技大学
陈　铭　上海交通大学
姜　涛　工业和信息化部电子第五研究所
姚建华　浙江工业大学
袁松梅　北京航空航天大学
夏绪辉　武汉科技大学
顾新建　浙江大学
黄海鸿　合肥工业大学
符永高　中国电器科学研究院股份有限公司
范志超　合肥通用机械研究院有限公司
张　华　武汉科技大学
张钦红　上海交通大学
江志刚　武汉科技大学
李　涛　大连理工大学
王　蕾　武汉科技大学
邓业林　苏州大学
姚巨坤　再制造技术国家重点实验室
王禹林　南京理工大学
李洪丞　重庆邮电大学

"绿色制造丛书" 编撰委员会办公室

主　任
刘成忠　陈超志

成　员（排名不分先后）
王淑芹　曹　军　孙　翠　郑小光　罗晓琪　李　娜　罗丹青　张　强　赵范心
李　楠　郭英玲　权淑静　钟永刚　张　辉　金　程

制造是改善人类生活质量的重要途径，制造也创造了人类灿烂的物质文明。

也许在远古时代，人类从工具的制作中体会到生存的不易，生命和生活似乎注定就是要和劳作联系在一起的。工具的制作大概真正开启了人类的文明。但即便在农业时代，古代先贤也认识到在某些情况下要慎用工具，如孟子言："数罟不入洿池，鱼鳖不可胜食也；斧斤以时入山林，材木不可胜用也。"可是，我们没能记住古训，直到20世纪后期我国乱砍滥伐的现象比较突出。

到工业时代，制造所产生的丰富物质使人们感受到的更多是愉悦，似乎自然界的一切都可以为人的目的服务。恩格斯告诫过：我们统治自然界，决不像征服者统治异民族一样，决不像站在自然以外的人一样，相反地，我们同我们的肉、血和头脑一起都是属于自然界，存在于自然界的；我们对自然界的整个统治，仅是我们胜于其他一切生物，能够认识和正确运用自然规律而已（《劳动在从猿到人转变过程中的作用》）。遗憾的是，很长时期内我们并没有听从恩格斯的告诫，却陶醉在"人定胜天"的臆想中。

信息时代乃至即将进入的数字智能时代，人们惊叹欣喜，日益增长的自动化、数字化以及智能化将人从本是其生命动力的劳作中逐步解放出来。可是蓦然回首，倏地发现环境退化、气候变化又大大降低了我们不得不依存的自然生态系统的承载力。

不得不承认，人类显然是对地球生态破坏力最大的物种。好在人类毕竟是理性的物种，诚如海德格尔所言：我们就是除了其他可能的存在方式以外还能够对存在发问的存在者。人类存在的本性是要考虑"去存在"，要面向未来的存在。人类必须对自己未来的存在方式、自己依赖的存在环境发问！

1987年，以挪威首相布伦特兰夫人为主席的联合国世界环境与发展委员会发表报告《我们共同的未来》，将可持续发展定义为：既满足当代人的需要，又不对后代人满足其需要的能力构成危害的发展。1991年，由世界自然保护联盟、联合国环境规划署和世界自然基金会出版的《保护地球——可持续生存战略》一书，将可持续发展定义为：在不超出支持它的生态系统承载能力的情况下改善人类的生活质量。很容易看出，可持续发展的理念之要在于环境保护、人的生存和发展。

世界各国正逐步形成应对气候变化的国际共识，绿色低碳转型成为各国实现可持续发展的必由之路。

中国面临的可持续发展的压力尤甚。经过数十年来的发展，2020 年我国制造业增加值突破 26 万亿元，约占国民生产总值的 26%，已连续多年成为世界第一制造大国。但我国制造业资源消耗大、污染排放量高的局面并未发生根本性改变。2020 年我国碳排放总量惊人，约占全球总碳排放量 30%，已经接近排名第 2 ~ 5 位的美国、印度、俄罗斯、日本 4 个国家的总和。

工业中最重要的部分是制造，而制造施加于自然之上的压力似乎在接近临界点。那么，为了可持续发展，难道舍弃先进的制造？非也！想想庄子笔下的圃畦丈人，宁愿抱瓮舀水，也不愿意使用桔槔那种杠杆装置来灌溉。他曾教训子贡："有机械者必有机事，有机事者必有机心。机心存于胸中，则纯白不备；纯白不备，则神生不定；神生不定者，道之所不载也。"（《庄子·外篇·天地》）单纯守纯朴而弃先进技术，显然不是当代人应守之道。怀旧在现代世界中没有存在价值，只能被当作追逐幻境。

既要保护环境，又要先进的制造，从而维系人类的可持续发展。这才是制造之道！绿色制造之理念如是。

在应对国际金融危机和气候变化的背景下，世界各国无论是发达国家还是新型经济体，都把发展绿色制造作为赢得未来产业竞争的关键领域，纷纷出台国家战略和计划，强化实施手段。欧盟的"未来十年能源绿色战略"、美国的"先进制造伙伴计划 2.0"、日本的"绿色发展战略总体规划"、韩国的"低碳绿色增长基本法"、印度的"气候变化国家行动计划"等，都将绿色制造列为国家的发展战略，计划实施绿色发展，打造绿色制造竞争力。我国也高度重视绿色制造，《中国制造 2025》中将绿色制造列为五大工程之一。中国承诺在 2030 年前实现碳达峰，2060 年前实现碳中和，国家战略将进一步推动绿色制造科技创新和产业绿色转型发展。

为了助力我国制造业绿色低碳转型升级，推动我国新一代绿色制造技术发展，解决我国长久以来对绿色制造科技创新成果及产业应用总结、凝练和推广不足的问题，中国机械工程学会和机械工业出版社组织国内知名院士和专家编写了"绿色制造丛书"。我很荣幸为本丛书作序，更乐意向广大读者推荐这套丛书。

编委会遴选了国内从事绿色制造研究的权威科研单位、学术带头人及其团队参与编著工作。丛书包含了作者们对绿色制造前沿探索的思考与体会，以及对绿色制造技术创新实践与应用的经验总结，非常具有前沿性、前瞻性和实用性，值得一读。

丛书的作者们不仅是中国制造领域中对人类未来存在方式、人类可持续发展的发问者，更是先行者。希望中国制造业的管理者和技术人员跟随他们的足迹，通过阅读丛书，深入推进绿色制造！

华中科技大学　李培根

2021 年 9 月 9 日于武汉

丛书序二

在全球碳排放量激增、气候加速变暖的背景下，资源与环境问题成为人类面临的共同挑战，可持续发展日益成为全球共识。发展绿色经济、抢占未来全球竞争的制高点，通过技术创新、制度创新促进产业结构调整，降低能耗物耗、减少环境压力、促进经济绿色发展，已成为国家重要战略。我国明确将绿色制造列为《中国制造2025》五大工程之一，制造业的"绿色特性"对整个国民经济的可持续发展具有重大意义。

随着科技的发展和人们对绿色制造研究的深入，绿色制造的内涵不断丰富，绿色制造是一种综合考虑环境影响和资源消耗的现代制造业可持续发展模式，涉及整个制造业，涵盖产品整个生命周期，是制造、环境、资源三大领域的交叉与集成，正成为全球新一轮工业革命和科技竞争的重要新兴领域。

在绿色制造技术研究与应用方面，围绕量大面广的汽车、工程机械、机床、家电产品、石化装备、大型矿山机械、大型流体机械、船用柴油机等领域，重点开展绿色设计、绿色生产工艺、高耗能产品节能技术、工业废弃物回收拆解与资源化等共性关键技术研究，开发出成套工艺装备以及相关试验平台，制定了一批绿色制造国家和行业技术标准，开展了行业与区域示范应用。

在绿色产业推进方面，开发绿色产品，推行生态设计，提升产品节能环保低碳水平，引导绿色生产和绿色消费。建设绿色工厂，实现厂房集约化、原料无害化、生产洁净化、废物资源化、能源低碳化。打造绿色供应链，建立以资源节约、环境友好为导向的采购、生产、营销、回收及物流体系，落实生产者责任延伸制度。壮大绿色企业，引导企业实施绿色战略、绿色标准、绿色管理和绿色生产。强化绿色监管，健全节能环保法规、标准体系，加强节能环保监察，推行企业社会责任报告制度。制定绿色产品、绿色工厂、绿色园区标准，构建企业绿色发展标准体系，开展绿色评价。一批重要企业实施了绿色制造系统集成项目，以绿色产品、绿色工厂、绿色园区、绿色供应链为代表的绿色制造工业体系基本建立。我国在绿色制造基础与共性技术研究、离散制造业传统工艺绿色生产技术、流程工业新型绿色制造工艺技术与设备、典型机电产品节能减排技术、退役机电产品拆解与再制造技术等方面取得了较好的成果。

但是作为制造大国，我国仍未摆脱高投入、高消耗、高排放的发展方式，资源能源消耗和污染排放与国际先进水平仍存在差距，制造业绿色发展的目标尚未完成，社会技术创新仍以政府投入主导为主；人们虽然就绿色制造理念形成共识，但绿色制造技术创新与我国制造业绿色发展战略需求还有很大差距，一些亟待解决的主要问题依然突出。绿色制造基础理论研究仍主要以跟踪为主，原创性的基础研究仍较少；在先进绿色新工艺、新材料研究方面部分研究领域有一定进展，但颠覆性和引领性绿色制造技术创新不足；绿色制造的相关产业还处于孕育和初期发展阶段。制造业绿色发展仍然任重道远。

本丛书面向构建未来经济竞争优势，进一步阐述了深化绿色制造前沿技术研究，全面推动绿色制造基础理论、共性关键技术与智能制造、大数据等技术深度融合，构建我国绿色制造先发优势，培育持续创新能力。加强基础原材料的绿色制备和加工技术研究，推动实现功能材料特性的调控与设计和绿色制造工艺，大幅度地提高资源生产率水平，提高关键基础件的寿命、高分子材料回收利用率以及可再生材料利用率。加强基础制造工艺和过程绿色化技术研究，形成一批高效、节能、环保和可循环的新型制造工艺，降低生产过程的资源能源消耗强度，加速主要污染排放总量与经济增长脱钩。加强机械制造系统能量效率研究，攻克离散制造系统的能量效率建模、产品能耗预测、能量效率精细评价、产品能耗定额的科学制定以及高能效多目标优化等关键技术问题，在机械制造系统能量效率研究方面率先取得突破，实现国际领先。开展以提高装备运行能效为目标的大数据支撑设计平台，基于环境的材料数据库、工业装备与过程匹配自适应设计技术、工业性试验技术与验证技术研究，夯实绿色制造技术发展基础。

在服务当前产业动力转换方面，持续深入细致地开展基础制造工艺和过程的绿色优化技术、绿色产品技术、再制造关键技术和资源化技术核心研究，研究开发一批经济性好的绿色制造技术，服务经济建设主战场，为绿色发展做出应有的贡献。开展铸造、锻压、焊接、表面处理、切削等基础制造工艺和生产过程绿色优化技术研究，大幅降低能耗、物耗和污染物排放水平，为实现绿色生产方式提供技术支撑。开展在役再设计再制造技术关键技术研究，掌握重大装备与生产过程匹配的核心技术，提高其健康、能效和智能化水平，降低生产过程的资源能源消耗强度，助推传统制造业转型升级。积极发展绿色产品技术，研究开发轻量化、低功耗、易回收等技术工艺，研究开发高效能电机、锅炉、内燃机及电器等终端用能产品，研究开发绿色电子信息产品，引导绿色消费。开展新型过程绿色化技术研究，全面推进钢铁、化工、建材、轻工、印染等行业绿色制造流程技术创新，新型化工过程强化技术节能环保集成优化技术创新。开展再制造与资源化技术研究，研究开发新一代再制造技术与装备，深入推进废旧汽车（含新能源汽车）零部件和退役机电产品回收逆向物流系统、拆解/破碎/分离、高附加值资源化等关键技术与装备研究并应用示范，实现机电、汽车等产品的可拆卸和易回收。研究开发钢铁、冶金、石化、轻工等制造流程副产品绿色协同处理与循环利用技术，提高流程制造资源高效利用绿色产业链技术创新能力。

在培育绿色新兴产业过程中，加强绿色制造基础共性技术研究，提升绿色制造科技创新与保障能力，培育形成新的经济增长点。持续开展绿色设计、产品全生命周期评价方法与工具的研究开发，加强绿色制造标准法规和合格评判程序与范式研究，针对不同行业形成方法体系。建设绿色数据中心、绿色基站、绿色制造技术服务平台，建立健全绿色制造技术创新服务体系。探索绿色材料制备技术，培育形成新的经济增长点。开展战略新兴产业市场需求的绿色评价研究，积极引领新兴产业高起点绿色发展，大力促进新材料、新能源、高端装备、生物产业绿色低碳发展。推动绿色制造技术与信息的深度融合，积极发展绿色车间、绿色工厂系统、绿色制造技术服务业。

非常高兴为本丛书作序。我们既面临赶超跨越的难得历史机遇，也面临差距拉大的严峻挑战，唯有勇立世界技术创新潮头，才能赢得发展主动权，为人类文明进步做出更大贡献。相信这套丛书的出版能够推动我国绿色科技创新，实现绿色产业引领式发展。绿色制造从概念提出至今，取得了长足进步，希望未来有更多青年人才积极参与到国家制造业绿色发展与转型中，推动国家绿色制造产业发展，实现制造强国战略。

中国机械工业集团有限公司　陈学东

2021 年 7 月 5 日于北京

绿色制造是绿色科技创新与制造业转型发展深度融合而形成的新技术、新产业、新业态、新模式，是绿色发展理念在制造业的具体体现，是全球新一轮工业革命和科技竞争的重要新兴领域。

我国自20世纪90年代正式提出绿色制造以来，科学技术部、工业和信息化部、国家自然科学基金委员会等在"十一五""十二五""十三五"期间先后对绿色制造给予了大力支持，绿色制造已经成为我国制造业科技创新的一面重要旗帜。多年来我国在绿色制造模式、绿色制造共性基础理论与技术、绿色设计、绿色制造工艺与装备、绿色工厂和绿色再制造等关键技术方面形成了大量优秀的科技创新成果，建立了一批绿色制造科技创新研发机构，培育了一批绿色制造创新企业，推动了全国绿色产品、绿色工厂、绿色示范园区的蓬勃发展。

为促进我国绿色制造科技创新发展，加快我国制造企业绿色转型及绿色产业进步，中国机械工程学会和机械工业出版社联合中国机械工程学会环境保护与绿色制造技术分会、中国机械工业联合会绿色制造分会，组织高校、科研院所及企业共同策划了"绿色制造丛书"。

丛书成立了包括李培根院士、徐滨士院士、卢秉恒院士、王玉明院士、黄庆学院士等50多位顶级专家在内的编委会团队，他们确定选题方向，规划丛书内容，审核学术质量，为丛书的高水平出版发挥了重要作用。作者团队由国内绿色制造重要创导者与开拓者刘飞教授牵头，陈学东院士、单忠德院士等100余位专家学者参与编写，涉及20多家科研单位。

丛书共计32册，分三大部分：①总论，1册；②绿色制造专题技术系列，25册，包括绿色制造基础共性技术、绿色设计理论与方法、绿色制造工艺与装备、绿色供应链管理、绿色再制造工程5大专题技术；③绿色制造典型行业系列，6册，涉及压力容器行业、电子电器行业、汽车行业、机床行业、工程机械行业、冶金设备行业等6大典型行业应用案例。

丛书获得了2020年度国家出版基金项目资助。

丛书系统总结了"十一五""十二五""十三五"期间，绿色制造关键技术与装备、国家绿色制造科技重点专项等重大项目取得的基础理论、关键技术和装备成果，凝结了广大绿色制造科技创新研究人员的心血，也包含了作者对绿色制造前沿探索的思考与体会，为我国绿色制造发展提供了一套具有前瞻性、系统性、实用性、引领性的高品质专著。丛书可为广大高等院校师生、科研院所研发人员以及企业工程技术人员提供参考，对加快绿色制造创新科技在制造业中的推广、应用，促进制造业绿色、高质量发展具有重要意义。

当前我国提出了 2030 年前碳排放达峰目标以及 2060 年前实现碳中和的目标，绿色制造是实现碳达峰和碳中和的重要抓手，可以驱动我国制造产业升级、工艺装备升级、重大技术革新等。因此，丛书的出版非常及时。

绿色制造是一个需要持续实现的目标。相信未来在绿色制造领域我国会形成更多具有颠覆性、突破性、全球引领性的科技创新成果，丛书也将持续更新，不断完善，及时为产业绿色发展建言献策，为实现我国制造强国目标贡献力量。

中国机械工程学会　宋天虎

2021 年 6 月 23 日于北京

前　言

机床是机械加工制造系统的主体，是装备制造业的核心，具有量大面广、能量消耗总量大、能效低、绿色化程度普遍不足等特点，全生命周期的绿色问题十分突出。大量统计调查表明，机床平均能量利用率低于30%；一台功率为22kW的数控机床，运行一年所耗电能所对应的 CO_2 排放量相当于61辆运动型多功能汽车的排放量。国外机床制造业的绿色制造早已引起政府和企业的重视，并得到了多年的发展，积累了一定经验：国际标准化组织（ISO）制定 *Environmental Evaluation of Machine Tools*（ISO 14955）国际标准为全球机床制造和机床使用企业提供节能标准参考；欧盟"下一代生产系统"研究计划提出开发绿色机床项目；日本产业技术综合研究所常年开展绿色机床方面的研发工作。机床绿色制造技术研究意义重大，已成为世界制造业可持续发展的重要战略和学术热点。

我国机床保有量达1000万台，总量居世界第一，但大量机床装备技术落后、老化严重，不仅存在功能落后、制造效率低、制造质量差等制造能力问题，而且存在能耗大、噪声大、粉尘和油雾污染大等资源消耗和环境影响问题。然而，我国的机床制造业很少考虑制造过程的环境影响和资源消耗情况，造成制造过程的资源利用率不高，资源浪费大且产生一系列的环境污染物，对生态环境造成严重的影响。我国机床行业制造的机床产品大多不符合国际机床市场的绿色性能要求，造成我国机床行业的竞争力低下，机床产品市场不够广阔。

因此，研究机床绿色制造技术，不仅可以提高我国机床行业竞争力、抢占国际市场，同时也是国家科技发展战略的重要体现，是实现"建设资源节约型、环境友好型社会"的重要手段，是推进"碳达峰碳中和"战略的有效途径，是我国从制造大国迈向制造强国的重要保障。本书作者致力于机床绿色制造技术的研究，取得了一定研究成果，并收集了大量国内外研究文献资料，经过总结和凝练，完成了本书的主要内容。

本书共5章，主要内容按照机床全生命周期评价技术，机床设计阶段、使用阶段、再制造阶段的绿色制造关键技术递进展开。第1章绪论主要介绍了机床绿色制造的意义、研究框架和国内外研究现状；第2章介绍了机床轻量化技术，主要包括机床材料轻量化与结构轻量化技术以及典型案例等；第3章介绍了机床节能技术，主要包括机床能效监控技术及系统、机床工艺参数能效优化技术及系统等；第 4 章介绍了机床清洁切削工艺技术，主要包括机床干式切削与微量润滑切削等；第 5 章介绍了机床再制造技术，主要包括机床再制造的关键技术体系、废旧机床零部件精密再制造、机床再制造的实施模式分析以及机床再制造工程实践。

本书由重庆大学李聪波、曹华军和刘飞撰写，上海理工大学丁晓红、李天箭、黄元辰、重庆大学王秋莲、杜彦斌、陈行政、陈永鹏、杨潇、吕岩参与了本书内容的研究工作。

感谢浙江大学杨华勇院士，华中科技大学邵新宇院士，中国机械工业联合会李冬茹教授，机械科学研究总院邱城研究员，清华大学王立平教授，IEEE Fellow、美国新泽西理工学院 Mengchu Zhou 教授，美国罗文大学 Ying Tang 教授，英国贝尔法斯特女王大学 Yan Jin 教授等对相关研究工作给予的热心指导和建议。感谢国家自然科学基金项目（51975075）对相关研究的资助。本书的出版得到机械工业出版社的大力支持，在此一并表示感谢。

此外，本书在写作过程中参考了大量的文献，作者已尽可能地将其列在了各章的参考文献中，在此向所有被引用文献的作者表示诚挚的谢意。

由于机床绿色制造关键技术是一门正在迅速发展的新兴学科，涉及面广、专业性强，加之作者水平有限，本书许多内容还有待完善和深入研究，对于不足之处，敬请广大读者批评指正，提出宝贵意见。

作　者
2021 年 11 月

目录 CONTENTS

第 1 章

———

绪　　论

1.1　机床绿色制造的意义

在全球经济社会发展的过程中，对能源的消耗量不断增加。相关数据表明，全球每年平均消耗能源从 1990 年的 128.2 亿 t 标准煤增长到 2019 年的 206 亿 t 标准煤，总的增长量超过了 60%。我国作为全球第二大经济体，虽然近几年经济发展速度有所下降，政府也一直致力于经济结构改革升级，优化发展结构，但是能源消耗量依然是世界上最多的国家之一。根据中国能源研究会统计，2020 年我国能源消耗总量为 49.8 亿 t 标准煤，同比 2019 年增长了 2.2%。与 2010 年的能源消耗总量 32.5 亿 t 标准煤相比，我国能源年消耗量增长了 53.2%。《BP 世界能源展望（2020 年版）》中指出，到 2050 年我国能源消耗总量将占世界能源消耗总量的 20% 以上。

我国经济社会正处于转型升级的关键期，节能降耗一直是政府的工作重点之一。2012 年，国务院印发的《节能减排"十二五"规划》中明确提出在"十二五"期间实现节约能源 6.7 亿 t 标准煤。2014 年《国家应对气候变化规划（2014—2020 年）》中指出，到 2020 年，实现单位国内生产总值二氧化碳排放比 2005 年下降 40%~45%。2016 年 12 月，国务院发布的《"十三五"节能减排综合工作方案》中提出实施工业能效赶超行动，到 2020 年，工业能源利用效率和清洁化水平显著提高，规模以上工业企业单位增加值能耗比 2015 年降低 18% 以上，提升工业生产率和能耗效率。2020 年，国家主席习近平在联合国大会上宣布中国二氧化碳排放力争于 2030 年前达到峰值，努力争取 2060 年前实现碳中和。

制造业是全球经济发展的基础，同时也是全球工业的能源消耗主体。《BP 世界能源展望（2020 年版）》中指出，制造业约占一次能源使用量的 1/3。据《2017—2022 年中国能源行业发展分析研究及投资前景预测报告》统计，我国制造业能源消耗量占能源消耗总量的 57.8%，而美国能源信息局在 2021 年 2 月发布的 *Annual Energy Outlook* 2021 中显示美国工业能耗仅占总能耗的 25%。相关数据统计显示，我国从 1995 年到 2018 年，制造业能源消耗平均增速为 5.62%，然而制造业能源总体消耗增速却有 82.54%。《制造业设计能力提升专项行动（2019—2022 年）》提出要强化装备制造业绿色可持续设计理念。综上，我国制造业领域还有很大的节能空间，通过制造业的节能能够有效地帮助国家实现节能降耗的目标。

机床是装备制造业的核心，面对传统高能耗、高物耗的现状，发展高能效绿色机床技术是实现制造业可持续发展的必由之路，对机床行业产业结构现代化转型有重大意义。国际标准化组织 ISO 制定的机床环境评价标准 *Environmental*

Evaluation of Machine Tools（ISO 14955），重点要求提高机床的能效水平，实现机床产品的节能降耗。欧盟"下一代生产系统"研究计划，提出开发绿色机床。《中华人民共和国国民经济和社会发展第十四个五年规划和2035年远景目标纲要》指出要深入实施绿色制造工程，推动高端数控机床创新发展。高能效绿色机床已成为国内外学术界和产业界的关注热点。

近年来，我国已发展成为全球机床保有量、产销量均居世界第一的国家。据统计，我国机床保有量超过1000万台，但普遍存在机床材料消耗大、能耗高、可靠性不高等缺点，与国际上绿色机床的内涵存在很大差距。《中国制造2025》将"高档数控机床和机器人"列为十大重点突破的产业领域；同时在《中国制造2025》的绿色制造专栏中明确提出"加快应用清洁高效铸造、锻压、焊接、表面处理、切削等加工工艺，实现绿色生产""大力促进新材料、新能源、高端装备、生物产业绿色低碳发展""大力发展再制造产业，实施高端再制造、智能再制造、在役再制造，推进产品认定，促进再制造产业持续健康发展"。

金属切削机床是装备制造业的"工作母机"，主要为汽车、军工、农机、工程机械、电力设备、铁路机车、船舶等行业服务，是衡量一个国家装备制造业发展水平的重要标志。机床的绿色设计及产品研发不仅是高端机床装备发展的需要，同时也是制造业绿色转型升级的重要支撑。目前，我国在机床轻量化、机床节能、机床清洁切削、机床再制造等方面已经有丰富的理论基础，部分关键技术得到了应用，但缺乏面向机床产品全生命周期的绿色设计制造一体化的关键技术及平台，严重制约了金属切削机床的绿色发展。

机床作为工作母机和长寿命产品，全生命周期的绿色问题十分突出，主要表现在以下几方面：

1）在数控机床结构件的传统设计中，大部分设计人员依据经验和相应机械设计标准进行经验化结构设计。这样做虽然能够在一定程度上满足机床结构的使用要求，但会造成机床整体结构粗放、笨重，材料冗余过大，制造成本增加。随着计算机技术的迅猛发展，机床控制系统集成化程度、控制精度越来越高，机床机械结构也向着高度集成、低功少材、高可靠性的方向发展，这对机床零部件的结构设计提出了更高的要求，传统的结构设计方法已难以满足现代机床的发展需求。因此，机床结构件的轻量化设计已成为机床行业保持高精、高效、低成本发展的迫切需求。

2）机床运行过程中能量流环节多、能量损耗严重、能量耗散规律复杂，有效降低机床运行能耗，进而减少制造业发展对环境的影响，是机床节能降耗的重要研究课题。

3）随着现代切削技术的发展，切削液的用量越来越大，使用切削液所带来的负面影响已不容忽视，如大量使用切削液增加制造成本，切削液中含有矿物油及硫、磷、氯等对环境有害的添加剂，切削液受热挥发在车间内形成烟雾等。如何采用绿色切削加工工艺技术，在整个加工过程中做到对资源的利用率最高和对环境的污染最小，是机床绿色制造的一个关键问题。

4）大量机床报废会导致严重的资源浪费，然而废旧机床普遍存在零部件信息残缺及损伤不确定、整机精度及可靠性难以保证等问题，如何基于不完整信息实现废旧机床再制造是亟须攻克的瓶颈问题。

因此，本书将从机床全生命周期角度出发，对机床的轻量化、节能优化、清洁切削、再制造绿色制造关键技术进行详细阐释，为机床的绿色制造提供支持工具，对于机械加工行业实施绿色制造、实现产业升级具有重要的指导意义。

1.2 机床绿色制造研究框架

1.2.1 研究对象及范围

机床是指制造机器的机器，也称为工作母机或工具机，分为金属切削机床、锻压机床、木工机床、特种加工机床等，能够使用电能、热能、声能、光能、化学能、电化学能、机械能等进行加工制造。狭义的机床仅指使用最广的金属切削机床，是对金属或其他材料的工件进行加工，使之获得所要求的几何形状、尺寸精度和表面质量的机器。机床作为制造业基础，对振兴我国装备制造业、在国民经济建设中发挥着重大作用。

目前，全球经济发展的同时也伴随一定的环境污染问题，包括资源的过度掠夺和使用都为人类带来无法弥补的环境问题。基于可持续发展理念，绿色制造技术成为人类改变工业领域污染现状迈出的重要一步。绿色制造技术是指生产产品在设计、制造流程、外在装饰方面都遵循绿色环境和可持续循环利用的理念，同时在产品运输的过程中也应减少对环境的污染，产品使用以及回收都应做到生态效益与经济效益并重，最大限度地保护环境，减少污染，这就是绿色制造的核心主题，也是目前工业发展的必由之路。目前，机床的节能环保、绿色制造技术已成为研究热点，出现了不少专门从事机床再制造业务的企业，美国已有 200 多家专门从事机床再制造的公司（如 Maintenance Service Corp）。此外，许多机床制造商（如德国吉特迈集团股份公司等机床企业）也非常重视机床再制造业务。

由于环境污染带来的危害日益严重，人们开始意识到绿色制造技术对工业生产和工业转型的重要性。工业生产在创造财富、提供消费的同时也应该保持环境的协调。绿色制造技术的内涵就是将财富、消费与环境三者结合，协调发展。绿色制造技术所涉及的领域是其制造过程（包含环境和资源问题），不仅要减少制造过程对环境的影响，也要降低制造过程对资源的消耗。绿色制造技术是在可持续发展的主题下，实现经济利益及环境问题的双重优化目标。

机床制造不仅会造成能源消耗，也会产生一定的污染物，对环境造成污染。因此许多研究者开始关注绿色制造这一主题，试图减少机床生产带来的环境污染。然而，绿色制造是面向产品全生命周期的，目前对于如何系统全面地在机床行业实施绿色制造这个问题，还缺乏深入、系统的研究。因此，本书从这一视角出发，围绕机床产品全生命周期对机床行业绿色制造关键技术进行了研究，以期为机床行业提供借鉴。

机床绿色制造内容包括机床绿色原材料选择、机床绿色加工工艺选择和节能优化、机床运输绿色物流、机床运行监测控制、机床绿色调度、机床预测性维护、机床绿色维修、废旧机床再制造等。本书面向机床绿色制造、立足于机床全生命周期，开展但不限于以下研究：

1）机床轻量化技术。设计人员必须具有良好的环境意识。设计阶段在满足机床的功能和保证生产质量的同时，充分考虑环境问题，尤其考虑机床报废后的可回收性，提高资源利用率和减少废弃物，从而树立全新的绿色机床设计理念。使用轻量化设计方法，减轻机床尤其是运动部件的重量，能够有效降低使用、回收过程中的能量消耗。

2）机床节能技术。机床节能技术是指实现机床的能效智能监控。在建立机床能耗和加工模型、满足加工质量和效率要求的前提下，以能耗或加工时间为目标，通过寻优算法寻找合适的加工参数。如对于切削加工，在满足加工质量要求的前提下，寻找能耗最低的切削速度、切削深度、进给速度。试验验证该方法能够有效降低机床能耗，节约加工时间。

3）机床清洁切削工艺技术。绿色制造工艺随着科学技术的高速发展在不断地趋于完善，也将成为现代机床制造技术发展的趋势之一。绿色制造工艺包括高速干式切削工艺、微量润滑技术、低温冷风切削技术等。在生产过程中，根据客户要求，在满足生产要求的基础上尽量选用绿色制造工艺、简化生产工艺、分解复杂的生产工艺、高效低能耗的生产工艺。要考虑解决产品零件在废弃后带来难处理的工艺问题，从而减少对环境的影响及材料的浪费。

4）机床再制造技术。机床再制造既是一种充分利用现有废旧机床资源进行机床制造的新模式，又是一项符合循环经济、绿色经济、低碳经济产业政策的阳光产业。机床再制造能够运用现代先进的制造工艺技术、信息技术、数控技术和绿色制造技术，对废旧机床进行创新性再设计、再制造、再装配，其目标是规模化地再制造出比原机床功能更强、性能更优的机床。

1.2.2 研究框架

本书围绕机床全生命周期绿色化提升关键科学问题，阐释了机床绿色制造关键技术及应用，包括机床轻量化技术、机床节能技术、机床清洁切削工艺技术、机床再制造技术等，介绍了机床绿色制造的典型工程应用，形成了机床全生命周期绿色制造关键技术体系框架，如图1-1所示。

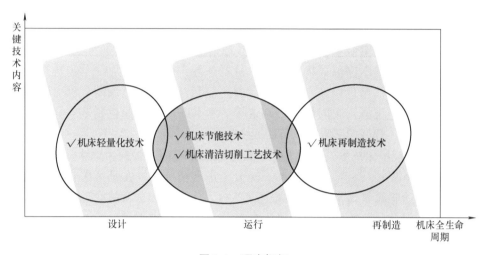

图1-1 研究框架

1.3 机床绿色制造国内外研究现状

1.3.1 机床轻量化技术研究现状

机床轻量化设计包括机床新材料设计和支承件的结构优化设计。机床新材料设计是在结构一定的情况下，通过使用新型材料、轻质材料、轻质复合材料以及高阻尼材料来实现机床的轻量化设计。机床结构中有许多箱体类、壁板类等承重结构。结构优化设计是通过改变机床结构形式以及其中筋板布置形式来达到机床轻量化的目的。

1. 新材料设计

近年来，在机床新材料的设计上诸多学者取得了很多突破。各种各样的轻质材料被应用在机床各个支承件上，在保证强度和刚度的前提下，实现了机床的轻量化设计。

卢天健、张钱城等讨论了高档数控机床在轻质材料和结构研究上的发展趋势，提出了针对高档数控机床材料数据库的建立等想法；Baumeister 等研究出空心球体复合（HSC）轻质材料，并将其运用到机床立柱中，在保证性能的前提下，实现了立柱的减重；Lee 等采用高模量的纤维复合材料应用在数控机床的导轨上，使其正常运行的同时减轻重量；于英华等运用 ANSYS 软件对比了铸铁工作台和泡沫铝材料工作台的动态性能，研究表明泡沫铝材料工作台的动态性能明显要优于铸铁工作台；吴隆等研究表明用聚合物混凝土制造的床身无论在刚度还是在动态性能方面都要优于灰铸铁。施维对如何制造出刚度高的机床支承件进行研究，研究表明，对于基体床身可采用人造花岗石、环氧树脂、特种钢筋混凝土等非金属材料制造，对于工作台的制造可采用纤维增强塑料和铁铝合金等轻质材料。

新材料设计与结构优化设计相比，轻量化设计重点在于保证机床性能的前提下降低制造成本，包括使用廉价材料和轻质材料。

2. 结构优化设计

结构优化设计是伴随着计算机的出现和有限元方法理论的发展应运而生的新技术，即使用强大的结构分析工具和一套系统的方法来改进设计、优化设计。结构设计跨越了低效的类比法设计发展成结构优化设计。图 1-2 所示为结构优化设计过程。

图 1-2　结构优化设计过程

目前，国内外学者在机床结构优化设计上取得了大量研究成果。Jayaram 和 Lyons 基于有限元方法，建立了一种机床结合面连接形式的数学模型，实现对螺栓等机床结合面连接件的位置和数量进行优化设计。美国 Hull 提出运用有限元分析软件以及拓扑优化软件对机械结构进行结构优化设计，此思想的提出为机床轻量化设计指引了新的方向。赵岭等通过对生物结构的研究，提出了将仿生学运用在机床结构设计中的新思想，并将轻质连杆夹层结构运用在机床工作台的筋板布置上，在保证机床整体刚度的前提下实现了机床工作台的轻量化。杨永亮、宋冬冬、平华丽基于有限元分别对 C6140、高速卧式加工中心、CA6140 床身进行优化设计，在保证机床静、动态性能的基础上，实现床身减重，满足了轻量化要求。

赵二鑫将结构优化设计运用到 VHT 系列立式车铣复合加工中心床鞍上，通过拓扑优化得到床鞍合理的材料分布趋向（概念模型），在此概念模型的基础上再对床鞍结构进行精细化设计，设计出的新结构可在保证静、动态性能不变的前提下，减重达14.33%。董惠敏等基于结构优化设计的思想，将床鞍的轻量化设计分为物理模型建立、结构拓扑优化、结构精细化设计以及性能分析评价四个步骤，并将轻量化设计过程中的数据、公式、图表及规律等信息存储下来形成支持后续研究的数据库。马超对机床结构设计方法进行研究，提出了将结构优化设计方法运用到机床结构设计上，基于拓扑优化、尺寸优化设计了立式车铣加工中心立柱新结构，在确保新结构相比原有结构刚度和一阶固有频率都有所提高的前提下，重量减轻9.7%；王富强、赵东平、郭垒、赛宗胜等对不同种类的机床立柱进行灵敏度分析，并将分析结果作为依据进行立柱轻量化设计（结构优化设计），在强度、刚度保持基本不变的情况下，实现了立柱的重量减轻。邢俏芳对机床主轴箱、床身、床鞍、尾座等支承件内部特征进行研究，提炼出箱体、壁板、加强筋、工艺类单元结构，并对壁板类单元结构进行有限元分析，提出了壁板类单元在静态行为下的力学规律，为今后机床结构优化设计做出贡献。刘建栋总结归纳众多学者的研究成果，提出了机床支承件轻量化设计流程，主要包括设计指标确定、物理模型建立、概念模型建立、结构方案设计、性能分析与评价，对今后的机床轻量化设计进行了规范。

1.3.2 机床节能技术研究现状

1. 能效监控技术

近年来，随着制造业能源消耗问题和环境影响问题的日益严峻，与可持续制造（Sustainable Manufacturing）或绿色制造（Green Manufacturing）相关的机械制造系统能量问题研究逐步开展并且越来越活跃。制造业的能耗高达全球能耗总量的30%~50%。以2006年为例，制造业能耗为全球能耗总量的37%。与此同时，制造业碳排放量（以CO_2为例）在2001年时已近500亿t，到2030年时，制造业的CO_2排放量将在此基础上翻一番。因此，对机床能耗问题的研究越来越受到关注。

进一步提高机床在设计和使用阶段的能量效率需要机床能耗数据的支持，因此对机床能耗进行有效监控是必要的。Rockwell公司在其发布的产品白皮书中提出一种扩展MES系统以提高生产过程能量效率的方法；Herrmann提出了一种过程链仿真的方法，用于提高制造过程中的能量效率；Alhourani等在参与了大量评估工作并通过对大量企业生产现场制造过程进行调查后指出，缺少可获取的车间制造过程的现场能耗信息是阻碍中小企业实施能量管理的障碍之一。但由于目前对这方面的研究较少，Gong等采用一种基于经验推理的方法来进行车间能量消耗的计算估计。

对机床进行能耗评估的关键在于实时测量机床用于切削的能耗。Vijayaraghavan提出了一种基于XML的制造装备间信息交互的MTConnect协议，开发了机床能耗实时监测系统，该系统可以实时判别机床状态并实时测量机床能耗，为实时获取机床能耗信息提供了数据支持。但是，该系统不能获取实时加工能耗。获取机床加工能耗有两种方法：一种是直接测量法，直接测量加工时的切削转矩（或切削力）和转速，该方法需要在机床上安装转矩（或力）传感器，不仅影响机床刚性，而且价格高，易受环境影响；另一种是间接测量法，就是通过测量机床输入功率间接获取切削功率，该方法只需安装性价比较高的功率传感器，而且不影响机床刚性，但是该方法需要利用主传动系统主轴功率估计出切削功率。过去一般采用主传动输入功率直接减去空载功率的算法来估计切削功率，忽略了机床附加损耗，从而导致结果不够准确，误差最高可达30%。

本书提出了一种机床能耗在线监测方法。基于机床能耗特性的最新研究成果，通过测量机床主轴实时功率，结合机床主传动系统的功率平衡方程和附加载荷损耗特性估计出切削功率，从而实现实时监测机床能耗状态。

▶ 2. 工艺参数能效优化技术

在机械加工过程中，工艺参数是工艺层面典型的要素之一。工艺参数的合理选择能够影响到加工质量、成本以及效率，因此，在早期工艺参数的优化研究中，多以加工质量、成本以及加工时间等传统目标为对象进行研究。Yang 等通过试验设计的方式研究干式切削下数控铣削加工工艺参数对加工质量的影响，通过田口法设计试验并拟合得到工艺参数与加工质量的关联模型，研究指出，进给速度对加工质量影响最大。Thepsonthi 等研究微铣削加工条件下工艺参数对加工质量的影响，采用响应面法拟合得到工艺参数与加工质量的模型，采用粒子群算法进行求解，得到最优工艺参数组合。Subramanian 等研究铣削加工条件下工艺参数对切削力的影响，采用响应面法拟合得到工艺参数与切削力的关联模型，通过遗传算法优化求解得到最优工艺参数，获取最优切削力。Addona 等研究车削加工中的多目标工艺参数优化问题，分别建立以成本、加工质量和加工时间为目标的优化模型，最后采用遗传算法进行求解。

上述关于机床的工艺参数优化研究多以加工质量和加工成本等为优化目标，而没有针对机床能耗的工艺参数优化研究。随着资源和环境问题日益严峻，机床的能耗问题越来越受到关注，一些学者已经展开了以能耗为目标的工艺参数优化研究，目前主要集中在工艺参数对能效的影响关系研究、工艺参数与能效模型的研究以及工艺参数能效优化研究等方面。Newman 等提出一系列方法实现机床节能，并通过试验方式研究了工艺参数对能效的影响。研究指出，采用较大的工艺参数进行加工的单位体积能耗要小于采用较小工艺参数进行加工的单位体积能耗。Rajemi 等建立机床能耗模型，在考虑了刀具寿命的条件下优化工艺参数，获得最优工艺参数下的机床能耗。Mori 等通过端铣、钻削和面铣三种试验研究了工艺参数变化对能效的影响，研究指出，在保证刀具寿命的前提下通过提高工艺参数可以提高机床能效。Oda 等研究了五轴数控机床加工过程中刀具角度和进给速度对能耗的影响情况，研究发现，增大进给速度和减小刀具角度可以降低机床能耗。

基于工艺参数对能效的关系研究，国内外学者在试验设计方面进行了研究。Diaz 等通过试验的方式研究了工艺参数变化对机床能效的影响规律，并分析了物料去除率变化与能效的映射关系。Kara 等研究了物料去除率与比能耗的关联关系，通过对车削和铣削两种加工工艺下多种机床参数进行公式拟合，验证了模型的可靠性。Yan 等考虑以机床能耗、加工效率以及加工质量为优化目标进行工艺参数优化，通过灰色关联法建立了工艺参数关于三个目标的优化模型，试验指出切削宽度对三个优化目标影响最大，并指出采用低转速能量效率更高。Calvanese 等建立了铣削加工能耗和时间模型，通过试验得到了工艺变化对能耗和时间的影响规律，根据变化规律选取最优的工艺参数。Valera 等研究了车削加工中主轴转速、进给速度和切削深度对加工精度和能耗的影响，试验结果表明，增加主轴转速可以提高加工精度但能耗增加，但增加进给速度和切削深度可以提高加工精度并降低能耗。Helu 等研究了能效等参数对机械加工表面质量的影响，研究表明，粗加工过程进行能效优化的潜能更大，进给量是所有工艺参数中对表面质量影响最为突出的参数。

在前期研究基础上，一些学者对机床能效的工艺参数优化问题展开了研究。Kant 等以机床能耗和表面粗糙度为目标，通过灰色关联法建立了两者的函数模型，并指出进给速度对能耗和表面粗糙度的影响最大。Hanafi 等采用田口法和灰色关联法设计试验，建立了以最小能耗和表面粗糙度为目标的车削加工参数优化模型，研究工艺参数对能耗和表面粗糙度的影响，结果表明切削速度和切削深度对目标的影响较大。Bhushan 等研究了车削参数对机床能耗和刀具寿命的影响，指出了车削参数和刀尖圆弧半径对研究目标的作用规律。Camposeco-Negrete 等通过试验研究了工艺参数在车削加工中对机床能耗和表面粗糙度的影响，并揭示出进给速度对机床能耗和表面粗糙度影响较大。Velchev 等以最小加工能耗为目标建立机床能耗模型，研究了车削加工中镶嵌刀齿、进给速度和切削深度对能耗的影响，并发现在保证刀具寿命的前提下，进给速度和切削深度采用较大值可以降低能耗。与 Velchev 的研究相似，Campatelli 等通过曲面响应法建立机床铣削加工的能耗模型，研究结果也同样表明采用较大的切削速度、进给速度和切削深度可以降低能耗。李聪波等研究了车削加工下工艺参数多目标优化问题，建立以数控加工的切削速度和进给量为优化变量，以最小加工时间（高效）和最低碳排放（低碳）为优化目标的多目标优化模型，引入权重系数，将其转化为单目标优化模型，最后采用复合形法对所建立的模型进行求解。

综上所述，关于工艺参数的能耗优化研究主要通过试验研究的方式对工艺参数做了初步优化，分析了工艺参数对机床能耗的作用规律，多在试验范围内选取最优工艺参数组合，但工艺参数和能效具体的映射关系还有待于深入研究。因此，需要系统分析机床加工过程的能耗特性，建立起工艺参数的能效模型，进一步揭示工艺参数和能效的关联关系，对工艺参数做进一步优化，获取较为准确并实用的工艺参数。

1.3.3 机床清洁切削工艺技术研究现状

在环保意识盛行的今天，坚持把绿色发展作为建设制造强国的重要着力点，走生态文明发展道路。加大先进节能环保技术、工艺和装备的研发和推广力度，加快制造业绿色改造升级。积极推行低碳化、循环化和集约化，提高制造业资源利用效率；强化产品全生命周期绿色管理，努力构建高效、清洁、低碳、循环的绿色制造体系，实现由资源消耗大、污染物排放多的粗放制造向资源节约型、环境友好型的绿色制造的转变，已成为"中国制造 2025"的重大战略部署。因此，为了从根本上消除传统切削液浇注式加工工艺所带来的诸多负面影响，顺应绿色制造大趋势，许多专家学者致力于绿色切削加工技术的研发。目前比较流行的清洁切削工艺技术主要有干式切削技术、微量润滑技术、低温冷风切削技术等。

为了避免切削液带来的各种负面影响，业内开始尝试干式切削技术，但干式切削仅适用于铸铁、普通钢件和铝合金的加工，不适用于不锈钢、钛合金和高温合金等材料的加工。高速、超高速的无切削液干式切削是绿色切削追求的高级目标，但它在相当长的时期内还不能广泛实施，现阶段的主要任务是研制低（无）污染的润滑方式和冷却润滑剂，开发环境友好的绿色切削技术。这些介于干式和湿式切削的准绿色切削技术主要包括高压液体射流冷却润滑技术、气体射流冷却润滑技术、冷风冷却润滑技术、水蒸气冷却润滑切削技术、液氮冷却润滑技术、干式静电冷却切削技术、微量润滑技术。

1. 干式切削技术

干式切削是指在加工过程中，刀具与工件、刀具与切屑接触的切削区域不用任何冷却润滑介质，而采用很高的切削速度进行切削加工，是一种理想的绿色切削加工技术，完美消除了湿式加工带来的弊端，因此成为发达国家研究课题的焦点。干式切削技术的切削机理为：由于刀具与工件直接处于完全的固体接触状态，随着切削速度的提高，切削热不断增多，且切削温升速度极快，被加工表面的金属层产生软化效应，使刀具前部和切削区域附近的工件材料达到红热状态，显著降低工件材料的屈服强度，从而提高材料去除率，并趁切削热还未大量传到切削刃和工件，而利用切屑直接把大部分切削热带走，尽可能降低切削点温升。该技术作为实现清洁高效加工的新工艺，有利于实现制造技术向高速切削技术领域发展。进行高速干式切削时，机床的激振频率远远高于"机床-刀具-工件"工艺系统的固有频率，消除了共振隐患，故机床运行时平稳，易实现精密零件的加工；随着切削速度的大幅度提高，进给速度也相应提高，不仅单位时间内的材料切除率可大大增加，而且非切削时的空行程时间也大大减少，极大地提高了机床的生产率；随着切削速度不断提高，径向切削力大幅度减小，有利于刚性较差工件的高精密加工；干式切削产生的切屑可直接回收利用。上述特点充分体现了高速干式切削的独特优势。

由于缺少切削液的持续冷却润滑作用，采用干式切削技术时会使切削力增大，切削热急剧增加，直接加工能耗（工件塑性变形和摩擦能耗）增大，切削温度增高，切屑发生较为明显的塑性变形。这种热塑性导致刀具与切屑的接触长度增加，切屑难于折断和控制，刀具磨损过程异常复杂，第二变形区的摩擦状态及磨损机理发生改变，刀具磨损加快，其磨损形式已由湿式切削的磨料磨损转变为热扩散和氧化磨损，导致刀具寿命大打折扣。对于机床本身，干式切削产生的大量切削热使机床热平衡无法保持甚至恶化，机床床身、导轨、立柱等会发生微小的热变形，影响加工精度。同时，高速干式切削下切屑发生塑性变形，导致切屑呈颗粒状，增加了切屑排放和收集的难度，而且残留小颗粒切屑会进入机床的轴承、夹具、滑轨滑动面等精密结构，引发摩擦磨损，严重时可能导致夹紧误差，损坏机床导轨，引发机床故障。然而，受机床采购费用和刀具技术要求的双重限制，高速干式切削的应用条件比较苛刻。因此，为实现高速干式切削的广泛运用，必须从刀具和机床两方面着手，要求刀具材料必须具有优良的抗热磨损和自润滑性能，如较高的热硬性、耐磨性、热韧性、热化学稳定性、耐热冲击性和抗黏结性，应设计合理的刀具形状和几何参数，减小刀具和工件的接触面积，方便切屑折断和排除，防止积屑瘤的产生；用于干式切削的刀具一般还需要使用刀具涂层技术，降低摩擦系数，减少切削热向切削刃传播。考虑到用于高速干式切削的机床的切削热散发、热切屑收集处理等问题，机床的总体布局与结构设计应满足高强度、高精度、能快速排除切屑、有较好热稳定性和抗热变形能力等要求。相信随着刀具材料、刀具涂层技术、高科技机床技术的迅猛发展，干式切削技术的研究将会迈入一个成熟的阶段，其大范围推广应用程度将有所提高。

2. 微量润滑技术

微量润滑（Minimal Quantity Lubrication，MQL）技术是一种介于湿式切削与干式切削之间的冷却润滑技术，又称为准干切削技术。该技术不仅弥补了高速干式切削应用范围有限和无法实现镍合金、钛合金、高温合金等难加工材料加工的缺陷，而且避免了湿式切削的诸多负面影响，因此其应用推广相比干式切削技术要广泛得多。微量润滑技术的基本切削机理为：在保证加工效率、刀具寿命、工件表面加工质量等处于最佳的切削条件下，直接将压缩气体和极微量的切削液混合雾化，使其形成微米级油雾，并通过喷嘴高速喷射到切削区域，利用油雾较强的渗透性，在刀具与工件和刀具与切屑之间的接触面上形成润滑膜，对切削区域进行充分有效的润滑；同时，油雾液滴颗粒吸收大量切削热后汽化，带走大部分热量，从而实现常温切削。干式切削技术的运用对机床、刀具和工件材料有着苛刻的技术要求，而采用微量润滑技术进行切削加工时，微量切削液供给系统简单，容易布局，工件表面干燥，切屑可直接回收利用，因此有着广阔的应用前景。国内外研究学者对其进行了全面深入的研究。美国密歇根大学对切削加工中有关切削液的使用量问题进行了研究，通过试验研究分析了切削液的浓度、工件材料、刀具类型和几何参数、工件表面粗糙度、积屑瘤和切削力等，并获取最适当的切削液用量，形成"最小润滑"加工技术。MQL 的切削液用量一般仅为 $10 \sim 100 mL/h$，极大地降低了用量，不仅可达到理想的冷却润滑效果，而且可以通过适当增大切削深度和进给量来实现加工效率和经济效益的成倍提高。高速气流引射的雾化颗粒改善了切削液的渗透性，当微量润滑剂被雾化为均匀分布的微米级颗粒时，在相变和强制对流换热的双重作用下，冷却润滑效果尤为明显，使刀具、工件、切屑间的摩擦系数减小，摩擦热减少，减少刀具磨损的同时，有利于排屑，防止切屑黏、挂在刀具上，保持刀具清洁，对切削区降温的同时减小切削力，使切削力更稳定，显著改善切削区的加工条件，改善工件表面加工质量。

随着刀具材料、结构制造技术和涂层技术的不断进步，MQL 技术与刀具涂层技术同时使用，在难加工材料加工方面起到了事半功倍的效果，这是高速干式切削技术无法实现和比拟的。例如，大型加工中心采用 MQL 技术与润滑性刀具涂层技术相结合，取代传统切削液浇注式冷却，实现该技术的完美运用。然而，如何实现微量切削液的雾化、保证雾化颗粒有效进入切削区域以及如何确定所需微量切削液的最小用量是 MQL 技术运用的关键所在，因而在应用上还有待优化和深入探讨。

⋙ 3. 低温冷风切削技术

低温冷风切削技术的思想是由日本明治大学的横川和彦教授于 1996 年首次提出的，并对该技术做了深入全面的试验研究。通过分别采用传统切削液、常温空气和低温冷风（ $-20℃$ ）三种冷却介质进行铣削加工的对比试验，结果发现低温冷风切削的效果最为理想，而且在同等切削用量条件下，低温冷风切削技术明显延长了刀具寿命，相比其他两种方式刀具寿命延长了 $1.5 \sim 2$ 倍。如果在低温冷风条件下混入微量绿色植物油，效果比低温冷风干式切削更佳。该项突破性研究成果为之后国内外科研工作者对该领域的研究探索开辟了道路，也为低温冷风微量润滑技术的发展应用研究奠定了理论基础。

继低温冷风切削技术问世并成为研究焦点以后，日本静冈大学的陈德成博士利用压缩空气将制得的低温冷风与微量植物性切削液混合雾化，对不锈钢进行低温冷风微量润滑加工试验，相比使用切削液和低温冷风但不加微量润滑剂两种工况，有效抑制了切屑瘤的产生，增加了刀具寿命，提高了工件表面加工质量。此外，他还做了关于低温冷风混入微量植物油润滑切削工艺改善高硅铝合金切削性能的试验研究，结果发现工件表面粗糙度大大降低，从而证明了低温冷风微量润滑技术的优越性。Hong Zong Choi 等在不同低温冷风温度下对较高硬度的主轴材料进行磨削加工试验，该工艺相比磨削液磨削效果相当明显，随着冷风温度降低，工件表面粗糙度也相应降低，并且绿色高效。Sun、Brandt 探究了影响铁合金切屑和切削力的因素，在不同的切削速度、进给量和背吃刀量影响因素下切削力和切削质量的变化关系。美国密歇根大学的 Kyung-Hee Park 对喷射的油滴进行激光扫描，研究压缩空气的压力与油滴尺寸和布局之间的关系，发现油滴尺寸和布局主要受喷嘴位置和气压的影响，得出能对切削区域进行有效冷却润滑的理想喷射靶距。德国学者 Hadad 等通过高速钢刀具切削合金钢试验，探索了低温冷风微量润滑技术对切削温度的影响规律，并发现当喷嘴喷射到前、后刀面时，前刀面温度和干式切削工艺相比降低了 350℃。

尽管我国对低温冷风切削技术的试验研究起步较晚，但是国内高校和学者通过大量试验取得了较大突破，卓有成效。童明伟和张昌义等自主设计研发并生产了国内第一台低温冷风射流装置，并通过一系列的低温冷风切削试验证明了该技术对各切削工艺的有效性和优越性，介绍了该技术的系统机理和发展应用，掀起了全国学术界对低温冷风切削技术的研发高潮。江苏科技大学（原华东船舶工业学院）的任家隆针对不同工件材料进行了低温冷风切削对比试验，结果发现低温冷风条件下的切削温度最低，加工性能最好，明显优于自然冷却、常温压缩空气加工方式，且冷风效果随着冷风温度的降低而变得更好，但两者并不呈简单的线性关系。重庆大学科研团队运用数值计算、模拟仿真和试验研究相结合的方法探讨了低温冷风微量润滑的冷却润滑机理，通过对工件加工质量、切削温度、切削力、刀具磨损、断屑效果等的系统试验研究，分析了低温冷风微量润滑技术改善冷却润滑性能和加工质量的基本规律。重庆高环科技有限公司利用自主研发的冷风射流机进行了低温冷风微量润滑技术的加工应用研究，通过采用绿色低温冷风切削（-30℃）、冷风切削（0℃）、油剂切削、MQL切削、干式切削五种不同工艺进行车削铝合金材料的表面粗糙度对比试验，得出不同工艺下主轴转速与表面粗糙度的变化关系。刘业凤、胡海涛等对自主研发设计的低温风冷装置和低温冷风喷射器进行性能测试，并且通过磨削试验研究，探索了冷风温度、冷风压力、进给量、砂轮粒度的最佳磨削参数组合。南京航空航天大学苏宇、戚宝运等进行了在干式切削、低温冷风、MQL、低温MQL四种不同冷却润滑方式下，使用涂层刀具对不锈钢和镍基高温合金的铣削试验研究，结果表明低温MQL能有效降低切削温度和减小铣削力，提高刀具寿命。北京航空航天大学袁松梅等采用自主研发的低温微量润滑系统对钛合金、高温合金、不锈钢、高强钢等典型难加工材料进行大量的试验研究，结果发现采用低温冷风微量润滑技术可以显著减小切削力和延长刀具寿命，改善工件表面质量和加工硬化现象，相比切削液浇注方式，大大提高了加工效率。此外，他们还对低温冷风微量润滑系统中的最佳喷嘴方位选择做了相关研究，对低温冷风微量润滑技术的实际运用和商业化推广有着重要的指导意义。

4. 环保型润滑及切削液技术

切削液广泛使用在现代金属切削加工中，成为机械加工不可或缺的重要配套材料。现代制造设备的进步、加工工艺和加工材质的层出不穷，对金属加工技术配套的金属切削液提出了更高的要求。随着科技的发展、人类环保意识的增强，切削液的负面影响也引起日益广泛关注。矿物油是金属切削液的主要成分之一，其生物降解性差，能长期滞留在水和土壤中，破坏正常的生态。此外，金属切削液的添加剂对环境的污染也是多方面的，如含有常用的短链氯化石蜡极压剂的切削液在低温焚烧处理时，可能会产生强致癌的二噁英，防锈剂亚硝酸钠也有致癌性等。因此，世界各发达国家相继出台了限制或禁止相关基础油和添加剂的环保法规。鉴于传统切削液面临越来越苛刻的工艺要求和日益严格的环保法规的双重压力，对其进行改进和技术升级势在必行。这不仅要求继续提高切削液的使用性能，更应该着眼于研究开发和推广应用低毒、低污染的环境友好型切削液产品。从长远来看，就是要开发无毒、无污染的环境友好型切削液。环境友好型切削液是指满足使用性能和生态环境效应双重要求的切削液。一些发达国家已建立了环境标志组织，对环境友好型产品进行标示，主要有德国的"蓝色天使"及美国的"绿色标记"等。国内尚未建立相应的法规和标准，目前该方向已成为研究热点，但仍需要投入更多的精力和财力来深入研究。

目前，切削液的绿色化进程进一步加快。在美国和欧洲发达国家，以微乳液和全合成切削液为代表的水基切削液得到了广泛的应用。在日本，水基切削液的使用增长更为明显。亚硝酸钠虽然具有优良的防锈作用，但是自发现其致癌性以来，各国逐步淘汰了含有亚硝酸钠的切削液。许多发达国家正积极开展环保型切削液的研究：Vieira等研究了使用乳化液、半合成切削液和全合成切削液条件下的切削温度和工件表面粗糙度；Ozcelik等比较了在端铣AISI 316不锈钢时分别采用干式切削和湿式切削两种切削方式后的刀具寿命和磨损机理问题；Thepsonthi等研究了切削液的用量问题，希望使用最小量的切削液仍满足加工要求；Thyssen公司研究了微量润滑技术的实际运用。

我国非常重视环保型切削液的研究与应用。目前，我国市场对于水基切削液的需求量逐渐增大，但国内针对切削液环保性的研究仍相对落后。开发新型绿色环保型切削液，减少环境污染，降低废液处理费用和满足绿色制造的要求是许多研究机构共同追求的目标。但由于我国绿色制造研究起步较晚，并且对切削液绿色化程度的界定和评价要求比较模糊，因此，我国的绿色环保型切削液研究仍处于初级阶段。

1.3.4　机床再制造技术研究现状

1. 机床再制造

目前，机床再制造在发达国家已成为一个新兴产业，并形成了一定的规模和市场。美国的机床再制造经历了维修、翻新、数控化改造、再制造等阶段，经过多年的发展也伴随着大量企业被市场淘汰。美国现有300多家专门从事机床再制造的企业，且主要以第三方的机床再制造服务提供商为主。

Maintenance Service Corp. 已有五六十年的机床改造与再制造历史，在美国、加拿大及墨西哥等地均有业务，可对各种品牌的车床、钻床、刨床、铣床、镗床、磨床、齿轮加工机床及加工中心等进行改造、翻新和再制造，累计已完成2万多个、达400万工时的机床再制造项目。Maintenance Service Corp. 联合其他三家机床再制造公司，制定了机床再制造标准（*National Machine Tool Remanufacturing*，*Rebuilding*，*Retrofitting Standards*，NMTRRR 标准）。该标准由数控机床再制造要求（NMTRRR 130. 1 CNC Machines Minimum Remanufacture Requirements）、手动机床再制造要求（NMTRRR 130. 2 Manual Machines Minimum Remanufacture Requirements）以及数控化改造要求（NMTRRR 130. 3 Minimum CNC Control Retrofit Requirements）三部分组成。

Machine Tool Service Inc. 是最早对数控加工中心进行翻新以及再制造的公司之一。该公司成立于1966年，拥有约2320m²的加工车间，并配置了25t和10t的桥式起重机，可进行大、中、小型机床翻新或改造，累计完成了1000多台机床翻新与再制造。

Machine Tool Builders Inc. 从事机床再制造业务十几年，主要对齿轮加工机床进行再制造，发展迅速，目前已具备新机床设计、制造能力，完成了多项机床再制造业务。

Machine Tool Rebuilding Inc. 是一家已有四十多年历史的专业从事冲压机及机床再制造的企业，业务遍及整个美国，并可以对航空母舰上的一些设备进行再制造。

Machine Tool Research Inc. 具有较强的工程设计能力，可针对各品牌的机床实施改造与再制造，并可用最新的 CNC 控制技术实现机床的数控化升级。

The Daniluk Corp. 自 1982 年开始从事精密机床改造，主要业务包括机床改造、翻新、再制造，导轨修磨，新机床的设计与制造等服务，已完成多个机床再制造项目，再制造机床可达到新机床标准，并可提供一整套的操作文件，其中包括一整套的电气图、梯形图、宏观程序表、机床参数表和机床操作说明等。

DRG Hydraulics Inc. 是一个世界级的从事定制设备、改造机器和专业机床服务的公司。公司分为 DRG Manufacturing Group 和 DRG Remanufacturing Group 两部分，其中 DRG Manufacturing Group 运用现代工程、制造、加工和组装技术为消费者定制设备，DRG Remanufacturing Group 可以为几乎所有类型的机床和液压机提供现场或返厂改造和维修。

美国的这些机床再制造公司可针对多种品牌的机床进行再制造，可提供与新机床同等的售后服务以及质量保证。

此外，美国许多机床生产企业也非常重视机床再制造工作，如 Cincinnati Machine Ltd.、Moore Tool Company Inc. 等机床企业。Moore Tool Company Inc. 是一家生产工具磨床、钻石切削机床以及高精度专用设备的企业，可以将坐标磨床进行再制造或改造成 CNC 且使其拥有新机床性能，并从事机床硬件维修、控制系统维修与更换、机床和设备的拆解和重装等业务。

美国机床再制造与我国机床再制造有一定的差异。由于美国的机床新度系数较高等因素，面向客户订单的数控化技术升级或翻新项目较多，而且大多数机床再制造企业为第三方的再制造服务公司；再制造企业规模不大，人数不多，但技术专业化程度很高。美国的机床再制造产业的长期发展给我们一个重要启示：机床再制造是机床制造业以及机械制造业的一个重要支撑产业，同时也是实现大量机床设备资源回收再利用以及实现机床设备性能及能效持续升级的一个重要力量和依托。

德国政府对机床改造及再制造非常重视，联邦政府和州政府专门拨款支持该领域的研究工作。如德国联邦教育与研究部（BMBF）1994—1997 年耗资 500 万马克资助了系列项目"面向技术工作的机床数控化改造（FAMO）——开发技术资源与人力资源的新思路"，目的是帮助企业与高校、研究机构等一起在这一方面进行大量的实践与研究，以期促进德国东部的经济快速发展。据统计，1998 年德国再制造后的二手机床销售额达到约 25 亿马克，成为当时世界上最大的二手机床市场。欧洲最大的机床制造企业——德国吉特迈集团股份公司（DMG）也已将机床再制造作为其重点发展的业务之一。德国利勃海尔公司在开发多轴数控插齿机的同时，不断利用现代技术加大原机械传动式机床的数控化改造力度，并收获了一个全新的市场。

在日本，制造业对老旧机床设备打破传统的维修观念，以再制造使之实现现代化。据统计，日本从事机床再制造并具有一定规模的企业至少有 20 家，如大隈工程公司、冈三机械公司、千代田机工公司、野崎工程公司、滨田机工公司和山本工程公司等。

印度每年消费国产机床约 4000 台，价值 60 亿印度卢比（其中约 2000 台为数控机床，价值 40 亿印度卢比），并消费大致同量的进口数控机床，印度每年的机床消费总量在 8000 台左右，约 120 亿印度卢比。据估算，按照每年 50% 的数控机床由再制造机床替代（价格为新机床的 30%）以及 5% 的传统机床进行再制造升级（价格为新机床的 50%），印度的机床再制造市场年产值可达 16 亿印度卢比。由于机床再制造的巨大效益，当前印度的主要机床供应商如 HMT、Sharpline 都开始发展机床再制造业务。

目前，国内从事机床再制造的主要力量是机床制造企业、专业化的第三方机床再制造企业以及数控系统制造企业，其中机床制造企业由于品牌、技术、人才、物流等方面的优势，在机床再制造方面取得了较大成果。如重庆机床（集团）有限责任公司将机床再制造作为企业的重大战略之一，并逐步试点将量大面广的中小型卧式车床、普通机械式滚齿机的小批量再制造打造为企业利润的新增长点，与重庆大学合作建成重庆市工业装备再造工程产学研合作基地，为我国机床再制造业发展提供了一种思路。湖南宇环同心数控机床有限公司主要对数控磨削机床展开再制造，并已完成多项机床再制造业务。另外，沈阳机床集团、大连机床集团等都有从事机床维修的机床维修服务部或子公司。国内还有许多第三方机床维修与再制造公司，大大小小有 2000 多家，如武汉华中自控技术发展股份有限公司、北京圣蓝拓数控技术有限公司、北京凯奇数控设备成套有限公司、重庆市恒特自动化技术有限公司、重庆宏钢数控机床有限公司等单位开展了各类机床的改造与再制造业务，并取得了较好的经济效益。此外，广州数控设备有限公司和武汉华中数控股份有限公司等数控系统提供商主要为我国制造业企业进行设备的数控化升级与再制造，取得了可观的经济及社会效益。

▶▶ 2. 机床再设计

国外对于设计理论的研究较多，人工智能专家 Simon 认为设计是问题求解的过程，是人们制定一定的程序，把产品从一种状态转换为满足需要的另一种状态的过程。Suh 把设计定义为一种主体需求转换成客观存在的一个过程。Yoshikawa 在其研究中提出了一般设计论，他认为设计是一种从功能空间到属性空间的映射，是关于知识的抽象理论。现有设计理论主要包括日本东京大学工程中心的 Tetsuo Tomiyama 等提出的一般设计理论、德国学者 Hans Grabowski 等提出的通用设计理论以及美国麻省理工学院（MIT）的 Suh 等提出的公理化设计理论。

国外对再设计理论的研究主要是基于原有设计信息的重用而进行新产品设

计。Brazier 等建立了一种设计类任务模型用来实现知识系统的再设计，提供了一种设计任务与类结构的抽象描述。Nanda 等建立了一种基于形式概念分析（Formal Concept Analysis，FCA）的产品族表达及再设计框架，可以使得产品族形象化并提高产品族的通用性，并提出两种产品族再设计方法：基于零部件的方式与基于产品的方式。De Best 等提出一种气流干燥机设计与再设计方法，用于改进气流干燥机运行过程中的问题。由于再制造工艺必须适应废旧产品已有的结构等，而这些废旧产品在以前设计中并未考虑再制造，Zwolinski 等针对该问题提出一种方法，可实现设计过程集成考虑再制造的约束，这种方法可以通过他们开发的 REPRO^2（Remanufacturig with Product Profiles）工具来实现。King 及 Burgess 指出实施再制造将主要面临的技术障碍，并指出通过一种平台设计策略可消除这些障碍；同时，他们对平台设计进行了解释，并描述了如何将其应用于再制造过程。Vinodh 及 Rathod 通过集成环境意识质量功能配置（Environmentally Conscious Quality Function Deployment，ECQFD）以及生命周期评价（Life Cycle Assessment，LCA）来实现产品的可持续性设计。Anssi Karhinen、Alexander Ran 和 Tapio Tallgren 讨论了在产品族中实现共享和重用的方法，提出了一种可以对每一个产品变形进行详细设计的方法。Antelme、Moultrie 等建立了一个可重用框架，主要包括可重用对象的描述图和一个基于数据流图的可重用过程模型。

国内学者主要从实际工程应用方面对设计与再设计理论进行了研究。浙江大学机械工程学院、工程及计算机图形学研究所的谭建荣、张树有和齐峰等就可重用产品设计和进化进行了研究，提出了基于多层次协同的产品尺寸信息检验与自适应处理方法、基于多粒度的产品信息获取技术、基于进化的产品设计信息的异构映射、基于网络的产品设计信息共享等方法，较好地满足了可重用产品设计信息的快速设计与进化的要求。重庆大学的何玉林、张建勋、孙学军等研究了可重用集成设计单元和设计重用的理论体系，提出了设计重用技术，用系统和集成的观点对设计重用技术的系统框架及其关键技术进行了研究，讨论了设计重用系统的组成及其实现方法、策略，并应用于摩托车等产品开发设计过程中。上海交通大学模具 CAD 国家工程研究中心的王玉等研究了机械产品的重用策略，给出了机械产品设计重用层次与设计重用空间的概念，总结概括了设计重用的使能技术，即 CAD 技术、人工智能技术和 Web 技术，并且给出了基于这些使能技术的设计重用框架、模型和策略。杨志兵等提出一种零件信息场模型表达方法，介绍了虚拟零件空间和信息场的概念以及虚拟零件信息场算法的实现。陈以增等分析了传统的质量屋设计过程存在的问题，提出了一个基于质量屋的产品设计过程的修正模型，并在充分考虑工程特性相关性对工程特性目标值和开发成本影响的基础上，以工程特性计划改进率变化范围和开发成本为约束函数，建立了一个基于质量屋的优化决策模型。谢庆生等采用 QFD 技术解决客户需求问题，结合 TRIZ 理论解决客户需求与设计要求之间的冲突问题，将两种理论有机地结合起来，提出以 QFD、TRIZ 理论及市场评价为基础建立产品创新设计的模型，运用该模型可实现结构化的产品创新设计过程，克服制约因素的阻碍作用，使产品能迅速投入市场，并提高产品创新的成功率。方峻等采用定性因果推理和启发式搜索的方法，提出了一种自动生成参数再设计方案的关键技术，并以一个减速器再设计问题为例，探讨了基于参数的再设计问题的基本形式，建立了基于因果影响关系的再设计模型，描述了生成再设计方案的算法。黄艳等针对产品或构件的再设计问题，结合工业设计方法，提出了基于反求工程的再设计观点和应用研究方法，在消化吸收先进技术的前提下，准确地把握产品在设计和生产制造中的关键技术，在更高起点上设计出更好的产品，最终创造更高的经济效益。张建勋等围绕设计重用这一思想，首次提出设计重用技术，将重用的范围扩展到产品的广义设计领域，用系统和集成的观点对设计重用技术的理论体系及其系统的组成进行了研究，粗略地将设计重用技术的研究内容划分为三个方面：可重用集成设计单元建模技术；可重用集成设计单元重用技术；设计重用技术实施策略和方法。

针对机床设计以及再设计理论与实践研究的文献较少，且主要集中于机床模块化设计、并联机床设计、可重构机床设计等领域。辛志杰等在可适应设计的基础上，提出了一种面向产品族的机床结构可适应动态设计方法，建立了机床结构可适应动态设计过程模型以及机床结构可适应性定量评价模型。曾法力等提出了一种基于图文法的可重构机床配置规划方法，全面表达了可重构机床在配置规划中的相关特征和目标任务的对应变化，实现了平行模块配置规划技术。李先广等在对传统齿轮加工机床技术特征及其资源环境影响状况进行分析的基础上，总结提出齿轮加工机床的绿色设计和制造技术框架，对干式切削技术、少无切屑加工技术、数控化技术、模块化及结构优化设计技术、再制造重用等技术及策略进行了详细论述分析。丁文政等针对大型机床再制造，研究了进给系统的重要部件滚珠丝杠的空间分布特性对进给系统动态响应的影响，建立了表征大型机床进给系统动态特性的分布集中参数模型。牛同训等研究了产品再制造的公差设计方法及其优化模型，并分析了再制造公差设计的特点、原则，在优化模型中增加了质量保证成本和表面工程技术等限制条件，使其更具实际应用价值。机床再设计不同于新机床设计以及传统意义上的再设计，是指根据再制造机床的设计要求，面向再制造全过程，通过运用科学决策方法和先进技术，对废旧机床回收、再制造生产及再制造机床市场营销等所有环节、所有技术单元进行全面规划，最终形成最优化机床再制造方案的过程。本书主要讨论的是对于再制造机床产品结构、机床再制造工艺过程的设计，而由于机床再制造设计过程具有特殊的约束条件和较大的技术难度，比新机床设计难度更大、要求更高。

综上所述，国内外在产品及零部件设计理论方面开展了大量研究，对基于反求的新产品再设计也进行了大量研究，但鲜有文献将这些设计方法及理论应用到废旧产品尤其是废旧机床再制造评价及再设计中。本书集成现代机床设计理念、方法以及机床再制造经验，将公理化设计等理论引入机床再设计过程中，具有重要的研究意义。

参 考 文 献

[1] 周祖鹏，唐玉华，林永发. Y90S-2 电动机的生命周期评价研究 [J]. 组合机床与自动化加工技术，2015 (12)：148-150.

[2] JAYARAM S, CONNACHER H I, LYONS K W. Virtual assembly using virtual reality techniques [J]. Computer-Aided Design, 1997, 29 (8)：575-584.

[3] HULL P V, CANFIELD S. Optimal synthesis of compliant mechanisms using subdivision and commercial FEA [J]. Journal of Mechanical Design, 2006, 128 (2)：337-348.

[4] 赵岭，陈五一，马建峰. 高速机床工作台筋板的结构仿生设计 [J]. 机械科学与技术，2008 (7)：871-875.

[5] 赵岭，王婷，梁明，等. 机床结构件轻量化设计的研究现状与进展 [J]. 机床与液压，2012 (15)：145-147.

[6] 赵岭，陈五一，马建峰. 基于结构仿生的高速机床工作台轻量化设计 [J]. 组合机床与自动化加工技术，2008 (1)：1-4.

[7] 宋冬冬. 高速卧式加工中心床身的轻量化设计研究 [D]. 兰州：兰州理工大学，2012.

[8] 杨永亮. 基于有限元的车床床身结构优化 [D]. 大连：大连理工大学，2006.

[9] 平华丽. 基于有限元技术的 CA6140 床身的轻量化设计 [D]. 苏州：苏州大学，2014.

[10] 赵二鑫. 车削中心静动热特性分析及床鞍结构优化设计 [D]. 大连：大连理工大学，2010.

[11] 董惠敏，丁尚，王海云，等. 床鞍的轻量化设计数据库研究 [J]. 组合机床与自动化加工技术，2014 (3)：33-36.

[12] 马超. 机床结构设计方法研究及在立柱设计中的应用 [D]. 大连：大连理工大学，2010.

[13] 王富强，芮执元，赵东平，等. 高速精密加工中心立柱轻量化设计 [J]. 现代制造工程，2013 (12)：121-124.

[14] 赵东平. 高速卧式加工中心立柱的轻量化设计 [D]. 兰州：兰州理工大学，2012.

[15] 郭垒，张辉，叶佩青，等. 基于灵敏度分析的机床轻量化设计 [J]. 清华大学学报（自然科学版），2011, 51 (6)：846-850.

[16] 赛宗胜，何一舟，王冠雄，等. 卧式加工中心立柱有限元分析及轻量化设计 [J]. 组合

机床与自动化加工技术，2013（2）：38-41.

[17] 邢俏芳. 机床支承件元结构设计方法 [D]. 大连：大连理工大学，2013.

[18] 孙守林，刘建栋，董惠敏，等. 机床主轴箱轻量化设计流程研究 [J]. 组合机床与自动化加工技术，2014（12）：14-18.

[19] 卢天健，张钱城，王春野，等. 轻质材料和结构在机床上的应用 [J]. 力学与实践，2007（6）：1-8.

[20] BAUMEISTER E, KLAEGER S, KALDOS A. Lightweight, hollow-sphere-composite（HSC）materials for mechanical engineering applications [J]. Journal of Materials Processing Technology, 2004, 155（6）：1839-1846.

[21] LEE D G, SUH J D, KIM H S, et al. Design and manufacture of composite high speed machine tool structures [J]. Composites Science and Technology, 2004（64）：1523-1530.

[22] 于英华，刘建英，徐平. 泡沫铝材料在机床工作台中的应用研究 [J]. 煤矿机械，2004（7）：20-21.

[23] 吴隆. 聚合物混凝土床身的制造与特性分析 [J]. 机械制造，2004（1）：37-39.

[24] 施维. 高速数控机床的结构特点 [J]. 现代制造工程，2006（3）：135-138.

[25] HERRMANN C, THIEDE S. Process chain simulation to foster energy efficiency in manufacturing [J]. CIRP Journal of Manufacturing Science and Technology, 2009, 1（4）：221-229.

[26] ALHOURANI F, SAXENA U. Factors affecting the implementation rates of energy and productivity recommendations in small and medium sized companies [J]. Journal of Manufacturing Systems, 2009, 28（1）：41-45.

[27] GONG Y Q, MA L X. Research on estimation of energy consumption in machining process based on CBR [C]. Changchun：IEEE, 2011.

[28] VIJAYARAGHAVAN A, DORNFELD D. Automated energy monitoring of machine tools [J]. CIRP Annals-Manufacturing Technology, 2010, 59（1）：21-24.

[29] YANG Y K, CHUANG M T, LIN S S. Optimization of dry machining parameters for high-purity graphite in end milling process via design of experiments methods [J]. Journal of Materials Processing Technology, 2009, 209（9）：4395-4400.

[30] THEPSONTHI T, ÖZEL T. Multi-objective process optimization for micro-end milling of Ti-6Al-4V titanium alloy 6 [J]. The International Journal of Advanced Manufacturing Technology, 2012, 63（9）：903-914.

[31] SUBRAMANIAN M, SAKTHIVEL M, SOORYAPRAKASH K, et al. Optimization of cutting parameters for cutting force in shoulder milling of Al7075-T6 using response surface methodology and genetic algorithm [J]. Procedia Engineering, 2013, 64：690-700.

[32] ADDONA D M, TETI R. Genetic algorithm-based optimization of cutting parameters in turning processes [J]. Procedia CIRP, 2013, 7：323-328.

[33] NEWMAN S T, NASSEHI A, IMANI-ASRAI R, et al. Energy efficient process planning for CNC machining [J]. CIRP Journal of Manufacturing Science and Technology, 2012, 5（2）：127-136.

[34] RAJEMI M F, MATIVENGA P T, ARAMCHAROEN A. Sustainable machining: selection of optimum turning conditions based on minimum energy considerations [J]. Journal of Cleaner Production, 2010, 18 (10): 1059-1065.

[35] MORI M, FUJISHIMA M, INAMASU Y, et al. A study on energy efficiency improvement for machine tools [J]. CIRP Annals-Manufacturing Technology, 2011, 60 (1): 145-148.

[36] ODA Y, MORI M, OGAWA K, et al. Study of optimal cutting condition for energy efficiency improvement in ball end milling with tool-workpiece inclination [J]. CIRP Annals-Manufacturing Technology, 2012, 61 (1): 119-122.

[37] DIAZ N, REDELSHEIMER E, DORNFELD D. Energy consumption characterization and reduction strategies for milling machine tool use [C] //HESSELBACH J, HERRMANN C. Glocalized Solutions for Sustainability in Manufacturing. Berlin: springer, 2011: 263-267.

[38] KARA S, LI W. Unit process energy consumption models for material removal processes [J]. CIRP Annals-Manufacturing Technology, 2011, 60 (1): 37-40.

[39] YAN J, LI L. Multi-objective optimization of milling parameters-the trade-offs between energy, production rate and cutting quality [J]. Journal of Cleaner Production, 2013, 52 (4): 462-471.

[40] CALVANESE M L, ALBERTELLI P, MATTA A, et al. Analysis of energy consumption in CNC machining centers and determination of optimal cutting conditions [C] //NEE A Y C, SONG B, ONG S K. Re-engineering Manufacturing for Sustainability. Berlin: Springer, 2013: 227-232.

[41] VALERA H Y, BHAVSAR S N. Experimental investigation of surface roughness and power consumption in turning operation of EN 31 alloy steel [J]. Procedia Technology, 2014, 14: 528-534.

[42] HELU M, VIJAYARAGHAVAN A, DORNFELD D. Evaluating the relationship between use phase environmental impacts and manufacturing process precision [J]. CIRP Annals-Manufacturing Technology, 2011, 60 (1): 49-52.

[43] HELU M, BEHMANN B, MEIER H, et al. Impact of green machining strategies on achieved surface quality [J]. CIRP Annals-Manufacturing Technology, 2012, 61 (1): 55-58.

[44] KANT G, SANGWAN K S. Prediction and optimization of machining parameters for minimizing power consumption and surface roughness in machining [J]. Journal of Cleaner Production, 2014, 83: 151-164.

[45] HANAFI I, KHAMLICHI A, CABRERA F M, et al. Optimization of cutting conditions for sustainable machining of PEEK-CF30 using TiN tools [J]. Journal of Cleaner Production, 2012, 33: 1-9.

[46] BHUSHAN R K. Optimization of cutting parameters for minimizing power consumption and maximizing tool life during machining of Al alloy SiC particle composites [J]. Journal of Cleaner Production, 2013, 39: 242-254.

[47] CAMPOSECO-NEGRETE C. Optimization of cutting parameters for minimizing energy consump-

tion in turning of AISI 6061 T6 using Taguchi methodology and ANOVA [J]. Journal of Cleaner Production, 2013, 53: 195-203.

[48] VELCHEV S, KOLEV I, IVANOV K, et al. Empirical models for specific energy consumption and optimization of cutting parameters for minimizing energy consumption during turning [J]. Journal of Cleaner Production, 2014, 80: 139-149.

[49] CAMPATELLI G, LORENZINI L, SCIPPA A. Optimization of process parameters using a Response Surface Method for minimizing power consumption in the milling of carbon steel [J]. Journal of Cleaner Production, 2014, 66 (2): 309-316.

[50] 李聪波, 崔龙国, 刘飞, 等. 面向高效低碳的数控加工参数多目标优化模型 [J]. 机械工程学报, 2013, 49 (9): 87-96.

[51] SIMON H A. The Science of the artificial Intelligence [M]. Cambridge: MIT Press, 1984.

[52] SUH N P. The Principle of Design [M]. Oxford: Oxford University Press, 1990.

[53] YOSHIKAWA H. General design theory and a CAD system [J]. Man-machine Communication in CAD/CAM, 1980, 34 (1): 35-53.

[54] YOSHIKAWA H, TOMIYAMA T, KUMAZAWA M. General design theory [M]. Aachen: Shaker Verlag Press, 1985.

[55] GRABOWSKI H, RUDE S, GREIN G. Universal design theory [M]. Aachen: Shaker Verlag Press, 1998.

[56] SUH N P. Axiomatic design as a basis for universal design theory [M]. Aachen: Shaker Verlag Press, 1998.

[57] BRAZIER F M T, VAN LANGEN P H G, TREUR J, et al. Redesign and reuse in compositional knowledge-based systems [J]. Knowledge-Based Systems, 1996, 9 (2): 105-118.

[58] NANDA J, THEVENOT H J, SIMPSON T W. Product family representation and redesign: increasing commonality using formal concept analysis [C]. Long Beach: ASME International Design Engineering Technical Conferences and Computers and Information in Engineering Conferences, 2005.

[59] DE BEST C J J M, VAN DER GELD C W M, ROCCIA A M, et al. A method for the redesign of pneumatic dryers [J]. Experimental Thermal and Fluid Science, 2007, 31 (7): 661-672.

[60] ZWOLINSKI P, LOPEZ M, Brissaud D. Integrated design of remanufacturable products based on product profiles [J]. Journal of Cleaner Production, 2006, 14 (15-16): 1333-1345.

[61] KING A M, BURGESS S C. The development of a remanufacturing platform design: a strategic response to the directive on waste electrical and electronic equipment [J]. Proceedings of the Institution of Mechanical Engineers, Part B: Journal of Engineering Manufacture, 2005, 219 (8): 623-631.

[62] VINODH S, RATHOD G. Integration of ECQFD and LCA for sustainable product design [J]. Journal of Cleaner Production, 2010, 18 (8): 833-842.

[63] KARHINEN A, RAN A, TALLGREN T. Configuring designs for reuse [C]. Boston: IEEE,

1997.

[64] ANTELME R G, MOULTRIE J, PROBERT D R. Engineering reuse: a framework for improving performance [C]. Singapore City: IEEE, 2000.

[65] 张树有. 基于多层次协同的产品尺寸信息检验与自适应处理研究 [D]. 杭州: 浙江大学, 1999.

[66] 齐峰. 产品设计信息可重用性及产品设计资源管理关键技术研究 [D]. 杭州: 浙江大学, 2004.

[67] 魏巍. 定制产品智能重组设计关键技术与方法研究及其应用 [D]. 杭州: 浙江大学, 2010.

[68] 李中凯, 谭建荣, 冯毅雄. 可调节产品族的自底向上优化再设计方法 [J]. 计算机辅助设计与图形学学报, 2009, 21 (8): 1083-1091.

[69] 张建勋. 设计重用技术系统框架及可重用集成设计单元建模方法研究 [D]. 重庆: 重庆大学, 2000.

[70] 孙学军. 集成产品模型建模及其重用理论和方法的研究与应用 [D]. 重庆: 重庆大学, 2005.

[71] 王玉. 产品设计重用技术支持体系研究 [J]. 机械科学与技术, 2004, 23 (6): 643-646.

[72] 王玉, 邢渊, 阮雪榆. 机械产品设计重用策略研究 [J]. 机械工程学报, 2002, 38 (5): 145-148.

[73] 王玉, 邢渊, 阮雪榆. 基于重用的新产品开发研究 [J]. 上海交通大学学报, 2002, 36 (45): 463-473.

[74] 杨志兵, 乔立红. 支持面向制造设计的零件信息场表达及其算法 [J]. 计算机集成制造系统, 2001, 7 (5): 53-56.

[75] 陈以增, 唐加福, 侯荣涛, 等. 基于质量屋的产品设计过程 [J]. 计算机集成制造系统, 2002, 8 (10): 757-761.

[76] 谢庆生, 韩涛, 李亚青, 等. 基于QFD和TRIZ的产品创新设计理论模型及应用 [J]. 兰州理工大学学报, 2010, 36 (2): 29-32.

[77] 方峻, 聂宏. 基于模型推理的参数再设计方法研究 [J]. 中国机械工程, 2005, 16 (18): 1632-1636.

[78] 黄艳, 孙文磊. 基于反求工程的产品再设计应用研究 [J]. 组合机床与自动化加工技术, 2007 (9): 33-35.

[79] 张建勋, 唐洪英, 龚箭. 设计重用技术理论体系研究 [J]. 计算机工程与应用, 2002 (2): 68-72.

[80] 辛志杰, 陈永亮, 张大卫, 等. 面向数控弧齿铣齿机产品族的可适应动态设计方法 [J]. 天津大学学报, 2008, 41 (10): 1202-1208.

[81] 曾法力, 李爱平, 谢楠, 等. 基于图文法的可重构机床配置规划方法 [J]. 同济大学学报 (自然科学版), 2011, 39 (4): 581-585.

［82］李先广，刘飞，曹华军．齿轮加工机床的绿色设计与制造技术［J］．机械工程学报，2009，45（11）：140-145.

［83］牛同训．再制造公差设计优化模型及其应用［J］．计算机集成制造系统，2011，17（2）：232-238.

［84］丁文政，黄筱调，汪木兰．面向大型机床再制造的进给系统动态特性［J］．机械工程学报，2011，47（3）：135-140.

［85］朱胜，徐滨士，姚巨坤．再制造设计基础及方法［J］．中国表面工程，2003，16（3）：27-31.

第 2 章

——

机床轻量化技术

2.1 机床轻量化设计概述

进入 21 世纪以来，资源短缺等一系列全球性问题显得尤为突出，我国也开始出现钢铁、能源等资源短缺现象。为了可持续发展，人们更加注重对资源的合理利用，而机床是制造业领域最基本的加工设备，也是钢铁等原材料最主要的消耗者之一，对机床进行轻量化设计，减轻其自重，能够减少对原材料和能源的消耗。在全球资源日益紧张的趋势下，特别是在钢铁价格持续走高的今天，对产品轻量化设计的研究显得尤为重要。

2.1.1 轻量化设计特点

在传统设计中，机床关键零部件结构的参数大多来源于设计人员的经验设计或与类似产品的类比设计，这种保守的设计过程比较粗糙，没有进行合理计算与分析，而是直接将设计用于生产制造，然后对生产出的零部件实物进行试验验证，如果样本满足条件则应用于生产，不满足则对零件做修改，如此反复进行，完成最终的结构设计。这种设计方法不仅设计周期长、效率低、材料浪费严重，而且因为缺少理论依据，设计出的产品往往存在着体积质量大、机床静变形较大、动态特性不足、控制精度不高、运动部件容易磨损等诸多缺陷，不能满足当前社会生产高精度、高效率、高速度的实际需要，与国外的机床有较大的差距。

机床轻量化设计是在保证加工中心静动态刚度的同时减小加工中心的质量，它不仅可以大大减小机床质量，显著降低能源消耗和制造成本，为企业带来巨大的经济效益和社会效益，而且有利于提高机床在市场上的竞争力，有利于机床产业的可持续发展，有利于提高我国机床整体设计水平。目前，国内关于轻量化设计的研究较多地应用在汽车领域，国内对机床结构的设计和研究正逐渐从传统的经验设计或类比设计发展到采用 CAD/CAE 等现代技术手段的设计。当前，我国机床行业虽然在机床模块化快速设计的理论与方法及 CAD/CAPP/CAM 等方面进行了一定的探索和研究，但仍未像汽车或其他领域应用那样广泛和成熟。所以，采用现代机械设计理论与方法和有限元分析软件对机床进行整机及关键部件的动静态性能分析及轻量化设计，从理论和科学的角度进行结构优化与轻量化设计是当前的一个关键性研究课题。在未来的几年里，机床生产企业一定会将具有轻量化技术的机床作为企业核心产品投入市场。

2.1.2 轻量化设计方法

目前，轻量化研究中比较成熟的技术大多都集中在汽车和大型起重机行业，对机床大件的轻量化研究才刚刚起步。总体来看，机床轻量化的实现主要有两种途径：一种是采用新材料，如铝合金、镁合金、复合材料或高强度钢、纤维混凝土等来实现轻量化设计；另一种是在材料不变的情况下，采用结构优化技术，如结构尺寸形状优化、结构拓扑优化等来减轻结构重量。

▶ 1. 材料轻量化

通过替换材料实现轻量化有两种途径：一种是使用同密度、同弹性模量而强度高的材料代替原有材料，如纤维混凝土、高强度钢等；另一种是使用密度小、比强度高的材料代替原有材料，如铝合金、泡沫铝、镁合金及复合材料等。

▶ 2. 结构轻量化

运用结构分析和结构优化技术进行轻量化研究具有效果好、求解容易、思路清晰、概念明确、通用、灵活性强等优点。现在，结构分析和结构优化技术已广泛应用于结构轻量化中。

结构优化按照设计变量的类型、优化目标、约束条件和求解问题的难易程度可分为结构尺寸形状优化、结构拓扑优化和结构仿生优化三个层次，分别对应于三个不同的产品设计阶段，即概念设计、基本设计以及详细设计三个阶段。

（1）结构尺寸形状优化的轻量化设计　结构尺寸形状优化的轻量化设计是以结构布局、结构尺寸、结构外形等参数为设计变量，以质量为约束条件或优化目标，将轻量化设计问题的物理模型转换成数学模型，并结合现代计算机辅助技术，达到轻量化设计的目的。在产品轻量化的研究领域，较多采用的是结构尺寸形状优化，但由于模型体积和安装尺寸的限制，可优化尺寸及其范围有限，因此，运用结构尺寸形状优化来实现轻量化具有较大的局限性。

（2）结构拓扑优化的轻量化设计　结构拓扑优化是继结构尺寸形状优化以后，出现的一种全新的优化方向。它是以材料分布为优化对象，在确定的连续区域内寻求结构内部材料的最佳分配，使结构能在满足应力、位移等约束条件下，将外载荷传递到结构支承位置，同时使结构的某些性能指标达到最优。应用拓扑优化技术来改进结构的框架，既能保证零件的整体性能，又能实现结构轻量化设计。应用结构拓扑优化技术实现轻量化有以下优点：①用大量的虚拟试验代替实物试验，能较好地提供优化依据；②采用现代优化技术如拓扑优化对部件进行轻量化设计的思想被应用于设计的各个阶段；③应用现代优化算法包括人工神经网络算法、蚁群优化算法和遗传算法等对模型进行求解。

（3）结构仿生优化的轻量化设计　自然界中的生物经过亿万年的进化，形成了各种各样精炼的结构，它们具有性能优异、轻质高效的特点，体现了材料的最优化分布，为人类解决工程技术问题提供了大量创造性的改进方法。在深入理解生物体结构和功能机理的基础上，通过总结轻质高效生物体结构的构型规律，进而确定待仿的生物原型，最大限度地体现生物体结构的优良特性，能够突破传统的设计模式，设计出性能优异、结构新颖的产品。

通过总结轻质高效生物体结构的构型规律，提出了结构仿生优化设计，并将其运用在高速机床工作台及筋板的优化设计中。通常认为生物体有两种典型的构型规律。一种是结构生长的动态适应，即生物体结构的功能之一是承受自重及外载，因此在结构的生长过程中，材料会根据外界环境的变化而动态适应。一般说来，生物体的材料总是向应力或变形较大的区域分布。例如，人出生后由于外界环境特别是力学刺激，骨骼不断进行塑型和改建，最终成为具有高比刚度的结构。另一种是材料分布的功能最优，即生物体结构紧密、高效的原因之一是多功能性。将多种功能集合于同一生物体结构中，实现功能的多样化，提高材料的利用率。生物体结构具有多样性和复杂性，但由微观到宏观的观察可知，轻质高效的生物体结构取决于自底而上的细胞、纤维与组织的生长，因此材料的分布往往呈现出多孔、梯度或矩阵排列、夹层或中空、分支等结构型式，这就在保证预期功能的前提下，大大减小了结构的质量。虽然结构仿生已经取得了许多先进的应用成果，但是在机床设计中，通过结构仿生来提高机床运动构件比刚度的研究却很少；同时，由于结构仿生理论尚不完善，其在机床结构件设计中的应用也仅局限于初步的探讨和试验阶段。

2.2 机床材料轻量化技术

对于机床床身的材料，很多机构和公司都做了大量的研究。传统的结构材料主要是钢和铸铁，其功能单一，存在着笨重、刚性不足、抗振性差、热变形大、滑动面的摩擦阻力大及传动元件之间存在间隙等缺点。因此，传统材料已经很难满足机床发展的需要，新型材料能够从根本上解决实际的问题，满足生产过程中高精度、高速度、高效率的要求。其中以三明治夹层结构为主导的轻质材料在机床的支承件中发挥越来越重要的作用，其芯层包括金属泡沫、聚合物泡沫、纤维增强复合材料、中空球形复合材料、蜂窝材料和点阵材料等。

▶2.2.1 轻量化材料及其物理性能

随着机械零件的加工质量、加工效率和加工精度的不断提高，高速、高精度和高效率成为数控机床技术发展的主要趋势，而在这些高性能数控机床的设计过程中，必须关注材料的正确选用。材料对移动质量、惯性矩、静态和动态刚度以及固有频率、振动模态和热性能都有很大的影响。传统机床主要结构件的设计以提供承载功能为主，选材大多为钢和铸铁，两者都具有良好的刚度质量比和性能价格比。而高性能数控机床高速加工和高精度加工的特点，使得高性能数控机床的设计必须考虑大的运动加、减速度的影响以及制造加工过程中振动、热变形的控制问题。因此，对于数控机床的设计必须考虑轻质、高刚度、减振、阻尼、散热等问题，新材料的应用也成为一种提高数控机床性能必然的选择。表 2-1 列出了数控机床结构设计应用材料的特点。

表 2-1　数控机床结构设计应用材料的特点

材料名称	材料特点
钢和铸铁	可以制成复杂的形状，易加工，加工精度高，加工质量好，且具有切削性能良好、刚度和强度大等特点。缺点是生产周期长、废品率高、减振性能差、阻尼特性不突出
聚合物混凝土	具有热扩散性低、阻尼系数大、热稳定性好、成形能力强，铸造精度高、耐蚀性好、生产周期短等优点。缺点是弹性模量低，为铸铁的 1/3，因此聚合物混凝土的设计壁厚通常是铸铁件的 3 倍。用于机床床身和立柱等固定结构件
花岗石	对外部温度的反应慢（低热膨胀系数）和高阻尼，但刚度较低，必须通过加大壁厚来满足刚度要求。此外，加工性能差，生产周期长，尺寸稳定性和几何精度受环境条件的影响较大。主要用于超精密机床床身
碳纤维	质量小，强度高，阻尼性能和热稳定性较好，用于高速移动结构件。缺点是制造工艺复杂，成本高昂
泡沫金属（多孔材料）	多孔材料的密度大大低于传统的固体材料，具有高强韧、耐撞击、高比强度、高比刚度、高效散热、隔热的特点
混合材料	由于钢的弹性模量较高，焊接钢结构的静态刚度很好，但钢的阻尼系数很低，容易引起振动。在钢焊结构内充填树脂混凝土制造机床结构件，具有价格低廉和阻尼性能良好的优点，但其抗拉强度低、耐蚀性差

机床结构件的力学性能和热性能由多种因素共同决定，包括材料属性（弹性模量、剪切模量、热导率、比热容、线膨胀系数等）、构件几何特征、各构件之间的连接方式等。其中对机床结构性能有较大影响的材料属性见表 2-2。

表 2-2　对机床结构性能有较大影响的材料属性

材料属性	对机床结构性能的影响
密度 ρ	低密度材料可用于移动结构件，以提高机床动态响应；高密度材料可用于床身、底座等固定结构件，以提高结构整体稳定性
弹性模量 E	弹性模量与机床静、动态刚度正相关
剪切模量 G	剪切模量与机床结构抗扭刚度正相关
线膨胀系数 α	高线膨胀系数对机床加工精度不利

（续）

材料属性	对机床结构性能的影响
热导率 λ	高热导率可使机床较快达到热平衡状态，但热源产生的热量也会快速传导至结构中，引起热变形
比热容 c	高比热容使机床结构对环境温度变化不敏感，但也会导致机床较长时间才能达到热平衡状态
阻尼系数	高阻尼材料可抑制加工过程中产生的振动，有利于提高加工精度

新材料在数控机床上的应用，有可能使部件减重 50% ~ 70%、电能消耗减少 50% ~ 60%、阻尼系数增加 10 倍。为了在机床设计过程中正确选用材料，以下介绍数控机床常用材料的性能。由于不同材料因其性能特点在机床结构件中的具体应用存在差异，而表 2-2 中所列出的某些材料属性对特定的应用场景而言并非设计时的主要参考指标，所以下文中针对每种材料在机床结构中可能的应用场景，选择性列出了相对重要的性能数值。

▶ 1. 轻质合金

铝合金是目前工业中应用最为广泛的轻质合金，其比刚度与钢相仿，密度约为钢的 1/3，因而可用于对动态响应要求较高的机床的轻载运动结构件。此外，铝合金的热导率约为钢的 3 倍，热扩散率约为钢的 5 倍，所以铝合金中更不易产生温度梯度以及由温度梯度引起的局部变形。另一方面，铝合金的线膨胀系数可达钢的 2 倍，故在设计时应针对具体要求采取适当的热变形补偿措施。铝合金按照不同的主要合金元素，分为 2××× ~ 8××× 共七个系列，其中 6××× 和 7××× 系列铝合金比较适合于轻量化机床结构件。除铝合金外，镁合金作为最轻的实用合金，自 21 世纪初以来在工业中的应用增长迅速。镁合金铸造性能与切削性能良好，其弹性模量与密度皆为铝合金的 1/3 左右，热扩散率较铝合金稍低，但仍为钢的 3 倍左右，因而也可应用于特定的机床运动结构件中。目前，工业中最常用的以铝和锌为主要合金元素的镁合金为 AZ91E，经热处理后具有强度高、耐盐水腐蚀等特点。对于机床结构件而言，轻质合金的弹性模量、密度与热性能为主要设计要素。典型铝合金与镁合金主要性能见表 2-3。

表 2-3 典型铝合金与镁合金主要性能

材料性能	铝合金 6061 - T6	铝合金 7075 - T6	镁合金 AZ91E - T6
密度 $\rho/kg \cdot m^{-3}$	2700	2810	1810
弹性模量 E/GPa	68.9	71.7	44.8
剪切模量 G/GPa	26.0	26.9	17.0
线膨胀系数 $\alpha/10^{-6} \cdot K^{-1}$	23.6	23.6	26.0

（续）

材料性能	铝合金 6061 - T6	铝合金 7075 - T6	镁合金 AZ91E - T6
热导率 $\lambda / \mathrm{W} \cdot \mathrm{m}^{-1} \cdot \mathrm{K}^{-1}$	167	130	72.7
比热容 $c / \mathrm{J} \cdot \mathrm{kg}^{-1} \cdot \mathrm{K}^{-1}$	896	960	1047

2. 天然石材

天然石材通常呈线弹性，无磁性、不导电、无锈蚀风险且不会产生毛刺。花岗石是一种包含石英、云母、长石的多晶体，其力学性能随着晶粒的细化而增加。作为一种天然材料，其材料属性的具体数值会表现出一定离散性。细晶花岗石的弹性模量可达 65 ~ 113GPa，抗压强度可超过 180MPa，硬度高达 850 ~ 900HV，抗磨损，易加工出均匀表面，且阻尼系数高。此外，花岗石的热导率可低至钢的 1/10 以下，线膨胀系数约为钢的 1/3，故采用花岗石制造的机床底座、床身等大型承压结构件具有良好的热稳定性。天然花岗石中无残余应力，可使机床结构件的尺寸精度长期保持稳定。由于天然石材具备上述特性，且抗压强度远高于抗拉强度，故在机床中多用于床身等承压结构件。国家标准中对天然石材按种类和产地进行了统一编号。工业常用天然石材主要性能见表 2-4。

表 2-4　工业常用天然石材主要性能

材料性能	非洲黑石	精细黑石	蓝兰海林	格努黑
密度 $\rho / \mathrm{kg} \cdot \mathrm{m}^{-3}$	2850	3000	2700	3130
弹性模量 E / GPa	60 ~ 105	90 ~ 110	44 ~ 58	106 ~ 115
线膨胀系数 $\alpha / 10^{-6} \cdot \mathrm{K}^{-1}$	6.5	6.2	7.4	5.8
热导率 $\lambda / \mathrm{W} \cdot \mathrm{m}^{-1} \cdot \mathrm{K}^{-1}$	2.0	2.5	2.0	2.5
抗压强度/MPa	244	260	188	270
抗拉强度/MPa	24	28	22	33
维氏硬度 HV	830	840	900	850

3. 聚合物混凝土

聚合物混凝土，又称为矿物铸件或人造花岗石，是指一类由颗粒状填料（沙、大理石、石英、珍珠岩、白云石、钢、短切玻璃纤维或碳纤维等）、树脂黏合剂（不饱和聚酯、聚甲基丙烯酸甲酯或环氧树脂）和用于加速树脂在室温下固化的催化剂混合而成的复合材料。填料和树脂黏合剂的类型与配比根据用途的不同有很大差异。在机床结构中聚合物混凝土多用于制造床身、立柱等支承结构件，所用填料多为无机矿物（如石英）和石材（如花岗石和玄武岩），有时也会使用氢氧化铝、碳化硅、铁粉或玻璃球，而树脂黏合剂一般为环氧树脂。

聚合物混凝土除了拥有高刚度、高阻尼、低热膨胀的特性，还可以通过调整配方和工艺参数获得低残余应力和低收缩率。与铸铁和钢相比，聚合物混凝土的阻尼系数可达前者的 8～10 倍，线膨胀系数可低至前者的 1/2，热导率甚至可低于前者的 5%，而比热容则为前者的 2 倍左右，使其特别适用于制造高热稳定性的机床结构件。此外，聚合物混凝土具有良好的密实结构和非常低的孔隙率，抗酸碱腐蚀能力明显强于铸铁和钢。工艺方面，由于作为树脂黏合剂的环氧树脂可在常温下固化，所以聚合物混凝土浇筑无须加热，无须时效处理，生产周期短，能耗相比铸铁或钢构件可降低 20%～40%，符合绿色制造的理念。同时，可在铸件中预埋管路、导轨、连接件等，甚至可铸入加热或冷却装置、传感器等功能部件，实现铸造过程中的温度控制，保证铸件成型精度，降低后续加工成本，提高生产率。此外，聚合物混凝土结构件制造过程中材料利用率高，废品率低，与铸铁结构件相比可减少 15%～30% 的制造成本。表 2-5 列出了德国 DURCRETE 公司的 NANODUR® 聚合物混凝土主要性能。

表 2-5　德国 DURCRETE 公司的 NANODUR® 聚合物混凝土主要性能

材料性能	NANODUR® E45	NANODUR® E80
密度 $\rho/kg \cdot m^{-3}$	2480	2790
弹性模量 E/GPa	46.5	84.5
线膨胀系数 $\alpha/10^{-6} \cdot K^{-1}$	12.0	7.0
热导率 $\lambda/W \cdot m^{-1} \cdot K^{-1}$	3.0	6.0
比热容 $c/J \cdot kg^{-1} \cdot K^{-1}$	1200	850
抗压强度/MPa	>125	>150
阻尼特性（对数衰减率 δ）	0.030	0.021

4. 泡沫金属（多孔材料）

泡沫金属是指由固态金属（通常为铝）和占据大部分体积的气孔（泡）所构成的多孔结构。高孔隙率多功能材料，其微观结构按规则程度可分为无序和有序两大类，前者包括泡沫化材料（含开孔和闭孔），而后者主要是点阵材料（开孔）。与传统材料相比，超轻多孔材料具有千变万化的微观结构，在保持高孔隙率的前提下，孔径可逐渐由毫米级减小到微米级甚至纳米级。通常，多孔金属材料单位体积的重量仅是实体材料的 1/10 或更轻，且不同构型的微观结构对材料的力学及其他物理特性有显著影响。除了承载，这些材料还可同时承担其他功能，如利用材料的多孔特点进行对流换热以满足温度控制要求，以及吸收降低噪声、吸收冲击能量、阻尼减振等。表 2-6 列出了美国 ERG 公司的 Duo-cel® 泡沫铝主要性能。由于泡沫金属弹性模量与强度太小，因而无法单独用于机床结构件;但因其热导率低,比热容高,且阻尼特性好,因而可用于填充机床结构件中的空腔以及作为壁板夹层等。

表2-6 美国 ERG 公司的 Duocel® 泡沫铝主要性能

材料性能	Duocel®
密度 $\rho/\mathrm{kg \cdot m^{-3}}$	220
弹性模量 E/GPa	0.102
剪切模量 G/GPa	0.200
线膨胀系数 $\alpha/10^{-6} \cdot \mathrm{K^{-1}}$	23.6
热导率 $\lambda/\mathrm{W \cdot m^{-1} \cdot K^{-1}}$	5.8
比热容 $c/\mathrm{J \cdot kg^{-1} \cdot K^{-1}}$	895
抗压强度/MPa	2.5

5. 纤维增强型复合材料

纤维增强型复合材料主要包含两个组分:作为强化材料而承受绝大部分外加载荷的纤维,以及将纤维包覆在内起到保护与传递载荷作用的基体。常见的纤维包括碳纤维、玻璃纤维、芳纶纤维、碳化硅纤维、硼纤维等,其主要性能见表2-7。常见的基体材料包括聚合物(热固性或热塑性塑料)、金属(如铝、镁)和陶瓷材料(如碳化硅、氧化铝),其主要性能见表2-8。其中碳纤维、玻璃纤维和芳纶纤维(如凯夫拉)广泛用于聚合物基复合材料,而碳化硅纤维一般用于金属和陶瓷基复合材料。

表2-7 常见纤维主要性能

材料性能	高模量(HM)碳纤维	高强度(HS)碳纤维	玻璃纤维	凯夫拉(Kevlar®)49纤维	碳化硅纤维单丝	硼纤维单丝
密度 $\rho/\mathrm{kg \cdot m^{-3}}$	1950	1750	2560	1450	3000	2600
弹性模量 E/GPa	380(轴向) 12(横向)	230(轴向) 20(横向)	76	130(轴向) 10(横向)	400	400
泊松比 ν	0.20	0.20	0.22	0.35	0.20	0.20
轴向抗拉强度/MPa	2400	3400	2000	3000	2400	4000
轴向拉伸破坏应变(%)	0.6	1.1	2.6	2.3	0.6	1.0
线膨胀系数 $\alpha/10^{-6} \cdot \mathrm{K^{-1}}$	-0.7(轴向) 10(横向)	-0.4(轴向) 10(横向)	4.9	-6(轴向) 54(横向)	4.0	5.0
热导率 $\lambda/\mathrm{W \cdot m^{-1} \cdot K^{-1}}$	105(轴向)	24(轴向)	13	0.04(轴向)	10	38

表 2-8 常见基体材料主要性能

材料性能	热固性塑料		热塑性塑料			金属			陶瓷	
	环氧树脂	不饱和聚酯树脂	尼龙6,6	聚丙烯（PP）	聚醚醚酮（PEEK）	铝	镁	钛	碳化硅	氧化铝
密度 ρ/kg·m^{-3}	1100~1400	1200~1500	1140	900	1260~1320	2700	1800	4500	3400	3800
弹性模量 E/GPa	3~6	2.0~4.5	1.4~2.8	1.0~1.4	3.6	70	45	110	400	380
泊松比 ν	0.38~0.40	0.37~0.39	0.3	0.3	0.3	0.33	0.35	0.36	0.20	0.25
抗拉强度/MPa	35~100	40~90	60~70	20~40	170	200~600	100~300	300~1000	40	50
破坏应变（%）	1~6	2	40~80	300	50	6~20	3~10	4~12	0.1	0.1
线膨胀系数 α/10^{-6}·K^{-1}	60	100~200	90	110	47	24	27	9	4	8
热导率 λ/W·m^{-1}·K^{-1}	0.1	0.2	0.2	0.2	0.2	130~230	100	6~22	50	30

2.2.2 机床结构材料选用准则

材料的选用对机床结构的移动质量、惯性矩、静态和动态刚度、固有频率以及热性能都有很大的影响。目前，机床的主要结构件选材大多为钢和铸铁，两者都具有良好的刚度质量比和性能价格比。为进一步满足机床高动态特性和高精度的要求，可根据结构件要求与材料特性，以轻量化材料替代传统材料。机床结构件常用材料与可用轻量化材料特性见表 2-9。

以铝合金为代表的轻质合金已在机床的移动部件中得到了应用。德国 MAP 公司（MAP Werkzeugmaschinen GmbH）生产的 LPZ 系列高速加工中心应用了轻量化的铝合金床鞍，使得主轴在 X、Y、Z 三个方向上的最大加速度可达 1.6g。由于降低高速旋转刀具的转动惯量能够相应缩短起动时间和降低能耗，轻质合金甚至在刀具中也有应用。

表 2-9 机床结构件常用材料与可用轻量化材料特性

材料特性	灰铸铁	钢	铝合金	花岗石	聚合物混凝土	碳纤维复合材料
应用广泛程度	高	高	低	低	中	低
适用零部件[①]	床身、立柱、床鞍、工作台、主轴、壳体	床身、立柱、床鞍、工作台	主轴箱、床鞍等运动部件	床身、立柱、(床鞍)、(工作台)	床身、立柱、(床鞍)、(工作台)	床鞍、工作台、主轴、混合结构的壳体、(立柱)
原材料	铁碳合金(碳的质量分数2.6%~4.0%)	铁碳合金(碳的质量分数0.02%~2.11%)	铝、合金元素(铜、锰、硅、镁、锌等)	天然石材	矿物颗粒(石英、玄武岩、花岗石等)、环氧树脂	碳纤维、聚合物基体
毛坯制造方法	铸造	焊接	锻造	切割	常温浇筑	预浸料层叠后经热压罐固化、纤维缠绕、真空辅助灌注成型、树脂传递模塑成型等
热处理方法	退火	退火	退火、时效处理	—	—	—
机加工前预置时间	3~5天	2~5天	0~4天	2天	2周	0~7天
机加工工艺	铣削、磨削、刮削	铣削、磨削、刮削	铣削	磨削、研磨	铣削、磨削、研磨	铣削、磨削、水射流切割、激光加工
密度 $\rho/\mathrm{kg \cdot m^{-3}}$	7200	7850	2700	2900	2600	1500
弹性模量 E/GPa	115	210	70	90	45	180
线膨胀系数 $\alpha/10^{-6} \cdot \mathrm{K^{-1}}$	9	12	24	6.5	15	0.1

（续）

材料特性	灰铸铁	钢	铝合金	花岗石	聚合物混凝土	碳纤维复合材料
热导率 $\lambda/\mathrm{W \cdot m^{-1} \cdot K^{-1}}$	47	50	180	2.5	4.5	2.0
比热容 $c/\mathrm{J \cdot kg^{-1} \cdot K^{-1}}$	535	360	880	800	1000	1000
阻尼特性（对数衰减率 δ）	0.0045	0.0023	0.045	0.015	0.035	0.030
单位体积材料相对成本[②]	1	1.5	4.5	1	0.5	8

① 括号中的零部件表示可以用相应的材料制造，但不常见。

② 以单位体积灰铸铁材料成本作为比较基准，表中数值为近似值，且会随时间变动。

对于以花岗石为代表的天然石材而言，其抗拉强度远低于抗压强度，所以以石材构件应设计为受压。花岗石常与钢制嵌入件（衬套、T形槽等）配合使用，后者的作用是提供机械连接的接口。在设计构件时应考虑到石材与钢的热性能差异，以避免两种材料连接处产生过大热应力和变形。另外，由于花岗石对于湿度敏感，所以常在花岗石构件表面涂覆环氧树脂薄层来隔离空气中的水蒸气。尽管很早就有研究指出，受到湿度影响，花岗石的长期稳定性有限，但其因良好的阻尼与热特性而成为三坐标测量仪和超高精度机床床身的主流材料。

早在 1979 年即有研究提出可用人造花岗石（即以花岗石为填料的聚合物混凝土）作为高精度机床的结构材料，其阻尼系数可达铸铁的 10 倍、天然花岗石的 3 倍，对水、切削液和机油不敏感，还具有极佳的长期稳定性。瑞士 Fritz Studer 公司研发的人造花岗石 Granitan® 自 20 世纪 70 年代末诞生至今，已被广泛应用于制造该公司生产的所有精密磨床床身。除了作为机床结构材料，聚合物混凝土还在机床部件上有独特的应用，如直线导轨的隔振滑块，聚合物混凝土滑块在低频段（250~650Hz）的隔振效果明显优于钢制滑块。目前常见的用于机床结构的聚合物混凝土除上文提到的瑞士 Fritz Studer 公司的 Granitan® 外，还包括德国 RAMPF Machine Systems 公司的 EPUMENT® 和 EPUDUR®，德国 EMAG 公司的 MINERALIT® 等。国内在此方面的研究起步较晚，但近年来发展十分迅速。以山东纳诺新材料科技有限公司为代表的一批企业开发的聚合物混凝土机床大件不仅在国内机床行业得到了广泛使用，还大量出口国外，获得了良好的经济效益。

　　由于复合材料，特别是碳纤维复合材料（Carbon Fibre Reinforced Plastics，CFRP）具有很高的比刚度和比强度，同时阻尼性能也高于以铸铁和钢为代表的机床常用材料，在机床中有了很多成功应用。早在 1985 年便有在主轴部件中采用 CFRP 部件的研究。与静态弯曲刚度相同的钢制主轴部件相比，复合材料主轴的一、二阶固有频率更高，一阶模态阻尼系数高出 20%，相应地在切削试验中不发生颤振的最大切削宽度高出约 23%，同时由于 CFRP 的轴向热膨胀系数几乎为零，所以复合材料主轴部件的热稳定性更好。采用 CFRP 制造的镗杆，与静态弯曲刚度相同的钢制镗杆相比，其一阶固有频率与一阶模态阻尼系数分别提高了 80% 和 50%，不发生颤振的最大镗削深度则提高了 5 倍。以高模量沥青基碳纤维预浸料制造的高速镗削的复合材料镗杆原型，与相同外径与长度的碳化钨镗杆相比，前者的一阶固有频率、阻尼系数和动刚度分别提高了 72%、168% 和 28%，不发生颤振的最大镗削深度提高了约 30%。轻量化材料在机床结构件中的应用见表 2-10。各材料具体应用实例见 2.2.3 节。

表 2-10　轻量化材料在机床结构件中的应用

材料名称	材料特点	应用实例	机床生产商
聚合物混凝土	阻尼系数大，用于机床床身等固定结构件	S31 与 S33 系列数控万能外圆磨床的床身 	瑞士 Fritz Studer
天然花岗石	阻尼系数大，热稳定性高，用于超精密机床床身	Mikroturn®系列卧式/立式数控硬车削车床的床身 	荷兰 Hembrug Machine Tools

（续）

材料名称	材料特点	应用实例	机床生产商
碳纤维复合材料	质量小，强度高，用于高速移动结构件	PRO. X1000 五轴立式加工中心的 Z 轴床鞍 	德国 MAP
泡沫金属（多孔材料）	密度小，能量吸收能力强，可用于蜂窝夹层结构中，减振效果好	Mikron HPM 1850U 五轴高速数控铣床的床鞍壁板内填料为泡沫铝 	瑞士 Georg Fischer 集团旗下的 GF Machining Solutions Management SA
混合材料	焊接钢结构内充填树脂混凝土，可提高阻尼	以 Hydropol®、Hydropol-Light®、Hydropol-Superlight® 为填料的机床结构件 	德国 Framag Industrieanlagenbau GmbH

2.2.3 机床材料轻量化应用实例

1. 聚合物混凝土

聚合物混凝土与机床结构件中常用的铸铁和钢相比，热稳定性高，阻尼特性好，耐酸碱腐蚀，同时属于常温铸造，设计灵活性高，生产周期短，耗能小，因而在机床床身中已得到较广泛应用。以瑞士 Fritz Studer 公司为例，其自研的 Granitan®S103 聚合物混凝土已应用于几乎所有产品型号，包括 S30 液压内外圆磨床，S31、S33、S41 数控万能内外圆磨床，S121、S131、S141、S151 数控万能内圆磨床等，如图 2-1 所示。

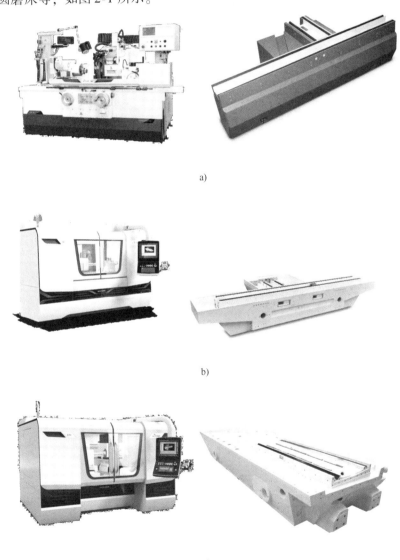

a)

b)

c)

图 2-1 瑞士 Fritz Studer 公司生产的磨床与配套的 Granitan® S103 聚合物混凝土床身
a）S30 液压内外圆磨床及其包含导轨的聚合物混凝土床身 b）S33 数控万能内外圆磨床及其包含导轨的聚合物混凝土床身 c）S151 数控万能内圆磨床及其包含导轨的聚合物混凝土床身

▶ 2. 碳纤维复合材料

碳纤维复合材料单层板轴向比刚度约为钢的 4 倍，且轴向弹性模量约为钢的 80%，所以特别适合制造对于动态响应要求高的机床运动结构件。德国 MAP 公司是最早在机床结构件中应用 CFRP 的公司之一。其 PRO. X1000 五轴立式加工中心的 Z 轴床鞍由 CFRP 制成，配合直线电动机，最大加速度可达 $2g$；同时由于移动质量大幅度减小，高速切削精度也相应提高，且能耗降低。CFRP 还具有高阻尼、耐蚀性好、疲劳特性好等优点。此加工中心及 Z 轴床鞍如图 2-2 所示。

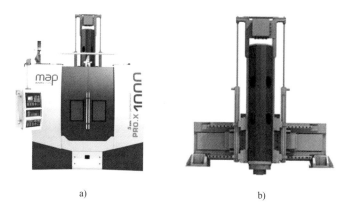

a)   b)

图 2-2 德国 MAP 公司 PRO. X1000 五轴立式加工中心及其碳纤维复合材料 Z 轴床鞍

a）PRO. X1000 五轴立式加工中心 b）碳纤维复合材料 Z 轴床鞍

2.3 机床结构轻量化技术

结构优化按照设计变量的类型和求解问题的难度可分为尺寸优化、形状优化和拓扑优化三个层次，这三种结构优化方法在机床结构设计中均有应用。

（1）尺寸优化 在保持结构的形状和拓扑结构不变的情况下寻求结构组件的最佳截面尺寸以及最佳材料性能的组合关系，如图 2-3 所示。其特点是设计变量容易表达，求解理论和方法成熟。

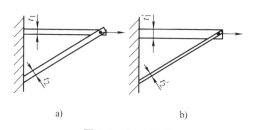

a)   b)

图 2-3 尺寸优化

a）原始桁架结构 b）尺寸优化后桁架结构

（2）形状优化　优化结构的结构拓扑关系保持不变，而设计域的形状和边界发生变化，寻求结构最理想的边界和几何形状，在骨架结构中表现为优化节点的位置，在实体结构中表现为对结构的边界形状进行优化，如图2-4所示。目前有关形状优化部分的研究已取得较大进展。

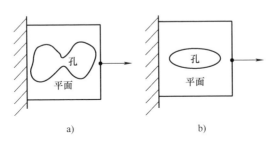

图 2-4　形状优化

a）原始形状　b）形状优化后结构

（3）拓扑优化　在一个确定的连续区域内寻求结构内部非实体区域位置和数量的最佳配置，寻求结构中的构件布局及节点连接方式最优化，使结构能在满足应力、位移等约束条件下，将外载荷传递到结构支承位置，同时使结构的某种性态指标达到最优。拓扑优化与尺寸优化和形状优化相比具有更大的自由度，它不仅可以在优化过程中改变结构的拓扑形式，而且可以同时对结构的尺寸和形状进行优化，如图2-5所示。因此，拓扑优化是一种较高层次的优化方法。

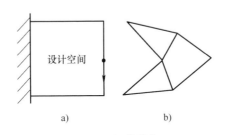

图 2-5　拓扑优化

a）设计空间　b）最优拓扑结构

2.3.1　基于拓扑优化的机床结构轻量化技术

1. 结构拓扑优化基本理论

（1）拓扑优化的基本概念和原理　结构优化设计的大致过程：假设→分析→搜索→最优设计。搜索过程也是修改设计的过程，这种修改是按一定的优化方法使设计方案达到"最佳"的目标，是一种主动的、有规则的搜索过程，并以达到预期的"最佳"目标为终止条件。

结构拓扑优化的基本思想是将寻求结构的最优拓扑问题转化为在给定的设计区域内寻求最优材料的分布问题,也就是寻求力的最佳传递路径问题。给定设计区域,区域内由许多带有孔洞的微结构组成,在优化过程中,设计区域一般保持不变,而微结构的孔洞大小可以变化,如某一部分区域的微结构全部为孔洞,则这部分区域便会被从设计区域上"移走",从而形成一个大孔洞;反之,如某一部分区域的微结构的孔洞全部消失,则这部分区域便组成"实在结构"。拓扑优化的目标是寻求结构对材料的最佳利用,得到最佳材料分配方案。这种方案在拓扑优化中表现为"最大刚度"设计,也就是在满足结构约束的情况下减小结构的变形能,减小结构的变形能相当于提高结构的刚度。结构的拓扑优化是高层次的非线性问题。在拓扑优化中参数变化则是离散的,针对离散化的模型,确定目标函数是拓扑优化的关键。优化设计中模型的目标函数是结构的变形能,可认为变形能最小的结构就是拓扑最优结构。

目前,拓扑优化模型都是以结构的静、动态特性或者响应为约束和目标函数的,边界条件在某种程度上决定了拓扑优化的结果。静、动态拓扑优化的本质是寻找空间质量最优分布的过程。把空间分布的质量定义为非设计集合,作为广义的边界条件加以考虑,能够得到更好的拓扑优化结果。图 2-6 所示为拓扑优化流程。

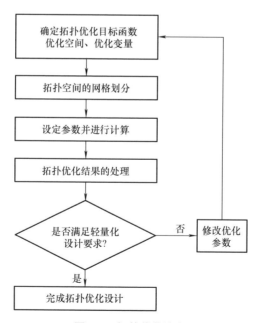

图 2-6　拓扑优化流程

（2）拓扑优化问题的数学描述　结构拓扑优化方法是在一个特定的设计区域内，针对已知的载荷和支承等约束条件来寻求有限的材料在设计区域内的最优分布形式，从而使结构的刚度达到最大或使输出位移、应力等达到规定要求的一种结构设计方法。在拓扑优化概念的发展过程中，设计区域和微结构的引进具有重要的意义，两者促成了现在拓扑优化问题的数学描述。Murat 等为了克服结构形状参数化表达的困难，提出了用结构特征函数来表达设计区域内结构的形状，其结构特征函数的表达式为

$$\chi(x) = \begin{cases} 1, & x \in \Omega^{\text{mat}} \\ 0, & x \notin \Omega^{\text{mat}} \end{cases} \tag{2-1}$$

式中，Ω^{mat} 表示最优的材料子集。

如果设计区域内某点处结构特征函数的值为 1，则表示该点处有材料存在；相反，如果某点处结构特征函数的值为 0，则表示该点处没有材料。这样，设计区域内任意的结构形状都可以用结构特征函数来准确地表示。因此，一般的拓扑优化问题就可以描述为

$$\begin{cases} \min f(\chi(x)) \\ \text{s. t. } V(\chi(x)) \leqslant V^* \end{cases} \tag{2-2}$$

式中，$f(\chi(x))$ 是目标函数，可以是结构任意属性，如结构的刚度、特征频率和输出位移；$V(\chi(x))$ 是结构所用材料的体积；V^* 是允许的材料体积极限值。

（3）有限单元法　有限单元法是力学、数学、物理学、计算方法、计算机技术等多种学科综合发展和结合的产物，是一种利用离散方法用简单问题代替复杂问题进而求得近似解的数值分析方法。由于大多数工程问题的初值条件及边界条件比较复杂而难以确定，得不到问题的精确解，故在实际工程问题中一般采用有限单元法来求得近似解。

有限单元法的基本思想是将问题的求解域离散化，得到有限个单元，单元彼此之间仅靠节点相连。在单元内假设近似解的模式，通过适当的方法，建立单元内部点的待求量与单元节点量之间的关系。由于单元形状简单，易于由能量关系或平衡关系建立节点量之间的方程式，然后将各个单元方程集合成总体线性方程组，引入边界条件后求解该线性方程组，即可得到所有的节点量，进一步计算导出量后问题就得到了解决。如果选择节点位移作为总体线性方程组的未知数，则称为位移法；如果选择节点力为未知数，则称为力法。位移法易于实现自动化，其应用范围最广。采用位移法的有限单元法求解步骤如下：

1）结构离散化。将待分析的结构用一些假想的线或面进行切割，使其成为具有选定切割形状的有限个单元体。这些单元体被认为仅在单元的一些指定点

处相互连接，这些单元上的点称为单元的节点。有限元模型实际上是一个仅在节点处连接，并仅靠节点传递载荷的有限个单元的集合体。

2）确定单元位移模式。结构离散化后，对单元进行单元特性分析。首先必须对单元中任意一点的位移分布做出假设，即在单元内用具有有限自由度的简单位移代替真实位移。对位移单元来说，就是将单元任意一点的位移近似地表示成该单元节点位移的函数，称为单元位移模式。位移模式的合理选择是有限单元法的重要内容之一，目前常用的方法是以多项式作为位移模式。根据选定的位移模式，单元中任意一点的位移用单元节点位移表示为

$$d = N\delta^e \tag{2-3}$$

式中，d 是单元中任意一点的位移矢量；N 是形函数矩阵，其元素是坐标的函数；δ^e 是单元节点位移矢量。

3）单元特性分析。确定单元位移模式之后，进行单元特性分析。进行如下几方面的工作：

① 利用应变和位移之间的关系即几何方程，将单元任意一点的应变用单元节点位移表示，即

$$\varepsilon = B\delta^e \tag{2-4}$$

式中，ε 是单元中任意一点的应变矢量；B 是单元应变矩阵，其元素是坐标的函数。

② 利用应力和应变之间的关系即物理方程，将单元中任意一点的应力用单元节点位移表示，即

$$\sigma = DB\delta^e \tag{2-5}$$

式中，σ 是单元中任意一点的应力矢量；D 是由单元材料弹性模量确定的弹性矩阵。

③ 利用虚位移原理或最小势能原理建立单元平衡方程，即

$$K^e\delta^e = F^e \tag{2-6}$$

式中，F^e 是作用在单元上的节点力矢量；K^e 是单元刚度矩阵，$K^e = \int_\Omega B^T DB \mathrm{d}\Omega$，求解平面问题时 Ω 为单元面积，求解空间问题时 Ω 为单元体积。

4）集成所有单元特性，建立整个结构的平衡方程。根据单元特性分析的结果，对各单元仅在节点相互连接的单元集合体用虚位移原理或最小势能原理进行推导，建立表示整个结构节点平衡的方程组，即整体平衡方程

$$K\delta = F \tag{2-7}$$

式中，K 是整体刚度矩阵；δ 是整体节点位移矢量；F 是整体综合节点载荷矢量。

5）求解方程组和输出计算结果。求解整体平衡方程，得到结构全部节点位

移，再根据前面的推导过程，计算单元应力、应变等，以图形或图表形式输出上述计算结果。

利用有限单元法处理问题主要经历如下流程：

1）有限单元前处理。通过专业的三维软件建立结构的三维模型，然后将三维模型以一定的格式导入有限单元分析软件中。接下来首先对几何进行清理，选择合适的网格类型，对结构的每个部件进行网格划分；然后对部件进行材料与属性的定义；最后根据实际工作情况对部件施加载荷及边界条件。

2）数值分析求解。有限单元分析计算的过程就是计算机对联合方程求解的过程。可以根据需要选择不同的程序，分别通过静态分析、动态分析、谱响应分析等得到未知节点及单元的应力、位移、频率、振型等信息。

3）有限单元后处理。后处理阶段是对有限单元计算结果的分析过程，以变形云图、等应力线、振型图等形式对分析对象的性能加以分析、评估，从而为设计者提供改进或优化原结构的参考依据。

利用有限单元法处理问题的基本流程如图2-7所示。

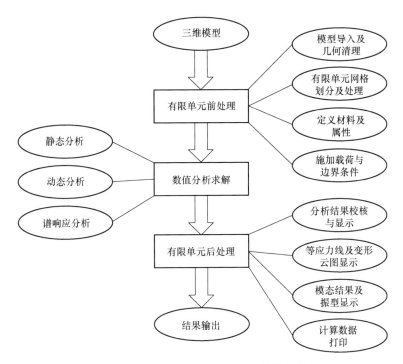

图2-7　利用有限单元法处理问题的基本流程

2. 结构拓扑优化方法

（1）连续体结构拓扑优化方法　拓扑优化按研究的结构对象可以分为离散

体结构拓扑优化（如桁架、刚架、加强肋板、膜等骨架结构以及它们的组合）和连续体结构拓扑优化（如二维板壳、三维实体）两大类。在机床结构设计中，一般采用板壳单元、实体单元或者两者的组合建立机床结构的有限元模型，因此在机床结构设计领域研究的是连续体结构拓扑优化问题。

连续体结构拓扑优化是目前拓扑优化的主要研究对象。优化的基本方法是将设计域划分为有限单元，依据一定的算法删除部分区域，形成带孔的连续体，实现连续体的拓扑优化。拓扑优化中的拓扑描述方式和材料插值模型非常重要，是一切后续优化方法的基础。均匀化方法和变密度法是目前连续体结构拓扑优化中常用的材料插值模型。

1）均匀化方法。均匀化方法由 Bendsoe 和 Kikuchi 在 1988 年首次提出，其基本思想就是在组成拓扑结构的材料中引入微结构单胞，优化过程中以微结构单胞的几何尺寸和空间方位角作为设计变量，以单胞尺寸的变化来实现微结构的增删，实现结构拓扑优化模型与尺寸优化模型的统一和连续化，将连续体结构拓扑优化转化为决定微结构的尺寸最优化分布的低层次尺寸优化问题，能够采用成熟的结构尺寸优化算法。均匀化模型在连续体结构拓扑优化设计中的应用研究范围涉及多工况平面问题、三维连续体问题、振动问题、弹性问题、屈曲问题、三维壳体问题、薄壳结构问题及复合材料拓扑优化问题等众多方面的问题。

2）变密度法。变密度法通过人为假定单元的密度和材料物理属性（如许用应力、弹性模量）之间的某种对应关系，以连续变量的密度函数形式显式地表达这种对应关系。变密度法基于各向同性材料，以每个单元的相对密度作为设计变量，每个单元有唯一的设计变量，程序实现简单，计算效率高。变密度法不仅可以采用结构的柔顺度作为优化的目标函数，也可以用于特征值优化、柔性机构的优化、多学科优化等领域。

变密度法材料插值模型是目前算法上最便于实施、工程上最有应用前景的一种拓扑优化插值方法。使用该方法虽然不能从理论上证明得到的拓扑优化结果是全局最优解，但其理论简单明了，算法实现简单，有实际应用价值，目前已用于解决宏观线弹性结构拓扑优化问题，如复杂的二维和三维拓扑优化设计问题、MEMS 设计问题等，也可用于材料微观结构构成及性能设计、压电材料结构设计等。

3）ICM 方法。ICM 方法是以结构重量为目标，将尺寸优化、形状优化和拓扑优化的目标统一规范化。独立、连续拓扑变量概念的提出不仅有效地解决了应力、位移、频率等约束下的连续体结构拓扑优化问题，更有利于工程实际应用，也实现了骨架类结构和连续体结构拓扑优化模型的统一，尤其在处理多工况问题时，将多工况的约束放在同一个模型中，改变了多目标优化模型由于工况的组合扰乱"传力路径"的状况，从而寻找到了最佳的"传力路径"。另外，ICM 方法有利于建立的数学模型的求解，而对偶规划方法的引入减少了设计变量的数目，提高了优化的效率，减少了迭代次数。除此之外，还有变厚法、水平集法、冒泡法、渐进结构优化法（Evolutionary Structural Optimization，ESO）等拓扑优化设计方法。

（2）基于 Optistruct 的变密度法拓扑优化数学模型　Optistruct 是 HyperWorks 内含的有限元分析和结构优化设计工具。Optistruct 用于概念设计和改进设计，可以设计出基于各种约束条件的具有最小重量和最大性能的结构，优化方法多种多样，可以应用在设计的各个阶段，对静力、模态、屈曲、分析进行优化。Optistruct 拥有先进的优化技术，提供全面的优化方法，其在结构优化领域应用广泛。本书也采用 Optistruct 模块进行结构优化。

结构优化数学模型的一般表达式为

$$
\begin{cases}
\min f(\boldsymbol{x}) = f(x_1, x_2, \cdots, x_n) \\
\text{s. t.} \begin{cases}
g_j(\boldsymbol{x}) \leqslant 0, \ j = 1, 2, \cdots, m \\
h_k(\boldsymbol{x}) \leqslant 0, \ k = 1, 2, \cdots, m_h \\
x_i^L \leqslant x_i \leqslant x_i^u, \ i = 1, 2, \cdots, n
\end{cases}
\end{cases}
\tag{2-8}
$$

在 Optistruct 中，目标函数 $f(\boldsymbol{x})$，约束函数 $g(\boldsymbol{x})$、$h(\boldsymbol{x})$ 是从有限元分析中获得的相应结构。采用变密度法进行拓扑优化时，每个单元的材料密度直接被作为设计变量，在 0 ~ 1 之间连续变化，0 和 1 分别代表空和实。然而在求解过程中，中间密度单元部分在结构设计域中呈现灰度区域，这对设计者想要获得清晰的拓扑结构是非常不利的。在 Optistruct 中，运用惩罚技术对中间密度单元进行处理，强制使中间灰度单元的密度趋于 0 或 1，对于任何二维和三维单元，其表达式为

$$
\boldsymbol{K}(\rho) = \rho^\varepsilon \underline{\boldsymbol{K}}
\tag{2-9}
$$

式中，$\boldsymbol{K}$、$\underline{\boldsymbol{K}}$ 分别是带惩罚项和实际的单元刚度矩阵；ρ 是单元密度；ε 是惩罚系数，其取值一般大于 1。在 Optistruct 中，通过定义离散参数来定义惩罚系数。

为了提高机床结构的静态性能、动态性能及实现轻量化设计，在 Optistruct 中，可以通过定义不同的优化目标，实现体积约束下的结构静态性能、动态性能及两者结合的拓扑优化，其数学模型分别表述如下：

1）静态性能拓扑优化数学模型。Optistruct 以静态应变能反映结构的静态性能，静态应变能通过以下公式计算，即

$$
\begin{cases}
C(\boldsymbol{X}) = \dfrac{1}{2}\boldsymbol{u}(\boldsymbol{X})^{\mathrm{T}}\boldsymbol{F} \\
F = \boldsymbol{K}\boldsymbol{u}(\boldsymbol{X})
\end{cases}
\tag{2-10}
$$

因此：

$$C(X) = \frac{1}{2}u(X)^{\mathrm{T}}Ku(X)$$

式中，X 是设计变量，表示单元密度；$u(X)$ 是节点位移矢量；F 是节点载荷矢量；K 是结构总体刚度矩阵。然而在机床结构拓扑优化中，往往需要考虑多个载荷工况，此时需要考虑每个载荷工况的加权静态应变能，即

$$C_w(X) = \sum w_i C_i(X) = \frac{1}{2}\sum w_i u_i(X)^{\mathrm{T}}Ku_i(X) \tag{2-11}$$

式中，$C_i(X)$ 是第 i 个工况静态应变能；w_i 是每个载荷工况各自的加权系数，取值范围为 0~1。

因此，体积约束下以结构多工况的加权静态应变能为优化目标的拓扑优化数学模型表述为

$$\begin{cases} \min C_w(X) = \frac{1}{2}\sum w_i u_i(X)^{\mathrm{T}}Ku_i(X) \\ \mathrm{s.\,t.} \begin{cases} V_i(X)/V_0 \leq \Delta \\ 0 \leq x_k \leq 1, \quad k = 1,2,\cdots,N \end{cases} \end{cases} \tag{2-12}$$

式中，$V_i(X)$ 是优化后设计域有效体积；V_0 是优化前初始设计域体积；Δ 是体积约束分数，取值范围为 0~1。

2）动态性能拓扑优化数学模型。为了提高机床的动态性能，在 Optistruct 中一般以提高结构的固有频率为目标进行结构拓扑优化。无阻尼自由振动模型的特征值问题由下式表示，即

$$\begin{cases} [K - \lambda_j M]U_j = 0 \\ f_j = \sqrt{\lambda_j}/(2\pi) \end{cases} \tag{2-13}$$

式中，λ_j 是 j 阶模态特征值；M 是质量矩阵；U_j 是第 j 阶响应特征矢量；f_j 是第 j 阶模态特征的固有频率。

因此，体积约束下以结构各阶模态特征值倒数的加权值为优化目标的拓扑优化数学模型表述为

$$\begin{cases} \min f_w(X) = \sum [w_j/\lambda_j(X)] \\ \mathrm{s.\,t.} \begin{cases} V_i(X)/V_0 \leq \Delta \\ 0 \leq x_k \leq 1, \ k = 1,2,\cdots,N \end{cases} \end{cases} \tag{2-14}$$

式中，$f_w(X)$ 是各阶模态特征值倒数的加权值。

3）静、动态性能多目标拓扑优化数学模型。综合 1）、2）所述的数学模型表达式，考虑体积约束下，结构静态性能和动态性能的多目标拓扑优化数学模型表述为

$$\begin{cases} \min S(\boldsymbol{X}) = \sum w_i C_i(\boldsymbol{X}) + \text{NORM} \dfrac{\sum \left[w_j / \lambda_j(\boldsymbol{X}) \right]}{\sum w_j} \\[3mm] \text{s. t.} \begin{cases} V_i(\boldsymbol{X}) / V_0 \leqslant \Delta \\ 0 \leqslant x_k \leqslant 1, \ k = 1, 2, \cdots, N \end{cases} \end{cases} \tag{2-15}$$

式中，NORM 值用于校正应变能和特征值的贡献，$\text{NORM} = C_{\max} \lambda_{\min}$，其中 $C_{\max}$ 是所有工况最大应变能，$\lambda_{\min}$ 是指标中最小的特征值；w_i、w_j 分别是各工况静态应变能和各阶模态特征值倒数的加权系数。

（3）基于 ICM 方法的拓扑优化技术　隋允康于 1996 年提出了独立、连续、映射（ICM）方法，以一种独立于单元具体物理参数的变量来表征单元的"有"与"无"，这就是独立拓扑变量，将拓扑变量从依附于面积、厚度等尺寸优化层次变量中抽象出来，恢复了拓扑变量的独立性，为模型的建立带来方便，同时为了求解简捷，构造了过滤函数和磨光函数，把本质上是 0～1 离散变量的独立拓扑变量映射为 [0，1] 连续变量，在按连续变量求解之后再把拓扑变量反演成离散变量。

ICM 方法的本质思想在于两点：一是独立连续的拓扑变量；二是映射反演过程。独立是指拓扑变量是独立的，不再依附于较低层次的具体参数；连续是指拓扑变量是连续的。映射反演包含两层含义：一是为了协调独立和连续之间的矛盾，借助过滤函数建立离散拓扑变量和连续拓扑变量之间的映射；二是指优化模型的求解用到了原模型和对偶模型之间的映射。ICM 方法不同于均匀化方法，它具有简洁性、合理性，同时物理上有明确的解释。

按照 ICM 方法，拓扑变量 x_i 是表征第 i 个单元"有"与"无"的物理量，代替传统 $x_i = 0$ 或 1 的离散值；取 $x_i \in [0，1]$ 中的连续值，表示从有到无的过渡状态。采用过滤函数，不仅可以对拓扑变量进行过滤和筛选，完成对拓扑变量由连续模型向离散模型的回归，用于每次迭代后或最后一次迭代后 0～1 的处理上，而且在建模时，起到了一种对相应的单元或子域有关几何量或物理量的识别作用。用过滤函数 $f_w(x_i)$、$f_\sigma(x_i)$、$f_k(x_i)$ 识别单元重量、单元许用应力和单元刚度，单元性质参数识别采用如下公式，即

$$w_i = f_w(x_i) w_i^0, \ \sigma_i = f_\sigma(x_i) \sigma_i^0, \ k_i = f_k(x_i) k_i^0 \tag{2-16}$$

式中，w_i、σ_i、k_i 分别表示拓扑变量为 x_i 的状态对应的单元重量、单元许用应力和单元刚度；w_i^0、σ_i^0、k_i^0 分别表示单元固有重量、单元固有许用应力和单元固有刚度。一般采用指数形式的过滤函数为

$$f_w(x_i) = x_i^\alpha, \ f_\sigma(x_i) = x_i^\beta, \ f_k(x_i) = x_i^\gamma \tag{2-17}$$

式中，α、β、γ 是常数，对于不同类型的结构，可以根据 w_i、σ_i、k_i 之间的关系来确定，也可以根据数值试验来确定最佳数值。

（4）基于 ICM 方法的数学模型　采用 ICM 方法进行轻量化设计，引入过滤函数，以结构重量为目标的数学模型为

$$
\begin{cases}
\min W(x_i) = \sum_{i=1}^{n} f_w(x_i) w_i^0 \\
\text{s. t.} \begin{cases}
\sigma_{ij} \leqslant f_\sigma(x_i) \sigma_i^0 \\
\lambda_{ij}(f_w(x_i), f_w(x_j)) \leqslant \lambda_i \\
0 \leqslant x_j \leqslant x_i \leqslant 1 \\
j = 1, 2, \cdots, m; \ i = 1, 2, \cdots, n
\end{cases}
\end{cases}
\tag{2-18}
$$

式中，σ_{ij} 是 j 工况下 i 单元的应力；n 是设计变量；m 是工况总数，为防止结构分析时总刚度奇异而取下限值；λ_{ij} 是频率的特征值，可由 $\lambda = (2\pi f)^2$ 求得。对于其中的应力约束，可以根据满应力准则对应力进行零阶近似处理，或者利用第四强度理论将局部的应力约束问题转化为结构整体的应变能约束问题。这两种方法都避免了灵敏度分析，但是后者不仅减少了约束数目，加快了求解速度，减少了迭代次数，而且控制了拓扑优化的变化，尤其涉及多个最佳传力路径的权衡，对于应力全局化方法非常实用。将应力约束转化为结构总应变能约束为

$$
\frac{\sum_{i=1}^{n} (x_i^{(k)}) * e_{ij}^{(k)}}{x_i^\beta} \leqslant \bar{e}_j, \ j = 1, 2, \cdots, l
\tag{2-19}
$$

式中，$x_i^{(k)}$ 是第 k 次迭代 i 单元下的拓扑变量；$\bar{e}_j$ 是 j 工况下的许用应变能；$e_{ij}^{(k)}$ 是在 j 工况下 i 单元的应变能，为第 k 次迭代得到的拓扑变量，为 j 工况下的许用应变能，根据各工况的载荷情况和许用应力确定，也可以直接按照许用应变能处理。对于频率约束转化为特征值约束，是为了克服结构拓扑优化的建模和求解困难，直接可以按照静力约束处理。

▷▷ 2.3.2　基于尺寸优化的结构轻量化技术

▷▷ 1. 尺寸优化的基本理论

（1）均匀试验　均匀试验设计方法是数论方法在试验设计问题中的运用，由方开泰教授和王元院士于 1978 年提出。均匀试验设计的原则就是将变量的组合点在试验范围内均匀分布，通过较少的试验点、最佳的试验次数，获得尽可能多的信息，适用于因素和因素水平分级较多的试验设计。

均匀试验设计方法设计过程：①明确试验目的，确定试验指标；②选择试验因素；③确定因素水平；④选择均匀设计表；⑤明确试验方案，进行试验操作；⑥试验结果分析；⑦优化条件的试验验证；⑧缩小试验范围，进行更精确的试验，直至达到试验目的为止。

（2）灵敏度分析 结构动态设计的根本目的在于设计一个结构，使其达到所希望的设计要求。在结构的不断改进过程中，为了避免结构修改的盲目性，必须采用有效的控制策略。目前广泛采用的控制策略是结构设计参数的灵敏度分析。

灵敏度分析就是筛选设计参数。这种筛选作用体现在两个方面。一方面是对模型进行局部灵敏度分析。在众多的设计参数中确定哪些设计参数是重要的，这些重要的设计参数是优化设计时着重考虑的。在建模的过程中，定义了许多设计参数，当这些参数变化时，必然会影响到结构的性能。如果这些参数都用来优化，必然会导致计算量过大，从而造成不必要的浪费。考虑到不同的设计参数对于结构性能的影响是不同的，如果能定量地表示这种影响程度，就能确定哪些是重要的设计参数，哪些是影响程度很小的设计参数，从而提高优化设计的效率。灵敏度分析就可以进行这种定量分析，它是对结构参数的动态变化过程，即瞬时变化过程进行分析，研究特定参数对结构性能的影响情况，换句话说，就是研究结构特定变化对于参数变化的灵敏程度。通过灵敏度分析可以确定哪些参数对系统的应变量和动态影响较小。另一方面是对结构进行全局灵敏度分析。进一步研究这些重要设计参数，为这些设计参数确定用于优化设计的变化范围。进行优化设计时，要选定设计参数并给出设计参数的变化范围，从而在这些设计参数的变化范围中寻求最佳设计方案。如果设计参数的变化范围定义得不合理，也会造成优化设计的效率降低。因此，需要准确地描述结构性能对于优化设计重要参数的灵敏度，从而确定合理的参数变化范围。

灵敏度分析的基本原理：先通过一定数学方法和手段，计算出结构的动态性能参数随结构设计变量的变化灵敏度，然后确定设计参数对结构动静态特性影响的程度，并依据灵敏度值的大小和正负，对设计参数进行修改。通过结构的灵敏度分析，可以很方便地确定哪些结构参数改进对修改结构质量最为有效，而对动静态特性影响又较小；或者能方便地找对结构动静态性能最不敏感的设计参数，再利用修改结构参数重分析的方法，最终找到最优的结构动态设计方案。

灵敏度概念广泛，从数学意义上可理解为：若函数 $f(x)$ 可导，其一阶灵敏度可表示为

$$S = \frac{\mathrm{d}f(x)}{\mathrm{d}x} \text{或} S = \frac{\partial f(x_i)}{\partial x_i}, \ i = 1, 2, \cdots, n \tag{2-20}$$

式中，S 是指标 f 对结构尺寸参数 x_i 的敏感程度；f 是性能指标；x_i 是结构尺寸性能影响参数。

▶▶ 2. 结构尺寸优化方法

（1）满应力齿行法 满应力齿行法是准则法之一。它不应用数学的极值原

理，而是直接从结构力学的原理出发，使结构的各个杆件至少在一组确定的载荷下承受极限许用应力，即所谓满应力。

满应力准则法是一种传统、古老的优化设计方法，最早可以追溯到 Maxwell（1869 年）和 Michell（1904 年）。但是，近年来，一些学者指出：虽然满应力准则法对于静定单一工况能给出最优解，可对于静不定多工况，它并不一定能求出最优解（Gil 和 Andreu 2001 年）。Mueller、Burns 和 Liu 在 2001 年—2003 年间指出多工况框架结构中存在着很多组不同的满应力设计值，但是满应力准则法并不能完全求出这些解。在此主要介绍一种改进的满应力准则法，在大多数文献中，这种方法称为满应力齿行法。该方法的主要思想是：根据当前设计点，从所有应力和位移等约束中挑选出一个约束，称为最严约束，然后对当前设计点做射线比例变换，使之调整到最严约束面上，而最严约束的选取能够保证经过射线比例变换的点不违反所有约束条件，即该点为一可行点，随后再通过合理的调整策略修改设计点，使目标函数值下降，这样，通过反复迭代可以达到最优点。在实施中，该方法主要分如下两步：

1）射线步。从当前设计点选取最严约束 $\beta_{\max}$。

$$\begin{cases} \beta_{\max} = \max_{i,j,l}(\alpha_{il}, r_{jl}) \\ \alpha_{il} = \dfrac{\sigma_{il}^{(k-1)}}{[\sigma_i]} \\ r_{jl} = \dfrac{\mu_{jl}^{(k-1)}}{[\mu_j]} \end{cases} \tag{2-21}$$

式中，σ_{il} 是 l 工况下 i 单元的应力；μ_{jl} 是 l 工况下 j 自由度方向的位移；$[\sigma_i]$ 是 i 单元的许用应力；$[\mu_j]$ 是 j 自由度方向的允许位移；k 是迭代序号。

然后取 $x_i^{(k)} = \beta_{\max} x_i^{(k-1)}$ 使新设计点从某一不可行点（或可行点）拉回到最严约束边界面上。

2）改善步。若最严约束为应力约束，则使用满应力齿行法修改设计变量，使之满足满应力准则，其迭代公式为 $x_i^{(k+1)} = x_i^{(k)} \left[\dfrac{\max_l (\sigma_{il})^{(k)}}{[\sigma_i]} \right]^{\eta}$；若最严约束为位移约束，则使用满位移准则来修改设计变量。

（2）模拟退火算法 由于工程中的优化设计问题大多表现为高度非线性的特性，且变量离散性的存在，使得混合离散变量优化问题存在更多的局部解。因此在混合离散变量优化问题求解过程中，跳出局部解区域进入全局最优解区域，更显得十分重要。

模拟退火（Simulated Annealing，SA）算法是一种能使优化问题获得全局最优解的方法。该方法是由 Metropolis 等在 1953 年提出的。1983 年，Kirkpatrick 等将该方法成功地用于组合优化和超大规模集成电路的优化设计问题中。1985 年，Cerny 运用 SA 算法求解 TSP 这一 "NP 完全问题" 获得成功。1987 年，Corana 将 SA 算法用于求解多目标连续变量优化问题。SA 算法的思想是基于固体物质的退火处理过程，它以优化问题求解过程与物理系统退火过程之间的相似性为基础，优化的目标函数相当于金属的内能，优化问题的自变量组合状态空间相当于金属的内能状态空间，问题的求解过程就是找一个组合状态，使目标函数值最小。利用 Metropolis 准则并适当地控制温度的下降过程实现模拟退火，从而达到求解全局优化问题的目的。

SA 算法的执行策略由如下步骤构成：从一个任意被选择的解开始探测整个空间，并且通过扰动该解而产生一个新解，按照 Metropolis 准则是否接受新解，相应地降低控制温度。SA 算法新解的产生和接受可分为如下四个步骤：

1）由一个产生函数从当前解产生一个位于解空间的新解。为便于后续的计算和接受，减少算法耗时，通常选择由当前解经过简单变换即可产生新解的方法，如对构成新解的全部或部分元素进行置换、互换等。产生新解的变换方法决定了当前解的邻域结构，因而对冷却进度表的选取有一定的影响。

2）计算与新解对应的目标函数差。因为目标函数差仅由变换部分产生，所以目标函数差的计算最好按增量计算。事实表明，对大多数应用而言，这是计算目标函数差最快的方法。

3）判断新解是否被接受，判断的依据是一个接受准则。最常用的接受准则是 Metropolis 准则：若 $\Delta t' < 0$，则接受 S' 作为新的当前解 S；否则，以概率 $\exp(-\Delta t'/T)$ 接受 S' 作为新的当前解 S。

4）当新解被确定接受时，用新解代替当前解，这只需要将当前解中对应于产生新解时的变换部分予以实现，同时修正目标函数值即可。此时，当前解实现了一次迭代。可在此基础上开始下一轮试验。而当新解被判定为舍弃时，则在原当前解的基础上继续下一轮试验。

SA 算法与初始值无关，算法求得的解与初始解状态 S 无关。SA 算法具有渐近收敛性，已在理论上被证明是一种以概率 l 收敛于全局最优解的全局优化算法。SA 算法具有并行性。

2.3.3 机床结构轻量化应用实例

机床结构件的轻量化设计技术既可以提高机床的整机性能，又可以降低机床的成本。特别是随着高速加工技术的发展，结构的轻量化成为一种必然要求。表 2-11 列举了一些典型设计实例。

表 2-11 一些典型设计实例

结构大类	具体结构名称	结构原型	轻量化结构	设计效果	设计与生产单位
整机	立式铣床整机			整机减重8%，一阶固有频率提升12%	上海理工大学，沈阳机床股份有限公司
支承件	龙门加工中心横梁			横梁结构质量减小23.8kg，减重比为1.7%	上海理工大学，沈阳机床股份有限公司
	卧式加工中心立柱			立柱结构质量减小333kg，减重比为8.3%	清华大学，电子科技大学
	磨床床身			床身结构质量减小9.2%，静刚度提升53.4%	上海理工大学，上海机床厂有限公司

结构大类	具体结构名称	结构原型	轻量化结构	设计效果	设计与生产单位
支承件	CKA61160H平床身车床主轴箱			静态性能不变，质量相比减小7.52%	大连理工大学，大连机床集团
运动件	VDL600E立式加工中心轻量化设计工作台		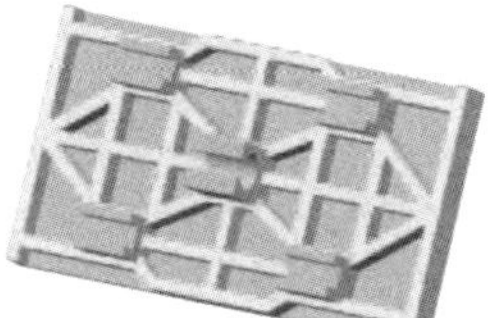	静态性能不变，质量减小13%	大连理工大学，大连机床集团
	床鞍	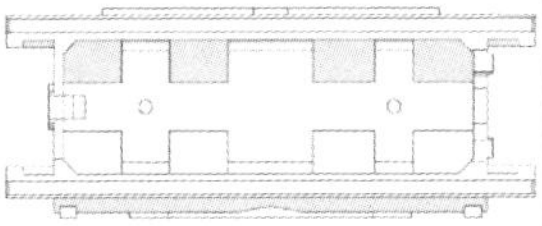	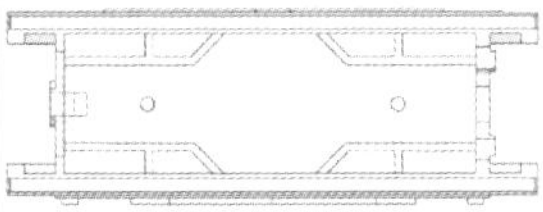	质量不变，静刚度提升21.8%	上海理工大学，沈阳机床股份有限公司

下面以立式铣床为例，说明轻量化机床结构的设计过程。机床的结构优化可分为支承件和运动件。本例的支承件主要为床身和立柱，运动件主要是主轴箱和工作台。其中运动件轻量化可同时采用结构优化设计和轻量化新材料来提高其动态响应特性，支承件轻量化可采用结构优化设计技术来增加其动静态刚度。下面分别以床身和主轴箱为例说明支承件和运动件轻量化的设计过程。具体设计步骤如下：

1）根据机床的实际切削性能要求，确定待设计结构的设计要求。该机床主要用于小件精铣，其基本几何构型设计如图 2-8 所示。

在机床结构优化设计中，将设计要求具体表达为优化设计的数学模型。下面分别以支承件床身和运动件主轴箱为例建立部件几何优化设计构型，并以床身为例建立尺寸优化的数学模型。

对于支承件床身，其承受床身上其他结构件质量及加工过程中的载荷，载荷呈现多处分布和变化的特征，结构轻量化设计中将刚度特性分为静态刚度特

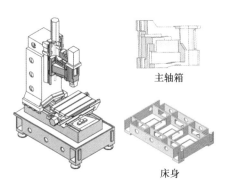

主轴箱

床身

图 2-8　立式铣床的基本几何构型设计

性和动态刚度特性来分析，其结构的轻量化设计可以描述为：在结构质量不变的条件下，静刚度最大化，减小静态变形；低阶固有频率最大化（通常为第一阶固有频率或前若干阶固有频率加权之和），提高机床的静动态性能。在考虑以上因素的基础上，可以根据机床实际应用时对性能的要求，采用不同的优化方法建立多种不同的优化设计模型。

对于运动件主轴箱，其质量会对结构的驱动能力和运动的平稳性产生直接的影响，其设计目标之一为质量最小；同时，主轴箱装配主轴，需要在设计中尽量提高主轴箱本身的刚度。因此，运动件主轴箱的构型设计目标为刚度最大，尺寸设计目标为质量最小，同时进一步减小主轴箱质量可以采用轻量化新材料来实现。

根据机床的实际切削性能要求，确定待设计结构的设计要求，见表 2-12。

表 2-12　支承件和运动件轻量化设计要求

部件类型	轻量化措施	部件名称	设计目标	
			构型设计	尺寸设计
支承件	结构优化设计	床身	刚度最大	多目标：固有频率最高和刚度最大
运动件	新材料应用与结构优化设计	主轴箱	刚度最大	质量最小

2）确定结构的几何构型。在设计中，首先需根据各部件的功能确定结构几何构型的类型。对于机床的支承件床身结构等，通常选用箱型结构。其次考虑待设计结构与其他相邻结构的安装关系，确定合理的设计域。然后在设计域中，根据建立的优化设计数学模型，采用结构加筋自适应成长法设计结构构型。

床身主要载荷为立柱和工作台质量，设置载荷和边界条件后，采用自适应成长法设计的筋型，如图 2-9 所示。可见为了提高床身的刚度，较厚的筋板分布在承载点和约束处，交叉筋板连接着承载点和约束点，在整个结构的中间位置又形成两圈筋板，直接抵抗变形。

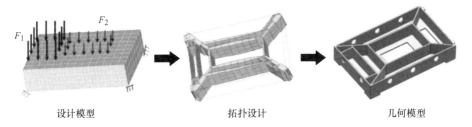

图 2-9　床身自适应成长法优化设计

从设计过程来看，采用筋型组合法进行设计时，需要在结构力学性能分析的基础上，由工程师根据结构的载荷特征、几何特征和制造特征进行人为组合、分析和比较，而采用结构拓扑优化设计技术可自动根据结构的载荷特征、几何特征和制造特征生成轻量化筋型。

对于机床的运动件主轴箱，由于其结构为悬臂结构，自重对刚度影响较大，因此考虑采用铝合金材料制造。它的主要载荷为主轴质量和切削力，在主轴轴线位置施加载荷，可以得到图 2-10 所示的设计构型，该构型主轴箱内部筋板为交叉筋结构。

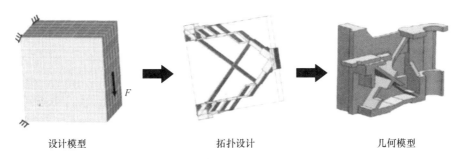

图 2-10　主轴箱自适应成长法优化设计

3）结构几何尺寸的优化。在进行结构几何尺寸优化时，外壁厚度、内部筋板厚度为设计变量。对支承件床身，在质量不变的条件下，以固有频率、静态变形等性能指标为设计目标；对运动件主轴箱则以质量最小等指标作为设计目标，建立合理的优化数学模型，并进行寻优迭代。最终得到最优的床身外壁厚度及内部筋板结构尺寸参数。

4）制造工艺性评估。以主轴箱为例，主轴箱为铸件，其结构的构型、形状和尺寸需要满足铸造的工艺要求，因此根据工艺要求修改交叉筋结构，或者将交叉筋角度大于 30°这一工艺要求纳入几何构型和尺寸优化设计数学模型的约束条件中对结构进行二次求解，获得适合制造工艺要求的结构设计。

最后重新建立优化结构的整机有限元模型，进行静动态性能仿真分析，评估所有的设计要求，若满足则结束设计过程。

2.4　典型案例

YDE3120CNC 是面向齿轮干式滚齿加工工艺而全新设计开发的具有当今国际先进水平的新一代数控高速干切自动滚齿机，是重庆机床（集团）有限责任公司最新一代干切产品。该机床是八轴、四联动环保型数控滚齿机，代表制造业环保、自动化、柔性化、高速、高效的发展趋势，体现了以人为本、绿色制造的设计理念，特别适合汽车变速器齿轮大批量、高精度的干式滚齿加工。YDE3120CNC 的主要性能指标见表 2-13。

表 2-13　YDE3120CNC 的主要性能指标

序号	项目	单位	量值
1	最大工件直径	mm	210
2	最大工件模数	mm	4
3	滑板行程（Z轴位移量）	mm	300
4	刀架最大回转角度	(°)	±45
5	滚刀主轴（B轴）转速范围	r/min	100～3000
6	滚刀主轴功率（电主轴）	kW	22
7	滚刀主轴额定转矩	N·m	150
8	工作台（C轴）最高转速	r/min	300
9	轴向（Z轴）进给速度范围	mm/min	1～1000（无级）
10	轴向（Z轴）快速移动速度	mm/min	4000
11	径向（X轴）进给速度范围	mm/min	1～1000（无级）
12	径向（X轴）快速移动速度	mm/min	8000
13	切向窜刀（Y轴）最快速度	mm/min	4000
14	最大装刀尺寸（直径×长度）	mm	130×230
15	滚刀最大轴向移动量	mm	180
16	滚刀中心与工作台中心距离范围	mm	30～180
17	滚刀中心与工作台台面距离范围	mm	195～495
18	滚刀主轴锥孔	—	HSK63
19	工作台台面直径	mm	190
20	工作台台面孔径	mm	75
21	后立柱顶尖端面至工作台台面距离	mm	350～680

（续）

序号	项目	单位	量值
22	机床消耗功率	kVA	55
23	机床外形尺寸（长×宽×高）	cm	$367 \times 288 \times 317$
24	机床主机质量	kg	约 13000

针对机床床身的结构优化，对现有的元结构方法进行研究，对现有的结论进行归纳总结。根据已有结论初步设计床身，在此基础上进行整体的尺寸灵敏度分析及优化，最终床身结构有效地减小了质量，同时也改善了机床的静动态性能（整机固有频率提高 5% 以上，振幅降低 50% 以上）。

2.4.1　床身减重前

建立床身减重前的结构几何模型，如图 2-11 所示。

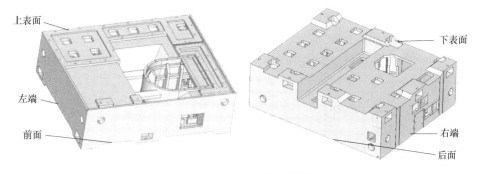

上表面　下表面　左端　前面　右端　后面

图 2-11　床身结构几何模型

将床身结构几何模型导入 Hypermesh 软件，先进行几何清理，再采用三角形面单元进行几何面网格划分，最后采用四面体二阶单元进行体单元划分，得到床身有限元网格模型。如图 2-12 所示，模型包含 2379913 个单元，554902 个节点，质量为 3.544t。

图 2-12　床身有限元网格模型

61

由于有限元 CAE 仿真分析软件中没有专门设定单位，为了得到精确的仿真计算结果，有限元分析工程师须自行设定并统一单位。故根据数控齿轮加工机床三维几何模型单位，有限元分析模型单位制定见表 2-14。

表 2-14　有限元分析模型单位制定

单位类型	基本单位			导出单位		
名称	长度	时间	质量	力	应力	密度
单位	mm	s	t	N	MPa	t/mm^3

有限元分析模型材料设定见表 2-15。

表 2-15　有限元分析模型材料设定

参数	弹性模量	密度	泊松比	抗拉强度
数值	130GPa	$7.32 \times 10^{-9} t/mm^3$	0.27	300MPa

实际结构中机床床身底部螺栓孔采用螺栓连接，在有限元分析中，采用 rbe2（rigids）刚度连接单元替代螺栓作用。在齿轮加工中，不允许机床发生移动，故将床身底部 6 自由度全部约束，即 $dx = dy = dz = 0$，$RXY = RXZ = RYZ = 0$（dof1 = dof2 = dof3 = dof4 = dof5 = dof6 = 0）。床身底部约束情况如图 2-13 所示。

图 2-13　床身底部约束情况

实际结构中机床床身与工作台、大立柱、小立柱之间通过螺栓连接，在有限元分析中，采用 rbe2（rigids）刚度连接单元替代螺栓作用，如图 2-14 所示。

通过查阅电动机选型样本：刀架电动机转速为 2000r/min 时，极限转矩为 160N·m；工作台电动机转速为 300r/min 时，极限转矩为 230N·m；顶尖对工件的压力为 7840 N（分析时按照此极限工况加载），如图 2-15 所示。

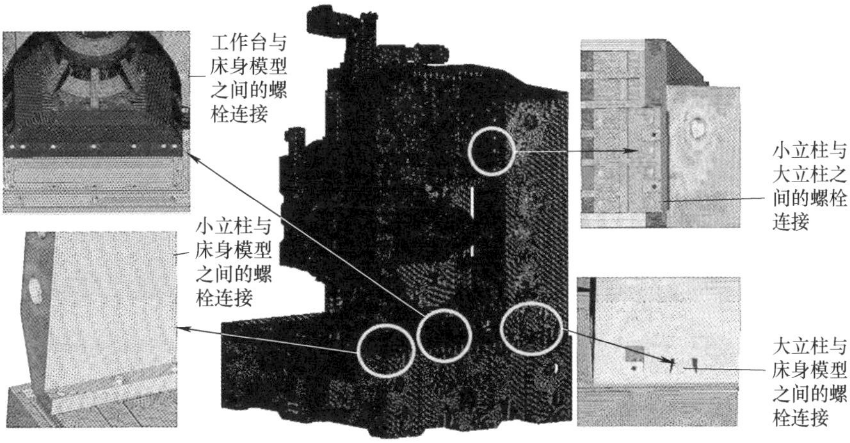

工作台与
床身模型
之间的螺
栓连接

小立柱与
大立柱之
间的螺栓
连接

小立柱与
床身模型
之间的螺
栓连接

大立柱与
床身模型
之间的螺
栓连接

图 2-14　床身其余约束情况

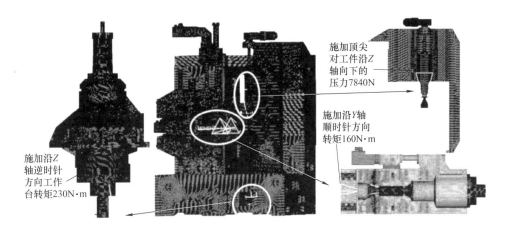

施加顶尖
对工件沿 Z
轴向下的
压力 7840N

施加沿 Y 轴
顺时针方向
转矩 160N·m

施加沿 Z
轴逆时针
方向工作
台转矩 230N·m

图 2-15　载荷施加情况

由等效应力分布云图（图 2-16）结果可知：减重前床身模型最大等效应力为 13.05MPa，发生在床身底部螺栓孔位置，且为压应力，远远小于其设计材料的抗压强度值（300MPa），表明该材质的滚齿机床身模型强度足够，即满足设计与工程应用要求。

▶▶ **1. 减重前床身变形分析**

对减重前床身模型总变形情况进行分析。床身受力后沿 Z 轴负方向下沉，床身模型最大位移发生在床身靠左侧与大立柱连接位置，其最大值为 1.313×10^{-2}mm，主要是由于整机模型中床身底部采用螺栓约束，滚刀与工件接触，施加转矩及顶尖压力后，即在重力与外载荷的作用下，床身靠左侧与大立柱连接位置产生的变形较大，如图 2-17 所示，但其刚性满足设计要求。

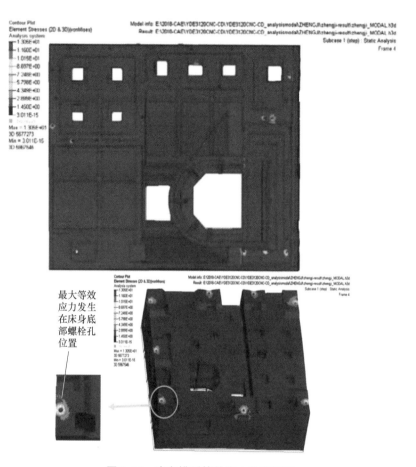

最大等效应力发生在床身底部螺栓孔位置

图 2-16　床身模型等效应力分布云图

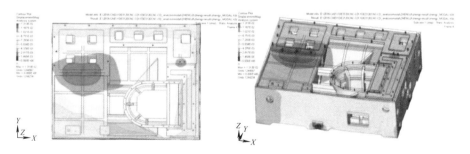

图 2-17　床身结构总变形分布云图

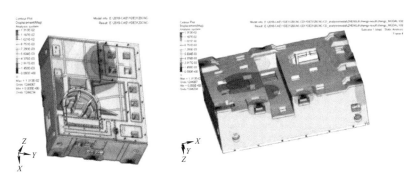

图 2-17   床身结构总变形分布云图（续）

对减重前床身模型 X 方向变形情况进行分析。床身模型最大位移发生在床身上端靠右侧与小立柱连接位置，其最大值为 2.344×10^{-3} mm，床身在重力与外载荷的作用下，床身上端靠右侧与小立柱连接位置产生的变形较大，如图 2-18 所示，但其刚性满足设计要求。

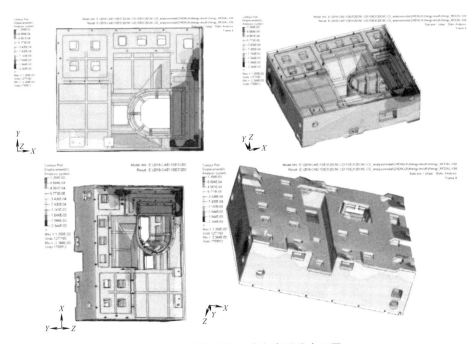

图 2-18   床身结构 X 方向变形分布云图

对减重前床身模型 Y 方向变形情况进行分析。床身模型最大变形发生在床身前面靠中间，且在上边沿位置，其最大值为 2.601×10^{-3} mm，床身在重力与外载荷的作用下，床身前面靠中间，且在上边沿位置的变形较大，如图 2-19 所示，但其刚性满足设计要求。

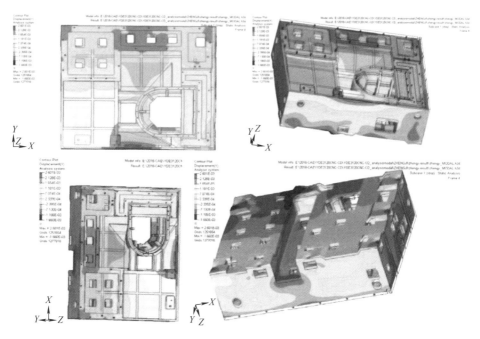

图 2-19　床身结构 Y 方向变形分布云图

对减重前床身模型 Z 方向变形情况进行分析。床身模型最大变形发生在床身靠左侧与大立柱连接位置，其最大值为 1.309×10^{-2} mm，床身在重力与外载荷的作用下，床身靠左侧与大立柱连接位置的变形较大，如图 2-20 所示，但其刚性满足设计要求。

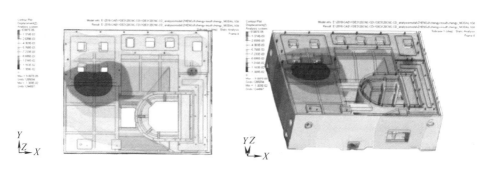

图 2-20　床身结构 Z 方向变形分布云图

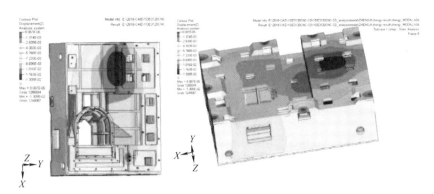

图 2-20　床身结构 Z 方向变形分布云图（续）

⏵⏵ 2. 减重前床身应力应变分析

对床身减重前的应力应变情况进行分析。a 表示竖向筋板，b 表示横向筋板，结果如图 2-21 ~ 图 2-25 所示。具体的应力应变值见表 2-16 ~ 表 2-19。

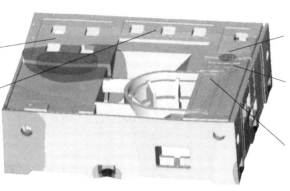

减重前此面的最大应力值为 4.945×10^{-1} MPa，最大应变值为 1.266×10^{-2} mm

减重前此面的最大应力值为 1.608×10^{-1} MPa，最大应变值为 8.396×10^{-3} mm

减重前此面的最大应力值为 6.267×10^{-1} MPa，最大应变值为 1.003×10^{-2} mm

减重前此面的最大应力值为 6.147×10^{-1} MPa，最大应变值为 8.898×10^{-3} mm

减重前此面的最大应力值为 6.677×10^{-1} MPa，最大应变值为 8.137×10^{-3} mm

图 2-21　床身上表面的应力应变云图

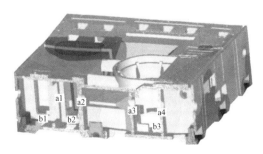

图 2-22　床身前面的应力应变云图

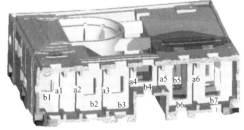

图 2-23　床身后面的应力应变云图

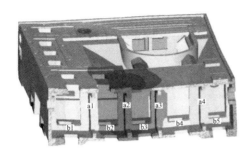
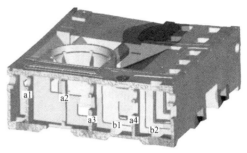

图 2-24　床身左端的应力应变云图　　　图 2-25　床身右端的应力应变云图

表 2-16　床身前面的应力应变值

位置	a1	a2	a3	a4	b1	b2	b3
应力/MPa	5.88×10^{-1}	3.02×10^{-1}	7.17×10^{-1}	1.821	1.559	5.38×10^{-1}	1.473
应变/mm	6.58×10^{-3}	6.24×10^{-3}	7.56×10^{-3}	7.64×10^{-3}	6.82×10^{-3}	6.73×10^{-3}	7.72×10^{-3}

表 2-17　床身后面的应力应变值

位置	a1	a2	a3	a4	a5	a6
应力/MPa	1.609	1.489	2.486	2.184	3.154	1.852
应变/mm	8.35×10^{-3}	8.76×10^{-3}	8.88×10^{-3}	8.77×10^{-3}	9.51×10^{-3}	9.46×10^{-3}
位置	b1	b2	b3	b4	b5	b6	b7
应力/MPa	1.633	9.6×10^{-2}	4.74×10^{-1}	6.62×10^{-1}	3.46×10^{-1}	6.24×10^{-1}	1.657
应变/mm	8.98×10^{-3}	6.73×10^{-3}	9.0×10^{-3}	9.22×10^{-3}	1.06×10^{-2}	9.25×10^{-3}	9.53×10^{-3}

表 2-18　床身左端的应力应变值

位置	a1	a2	a3	a4	b1	b2	b3	b4	b5
应力/MPa	1.657	2.458	5.27×10^{-1}	1.559	1.852	1.921	1.473	9.55×10^{-1}	5.88×10^{-1}
应变/mm	9.53×10^{-3}	1.27×10^{-2}	1.06×10^{-2}	6.82×10^{-3}	9.46×10^{-3}	1.27×10^{-2}	7.72×10^{-3}	1.04×10^{-2}	6.58×10^{-3}

表 2-19　床身右端的应力应变值

位置	a1	a2	a3	a4	b1	b2
应力/MPa	1.726	4.35×10^{-1}	2.916	1.633	1.757	1.609
应变/mm	7.47×10^{-3}	6.67×10^{-3}	7.53×10^{-3}	8.98×10^{-3}	1.08×10^{-2}	8.35×10^{-3}

▶ 3. 减重前床身模态分析

对减重前床身模型进行模态分析，断续切削加工（滚、铣、插及刮齿加工）中，机床振动频率的理论公式为

$$f = 60z_0 kzn \tag{2-22}$$

式中，f 是模型振动频率（Hz）；z 是滚刀容屑槽数；n 是机床主轴工作转速（r/min）；k 是激振阶次；z_0 是滚刀头数。

YDE3120CNC 滚刀模数为 3mm，滚刀头数为 3，滚刀外径为 80mm，其对应的标准容屑槽数为 14。YDE3120CNC 数控滚齿机加工工件可以近似处理为断续切削加工，以此作为有限单元法仿真分析频率的评判依据，即将机床刀架主轴工作转速 800r/min 和最高转速 2000r/min 所对应的振动频率作为机床结构激振频率的评判依据，其具体数据见表 2-20。

表 2-20　床身模态频率评判数据

阶次	1	2	3	4	5	6
800r/min 工作转速对应频率/Hz	560	1120	1680	2240	2800	3360
2000r/min 最高设计转速对应频率/Hz	1400	2800	4200	5600	6000	7200

床身第一阶模态振动频率为 42.89Hz，在 YOZ 平面内绕 X 轴逆时针方向旋转发生弯扭变形，并沿 Y 轴负方向倾斜，中间向上拱。床身最大振型发生在其左侧及右上角（与大立柱连接）位置，其最大值为 8.587×10^{-2}mm，主要是由于床身底部约束，上端悬空相当于悬臂梁，故中间变形较大，但床身结构不会出现共振。图 2-26 所示为床身第一阶模态振型云图。

床身第二阶模态振动频率为 53.41Hz，在 YOZ 平面内绕 X 轴顺时针方向旋转发生弯扭变形，并沿 X 轴正方向倾斜。床身最大振型发生在床身上端右上角位置，其最大值为 8.3×10^{-2}mm，主要是由于床身底部约束，上端悬空相当于悬臂梁，故上表面变形较大，但床身结构不会出现共振。图 2-27 所示为床身第二阶模态振型云图。

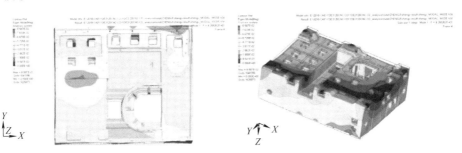

图 2-26　床身第一阶模态振型云图

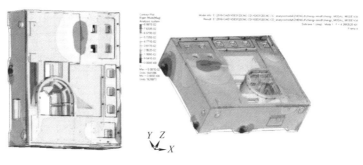

图 2-26   床身第一阶模态振型云图（续）

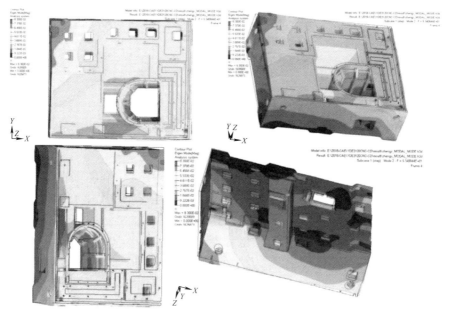

图 2-27   床身第二阶模态振型云图

床身第三阶模态振动频率为 59.71Hz，在 YOZ 平面内绕 X 轴顺时针方向旋转发生弯扭变形，中间受挤压下沉。床身最大振型发生在床身上端左上角位置，其最大值为 5.775×10^{-2}mm，主要是由于床身底部约束，上端悬空相当于悬臂梁，故上表面变形较大，但床身结构不会出现共振。图 2-28 所示为床身第三阶模态振型云图。

床身第四阶模态振动频率为 80.87Hz，后端在 XOZ 平面内绕 Y 轴顺时针方向旋转发生弯扭变形，并沿 X 轴正方向倾斜。床身最大振型发生在床身上端左上角位置，其最大值为 1.758×10^{-1}mm，主要是由于床身底部约束，上端悬空相当于悬臂梁，故上表面变形较大，但床身结构不会出现共振。图 2-29 所示为床身第四阶模态振型云图。

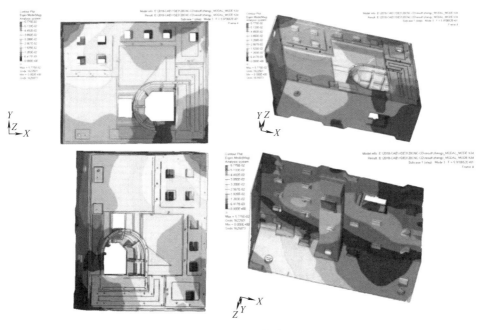

图 2-28　床身第三阶模态振型云图

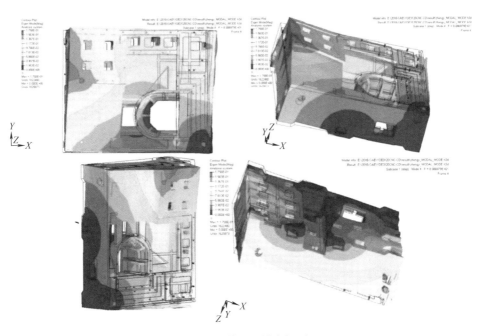

图 2-29　床身第四阶模态振型云图

床身第五阶模态振动频率为 92.32Hz，上端在 XOY 平面内绕 Z 轴逆时针方向旋转发生弯扭变形,并沿 Y 轴负方向倾斜。床身最大振型发生在床身上端左上角位置,其最大值为 1.108×10^{-1} mm,主要是由于床身底部约束,上端悬空相当于悬臂梁,故上表面变形较大,但床身结构不会出现共振。图 2-30 所示为床身第五阶模态振型云图。

床身第六阶模态振动频率为 115.94Hz,在 XOZ 平面内绕 Y 轴顺时针方向旋转发生弯扭变形,中间受挤压下沉。床身最大振型发生在床身右端与工作台尾端接触位置,其最大值为 6.411×10^{-2} mm,主要是由于床身底部约束,上端悬空相当于悬臂梁,故右端上表面变形较大,但床身结构不会出现共振。图 2-31 所示为床身第六阶模态振型云图。

对床身减重前各筋板每一阶的振动位移进行分析,上表面第一阶至第六阶模态振动位移云图如图 2-32 所示。

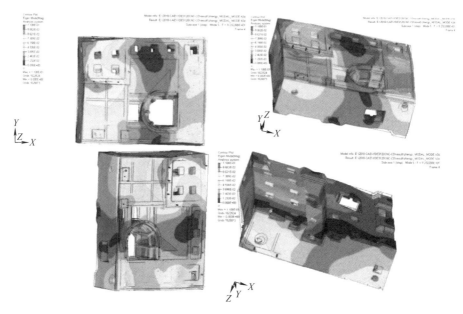

图 2-30　床身第五阶模态振型云图

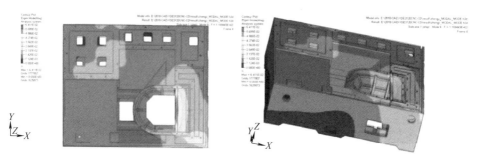

图 2-31　床身第六阶模态振型云图

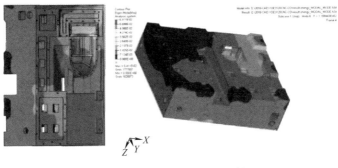

图2-31 床身第六阶模态振型云图（续）

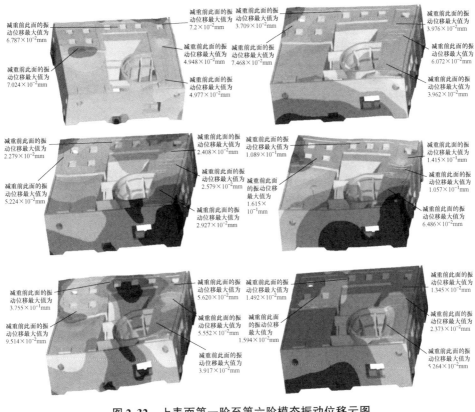

图2-32 上表面第一阶至第六阶模态振动位移云图

床身减重前的前面第一阶至第六阶模态振动位移云图如图2-33所示，前面各阶模态振动位移值见表2-21。

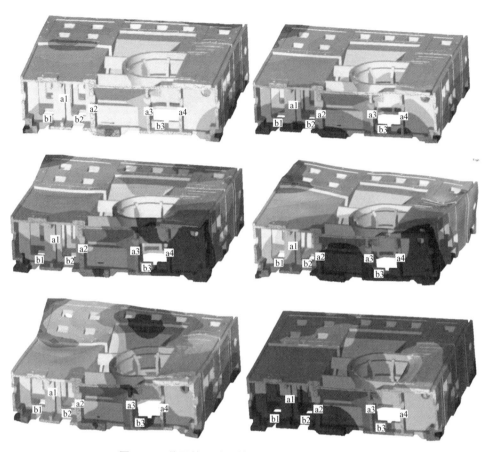

图 2-33 前面第一阶至第六阶模态振动位移云图

表 2-21 前面各阶模态振动位移值 （单位：mm）

阶数	a1	a2	a3	a4	b1	b2	b3
第一阶	4.005×10^{-2}	3.883×10^{-2}	3.99×10^{-2}	5.364×10^{-2}	4.048×10^{-2}	3.96×10^{-2}	4.89×10^{-2}
第二阶	2.947×10^{-2}	2.825×10^{-2}	2.947×10^{-2}	3.533×10^{-2}	3.131×10^{-2}	2.935×10^{-2}	3.96×10^{-2}
第三阶	1.886×10^{-2}	1.663×10^{-2}	9.385×10^{-2}	1.010×10^{-2}	1.896×10^{-2}	1.894×10^{-2}	1.118×10^{-2}
第四阶	5.448×10^{-2}	3.78×10^{-2}	2.681×10^{-3}	3.831×10^{-2}	7.414×10^{-2}	5.208×10^{-2}	4.731×10^{-2}
第五阶	4.382×10^{-2}	3.469×10^{-2}	1.643×10^{-3}	3.632×10^{-2}	4.468×10^{-2}	4.373×10^{-2}	3.212×10^{-2}
第六阶	1.128×10^{-2}	1.135×10^{-2}	1.235×10^{-3}	2.244×10^{-2}	1.111×10^{-2}	1.134×10^{-2}	2.273×10^{-2}

　　床身减重前的后面第一阶至第六阶模态振动位移云图如图 2-34 所示，后面各阶模态振动位移值见表 2-22。

图 2-34　后面第一阶至第六阶模态振动位移云图

表 2-22　后面各阶模态振动位移值　　　　　　　（单位：mm）

阶数	a1	a2	a3	a4	a5	a6
第一阶	7.195×10^{-2}	6.264×10^{-2}	5.833×10^{-2}	5.735×10^{-2}	5.620×10^{-2}	5.244×10^{-2}
第二阶	3.198×10^{-2}	3.107×10^{-2}	3.208×10^{-2}	3.326×10^{-2}	3.565×10^{-2}	5.204×10^{-2}
第三阶	1.983×10^{-2}	1.762×10^{-2}	1.614×10^{-2}	1.681×10^{-2}	2.177×10^{-2}	3.701×10^{-2}
第四阶	1.174×10^{-1}	1.069×10^{-1}	9.749×10^{-2}	9.364×10^{-2}	9.307×10^{-2}	1.085×10^{-1}
第五阶	$5.074 \times 10^{-?}$	3.724×10^{-2}	2.550×10^{-2}	2.045×10^{-2}	3.266×10^{-2}	6.159×10^{-2}
第六阶	1.230×10^{-2}	1.228×10^{-2}	1.097×10^{-2}	1.122×10^{-2}	1.592×10^{-2}	1.416×10^{-2}

阶数	b1	b2	b3	b4	b5	b6	b7
第一阶	4.294×10^{-2}	4.048×10^{-2}	4.184×10^{-2}	4.258×10^{-2}	5.629×10^{-2}	4.208×10^{-2}	4.194×10^{-2}
第二阶	3.444×10^{-2}	3.144×10^{-2}	3.228×10^{-2}	3.302×10^{-2}	3.727×10^{-2}	4.034×10^{-2}	6.238×10^{-2}
第三阶	2.170×10^{-2}	1.725×10^{-2}	1.667×10^{-2}	2.057×10^{-2}	2.876×10^{-2}	2.353×10^{-2}	3.766×10^{-2}
第四阶	1.180×10^{-1}	9.454×10^{-2}	7.424×10^{-2}	8.498×10^{-2}	9.217×10^{-2}	1.056×10^{-1}	1.456×10^{-1}

（续）

阶数	b1	b2	b3	b4	b5	b6	b7
第五阶	4.317×10^{-2}	4.614×10^{-2}	1.178×10^{-2}	3.185×10^{-2}	6.574×10^{-2}	4.715×10^{-2}	7.969×10^{-2}
第六阶	1.256×10^{-2}	1.225×10^{-2}	1.094×10^{-2}	1.582×10^{-2}	1.201×10^{-2}	1.587×10^{-2}	1.395×10^{-2}

床身减重前的左端第一阶至第六阶模态振动位移云图如图 2-35 所示，左端各阶模态振动位移值见表 2-23。

图 2-35　左端第一阶至第六阶模态振动位移云图

表 2-23 左端各阶模态振动位移值 （单位：mm）

阶数	a1	a2	a3	a4	b1	b2	b3	b4	b5
第一阶	4.194×10^{-2}	7.493×10^{-2}	5.765×10^{-2}	4.294×10^{-2}	5.244×10^{-2}	7.123×10^{-2}	7.434×10^{-2}	5.642×10^{-2}	6.816×10^{-2}
第二阶	6.238×10^{-2}	5.608×10^{-2}	4.440×10^{-2}	3.131×10^{-2}	5.204×10^{-2}	4.197×10^{-2}	4.197×10^{-2}	9.720×10^{-2}	3.198×10^{-2}
第三阶	3.766×10^{-2}	3.738×10^{-2}	2.849×10^{-2}	2.079×10^{-2}	3.701×10^{-2}	3.6×10^{-2}	3.745×10^{-2}	2.801×10^{-2}	1.983×10^{-2}
第四阶	1.456×10^{-1}	1.549×10^{-1}	1.183×10^{-1}	7.414×10^{-1}	1.085×10^{-1}	1.241×10^{-1}	1.246×10^{-1}	9.253×10^{-2}	1.172×10^{-1}
第五阶	7.969×10^{-2}	9.198×10^{-2}	6.788×10^{-2}	4.468×10^{-2}	7.969×10^{-2}	8.349×10^{-2}	8.739×10^{-2}	6.525×10^{-2}	4.382×10^{-2}
第六阶	1.395×10^{-2}	1.417×10^{-2}	1.195×10^{-2}	1.111×10^{-2}	1.416×10^{-2}	1.490×10^{-2}	1.36×10^{-2}	1.179×10^{-2}	1.128×10^{-2}

床身减重前的右端第一阶至第六阶模态振动位移云图如图 2-36 所示，右端各阶模态振动位移值见表 2-24。

图 2-36 右端第一阶至第六阶模态振动位移云图

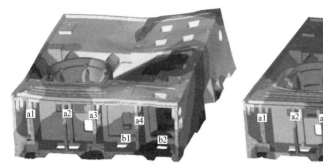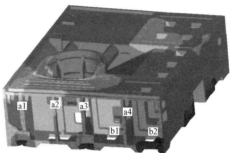

图 2-36　右端第一阶至第六阶模态振动位移云图（续）

表 2-24　右端各阶模态振动位移值　　　　　　　（单位：mm）

阶数	a1	a2	a3	a4	b1	b2
第一阶	4.805×10^{-2}	4.177×10^{-2}	4.349×10^{-2}	4.294×10^{-2}	5.516×10^{-2}	7.195×10^{-2}
第二阶	5.623×10^{-3}	3.570×10^{-3}	3.271×10^{-2}	3.444×10^{-2}	5.516×10^{-2}	3.918×10^{-2}
第三阶	9.397×10^{-3}	1.360×10^{-2}	2.283×10^{-2}	2.170×10^{-2}	2.333×10^{-2}	1.983×10^{-2}
第四阶	3.297×10^{-2}	4.466×10^{-2}	7.127×10^{-2}	1.180×10^{-1}	1.220×10^{-1}	1.174×10^{-1}
第五阶	4.741×10^{-2}	4.473×10^{-2}	3.956×10^{-2}	4.317×10^{-2}	5.471×10^{-2}	5.074×10^{-2}
第六阶	2.273×10^{-2}	2.213×10^{-2}	1.905×10^{-2}	1.256×10^{-2}	1.879×10^{-2}	1.230×10^{-2}

床身减重前结构强度与模态分析结论如下：

在滚刀主轴转速为 2000r/min、转矩为 160N·m，工作台转速为 300r/min、转矩为 230N·m，顶尖对工件的压力为 7840N 的极限工况下，YDE3120CNC 数控滚齿机床身模型的应力、变形仿真结果如下：

床身模型上的最大等效应力发生在床身底部螺栓孔位置，且为压应力；其最大等效应力为 13.05MPa，远远小于其设计材料的抗压强度值（300MPa），表明该材质的滚齿机床身模型结构强度满足设计与工程应用要求。

床身模型变形表现为沿 Z 轴负方向下沉，由于床身底部采用螺栓约束，滚刀与工件接触，施加转矩和顶尖对工件的压力后，即在重力和外载荷的作用下，床身的受力变形表现如下：

1）床身模型总变形最大位移发生在床身靠左侧与大立柱连接位置，其最大值为 1.313×10^{-2}mm。

2）X 方向最大位移发生在床身上端靠右侧与小立柱连接位置，其最大值为 2.344×10^{-3}mm。

3）Y 方向最大位移发生在床身前面靠中间，且在上边沿位置，其最大值为 2.601×10^{-3}mm。

4）Z 方向最大位移发生在床身靠左侧与大立柱连接位置，其最大值为 1.309×10^{-2} mm。

YDE3120CNC 数控滚齿机床身前六阶的振动频率均远小于（或不接近）主轴最高设计转速（2000r/min）和工作转速（800r/min）两种转速对应的振动频率，表明在机床滚齿加工中该床身结构不会产生共振。

由于该机床床身底部通过螺栓连接，其上端近似悬臂梁，使得床身在各阶振动中均发生了弯曲或扭转变形且其上表面的振动变形量较大。

2.4.2 床身减重后

床身减重示意图如图 2-37 所示。面 123 减重前下沉 10mm，减重后下沉 15mm；面 45 减重前下沉 5mm，减重后下沉 20mm。

图 2-37 床身减重示意图

根据 YDE3120CNC 床身优化减重前的结构强度分析报告，与设计人员讨论后，对床身的部分筋板进行减薄处理。床身各表面筋板减重情况见表 2-25 ~ 表 2-28（筋板编号如前文所示）。

表 2-25 前面筋板减重情况

位置	a1	a2	a3	a4	b1	b2	b3
减重前/mm	30	50	30	30	30	30	35
减重后/mm	15	50	30	30	15	15	35

表 2-26 后面筋板减重情况

位置	a1	a2	a3	a4	a5	a6
减重前/mm	30	30	30	30	30	30
减重后/mm	20	15	15	30	30	20

（续）

位置	b1	b2	b3	b4	b5	b6	b7
减重前/mm	30	30	30	30	30	30	30
减重后/mm	15	15	15	20	25	25	25

表 2-27 左端筋板减重情况

位置	a1	a2	a3	a4	b1	b2	b3	b4	b5
减重前/mm	30	40	30	30	30	30	30	30	30
减重后/mm	25	40	25	15	20	30	30	15	15

表 2-28 右端筋板减重情况

位置	a1	a2	a3	a4	b1	b2
减重前/mm	35	30	35	30	30	30
减重后/mm	25	20	25	15	20	20

将减重后的床身结构几何模型导入 Hypermesh 软件，先进行几何清理，再采用三角形面单元进行几何面网格划分，最后采用四面体二阶单元进行体单元划分，得到床身有限元网格模型。模型包含 4097953 个单元，931367 个节点，质量为 3.286t。

床身减重后有限元分析模型的单位设定及材料特性参数与床身减重前保持一致，边界约束条件以及载荷施加情况也与减重前保持一致。

通过仿真分析云图（图 2-38）结果可知：减重后床身模型最大等效应力为 15.04MPa，发生在床身底部螺栓孔的位置，且为压应力，远远小于其设计材料的抗压强度值（300MPa），表明该材质的滚齿机床身模型强度足够，即满足设计与工程应用要求。

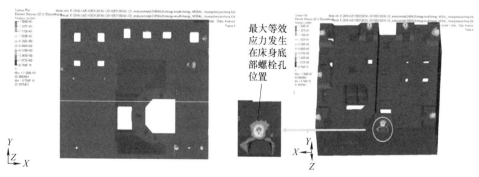

图 2-38 床身模型等效应力分布云图

▶▶ 1. 减重后床身变形分析

对减重后床身模型总变形情况进行分析。床身受力后沿 Z 轴负方向下沉，床身模型最大位移发生在床身靠左侧与大立柱连接位置，其最大值为 1.373×10^{-2} mm，主要是由于整机模型中床身底部采用螺栓约束，滚刀与工件接触，施加转矩及顶尖压力后，即在重力与外载荷的作用下，床身靠左侧与大立柱连接位置产生的变形较大，但其刚性满足设计要求，如图 2-39 所示。

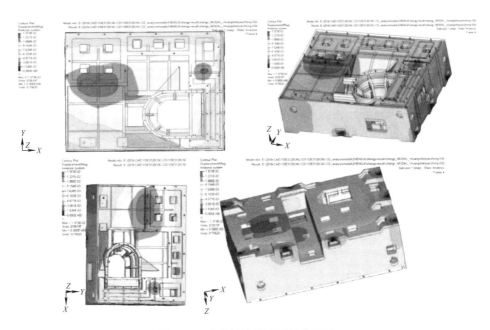

图 2-39　床身结构总变形分布云图

对减重后床身模型 X 方向变形情况进行分析。床身模型最大位移发生在床身上端靠右侧与小立柱连接位置，其最大值为 2.5×10^{-3} mm，刚性满足设计要求，如图 2-40 所示。

对减重后床身模型 Y 方向变形情况进行分析。床身模型最大变形发生在床身前面靠中间，且在上边沿位置，其最大值为 2.872×10^{-3} mm，刚性满足设计要求，如图 2-41 所示。

对减重后床身模型 Z 方向变形情况进行分析。床身模型最大变形发生在床身靠左侧与大立柱连接位置，其最大值为 1.37×10^{-2} mm，刚性满足设计要求，如图 2-42 所示。

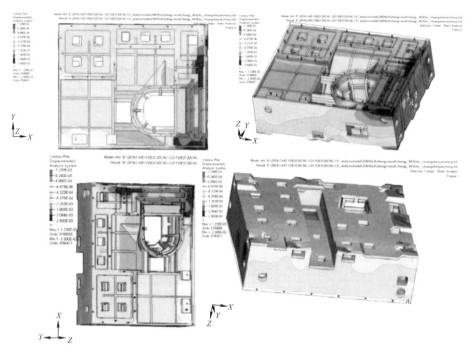

图 2-40　床身结构 X 方向变形分布云图

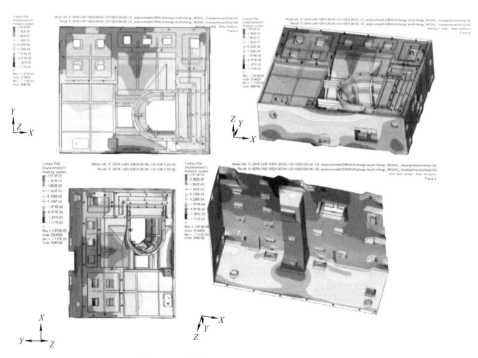

图 2-41　床身结构 Y 方向变形分布云图

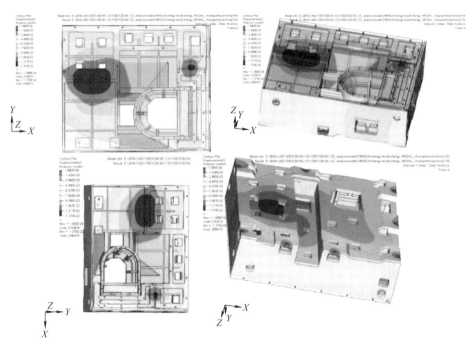

图 2-42　床身结构 Z 方向变形分布云图

▶▶ 2. 减重后床身应力应变分析

对床身减重后的应力应变情况进行分析，结果如图 2-43 ～ 图 2-47 所示，其具体值见表 2-29 ～ 表 2-32。

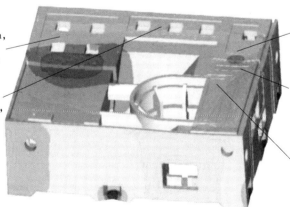

减重前此面的最大应力值为 4.961×10^{-1} MPa，最大应变值为 1.309×10^{-2} mm

减重前此面的最大应力值为 3.469×10^{-1} MPa，最大应变值为 9.499×10^{-1} mm

减重前此面的最大应力值为 1.114MPa，最大应变值为 1.159×10^{-2} mm

减重前此面的最大应力值为 1.094MPa，最大应变值为 1.128×10^{-2} mm

减重前此面的最大应力值为 9.027×10^{-1} MPa，最大应变值为 9.638×10^{-3} mm

图 2-43　床身上表面的应力应变云图

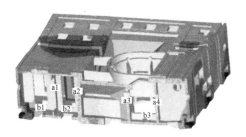

图 2-44 床身前面的应力应变云图

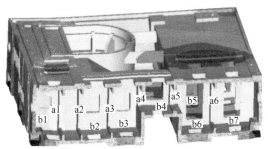

图 2-45 床身后面的应力应变云图

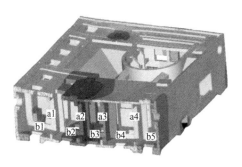

图 2-46 床身左端的应力应变云图

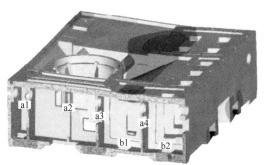

图 2-47 床身右端的应力应变云图

表 2-29 床身前面的应力应变值

位置	a1	a2	a3	a4	b1	b2	b3
应力/MPa	7.83×10^{-1}	1.682	5.31×10^{-1}	2.53	1.981	6.03×10^{-1}	2.531
应变/mm	6.78×10^{-3}	7.65×10^{-3}	7.82×10^{-3}	8.31×10^{-3}	6.84×10^{-3}	7.65×10^{-3}	8.07×10^{-3}

表 2-30 床身后面的应力应变值

位置	a1	a2	a3	a4	a5	a6
应力/MPa	2.739	1.944	3.586	2.196	3.887	3.104
应变/mm	1.0×10^{-3}	9.79×10^{-3}	9.87×10^{-3}	9.20×10^{-3}	1.02×10^{-2}	1.02×10^{-2}
位置	b1	b2	b3	b4	b5	b6	b7
应力/MPa	3.587	7.74×10^{-1}	8.54×10^{-1}	6.65×10^{-3}	4.71×10^{-1}	1.269	1.995
应变/mm	9.83×10^{-3}	9.8×10^{-3}	9.79×10^{-3}	1.02×10^{-2}	1.12×10^{-2}	1.03×10^{-2}	1.02×10^{-2}

表 2-31 床身左端的应力应变值

位置	a1	a2	a3	a4	b1	b2	b3	b4	b5
应力/MPa	1.995	1.663	1.368	1.981	3.104	2.043	1.221	1.84	7.83×10^{-1}

（续）

位置	a1	a2	a3	a4	b1	b2	b3	b4	b5
应变/mm	1.03×10^{-2}	1.35×10^{-2}	1.13×10^{-2}	6.93×10^{-3}	1.02×10^{-2}	1.34×10^{-2}	1.36×10^{-2}	1.11×10^{-2}	6.78×10^{-3}

表 2-32　床身右端的应力应变值

位置	a1	a2	a3	a4	b1	b2
应力/MPa	1.995	9.46×10^{-1}	4.185	3.882	3.444	2.739
应变/mm	1.02×10^{-2}	7.37×10^{-3}	8.13×10^{-3}	1.03×10^{-2}	1.25×10^{-2}	1.0×10^{-2}

3. 减重后床身模态分析

减重后，床身第一阶模态振动频率为 41.58Hz，在 YOZ 平面内绕 X 轴逆时针方向旋转发生弯扭变形，并沿 Y 轴负方向倾斜，中间向上拱。床身最大振型发生在其左侧及右上角（与大立柱连接）位置，其最大值为 8.092×10^{-2}mm，主要是由于床身底部约束，上端悬空相当于悬臂梁，故中间变形较大，但床身结构不会出现共振，如图 2-48 所示。

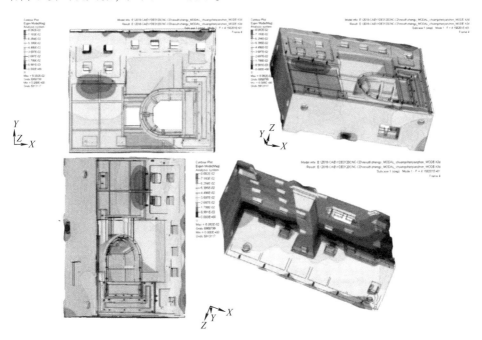

图 2-48　床身第一阶模态振型云图

床身第二阶模态振动频率为 50.48Hz，XOZ 平面内绕 Y 轴逆时针方向旋转发生弯扭变形，并沿 X 轴负方向倾斜。床身最大振型发生在床身上端左上角位置，

其最大值为 8.647×10^{-2} mm, 主要是由于床身底部约束, 上端悬空相当于悬臂梁, 故上表面变形较大, 但床身结构不会出现共振, 如图 2-49 所示。

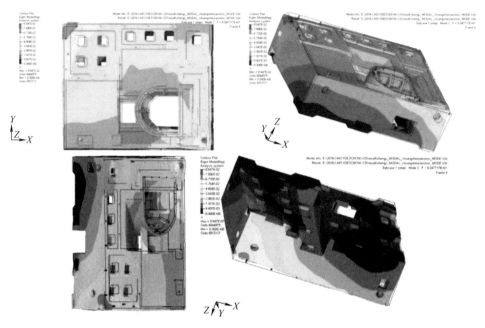

图 2-49　床身第二阶模态振型云图

床身第三阶模态振动频率为 59.89Hz, 在 YOZ 平面内绕 X 轴顺时针方向旋转发生弯扭变形, 中间受挤压下沉。床身最大振型发生在床身上端左上角位置, 其最大值为 5.22×10^{-2} mm, 主要是由于床身底部约束, 上端悬空相当于悬臂梁, 故上表面变形较大, 但床身结构不会出现共振, 如图 2-50 所示。

床身第四阶模态振动频率为 76.72Hz, 后端在 XOZ 平面内绕 Y 轴顺时针方向旋转发生弯扭变形, 并沿 X 轴正方向倾斜。床身最大振型发生在床身上端左上角位置, 其最大值为 1.746×10^{-1} mm, 主要是由于床身底部约束, 上端悬空相当于悬臂梁, 故上表面变形较大, 但床身结构不会出现共振, 如图 2-51 所示。

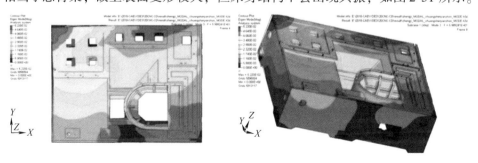

图 2-50　床身第三阶模态振型云图

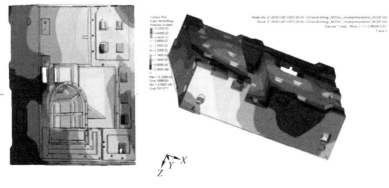

图 2-50　床身第三阶模态振型云图（续）

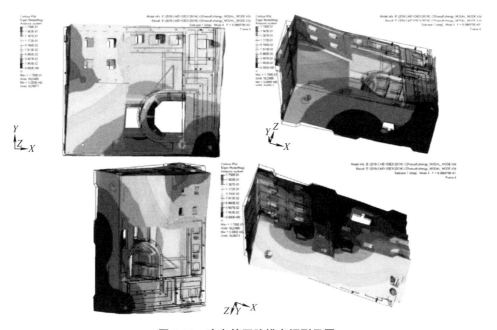

图 2-51　床身第四阶模态振型云图

床身第五阶模态振动频率为 89.46Hz，上端在 XOY 平面内绕 Z 轴顺时针方向旋转发生弯扭变形，并沿 X 轴正方向倾斜。床身最大振型发生在床身左上端位置，其最大值为 1.191×10^{-1} mm，主要是由于床身底部约束，上端悬空相当于悬臂梁，故上表面变形较大，但床身结构不会出现共振，如图 2-52 所示。

床身第六阶模态振动频率为 116.03Hz，在 XOZ 平面内绕 Y 轴逆时针方向旋转发生弯扭变形，中间受挤压下沉。床身最大振型发生在床身右端与工作台尾端接触位置，其最大值为 5.254×10^{-2} mm，主要是由于床身底部约束，上端悬空相当于悬臂梁，故上表面变形较大，但床身结构不会出现共振，如图 2-53 所示。

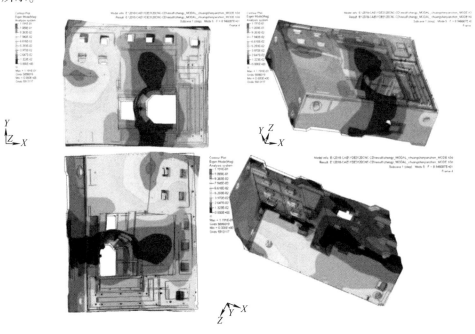

图 2-52　床身第五阶模态振型云图

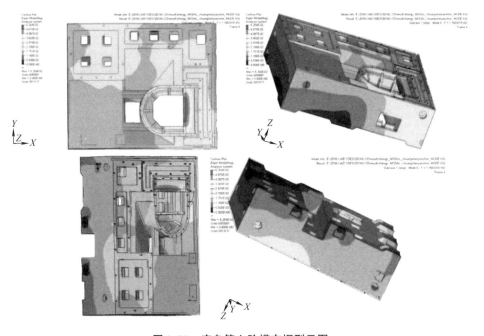

图 2-53　床身第六阶模态振型云图

对床身减重后各筋板每一阶的振动位移进行分析，上表面第一阶至第六阶模态振动位移云图如图 2-54 所示。

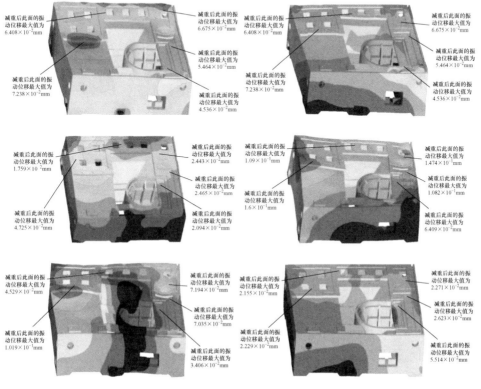

图 2-54 上表面第一阶至第六阶模态振动位移云图

床身减重后的前面第一阶至第六阶模态振动位移云图如图 2-55 所示，前面各阶模态振动位移值见表 2-33。

图 2-55 前面第一阶至第六阶模态振动位移云图

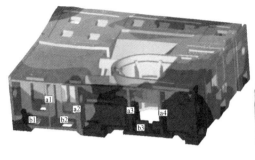

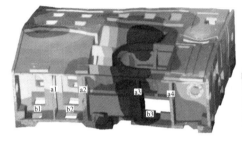

图 2-55   前面第一阶至第六阶模态振动位移云图（续）

表 2-33   前面各阶模态振动位移值   （单位：mm）

阶数	a1	a2	a3	a4	b1	b2	b3
第一阶	4.018×10^{-2}	3.947×10^{-2}	4.037×10^{-2}	5.029×10^{-2}	4.094×10^{-2}	4.004×10^{-2}	4.567×10^{-2}
第二阶	2.713×10^{-2}	2.650×10^{-2}	2.987×10^{-2}	3.716×10^{-2}	2.742×10^{-2}	2.717×10^{-2}	4.288×10^{-2}
第三阶	1.621×10^{-2}	1.261×10^{-2}	8.428×10^{-2}	1.139×10^{-2}	1.643×10^{-2}	1.624×10^{-2}	1.139×10^{-2}
第四阶	5.597×10^{-2}	4.209×10^{-2}	2.903×10^{-2}	4.324×10^{-2}	7.657×10^{-2}	5.517×10^{-2}	4.772×10^{-2}
第五阶	4.823×10^{-2}	3.406×10^{-2}	9.162×10^{-3}	3.375×10^{-2}	5.208×10^{-2}	4.801×10^{-2}	2.505×10^{-2}
第六阶	1.524×10^{-2}	1.549×10^{-2}	2.069×10^{-2}	2.499×10^{-2}	1.527×10^{-2}	1.549×10^{-2}	2.736×10^{-2}

床身减重后的后面第一阶至第六阶模态振动位移云图如图 2-56 所示，后面各阶模态振动位移值见表 2-34。

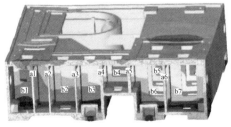
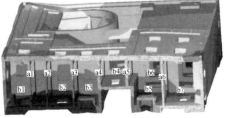

图 2-56   后面第一阶至第六阶模态振动位移云图

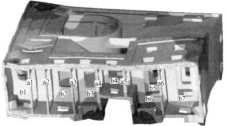
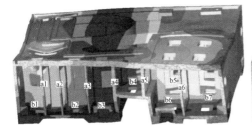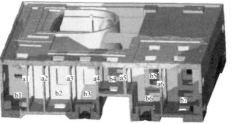

图 2-56 后面第一阶至第六阶模态振动位移云图（续）

表 2-34 后面各阶模态振动位移值 （单位：mm）

阶数	a1	a2	a3	a4	a5	a6
第一阶	6.802×10^{-2}	6.143×10^{-2}	5.789×10^{-2}	5.749×10^{-2}	5.980×10^{-2}	5.342×10^{-2}
第二阶	2.912×10^{-2}	2.883×10^{-2}	3.026×10^{-2}	3.112×10^{-2}	3.576×10^{-2}	5.027×10^{-2}
第三阶	2.097×10^{-2}	1.905×10^{-2}	1.779×10^{-2}	1.657×10^{-2}	2.075×10^{-2}	3.211×10^{-2}
第四阶	1.203×10^{-1}	1.177×10^{-1}	9.586×10^{-2}	9.080×10^{-2}	9.975×10^{-2}	1.055×10^{-1}
第五阶	5.020×10^{-2}	4.091×10^{-2}	3.653×10^{-2}	3.682×10^{-2}	4.571×10^{-2}	7.087×10^{-2}
第六阶	2.109×10^{-2}	2.142×10^{-2}	1.934×10^{-2}	1.713×10^{-2}	2.257×10^{-2}	1.924×10^{-2}

阶数	b1	b2	b3	b4	b5	b6	b7
第一阶	3.782×10^{-2}	3.782×10^{-2}	4.106×10^{-2}	4.320×10^{-2}	6.003×10^{-2}	4.263×10^{-2}	4.310×10^{-2}
第二阶	3.073×10^{-2}	2.951×10^{-2}	3.005×10^{-2}	3.03×10^{-2}	3.406×10^{-2}	3.552×10^{-2}	5.346×10^{-2}
第三阶	2.200×10^{-2}	1.889×10^{-2}	1.790×10^{-2}	2.075×10^{-2}	2.852×10^{-2}	2.117×10^{-2}	3.434×10^{-2}
第四阶	1.162×10^{-1}	9.265×10^{-2}	8.479×10^{-2}	8.610×10^{-2}	9.369×10^{-2}	1.036×10^{-1}	1.450×10^{-1}
第五阶	5.461×10^{-2}	3.175×10^{-2}	1.350×10^{-2}	3.703×10^{-2}	7.819×10^{-2}	5.831×10^{-2}	8.854×10^{-2}
第六阶	2.124×10^{-2}	2.136×10^{-2}	1.922×10^{-2}	2.245×10^{-2}	1.681×10^{-2}	2.237×10^{-2}	1.839×10^{-2}

　　床身减重后的左端第一阶至第六阶模态振动位移云图如图 2-57 所示，左端各阶模态振动位移值见表 2-35。

图 2-57　左端第一阶至第六阶模态振动位移云图

表 2-35　左端各阶模态振动位移值　　　　　（单位：mm）

阶数	a1	a2	a3	a4	b1	b2	b3	b4	b5
第一阶	4.310×10^{-2}	7.635×10^{-2}	6.120×10^{-2}	4.094×10^{-2}	3.342×10^{-2}	7.283×10^{-2}	7.610×10^{-2}	6.022×10^{-2}	4.018×10^{-2}
第二阶	5.346×10^{-2}	4.705×10^{-2}	3.771×10^{-2}	2.742×10^{-2}	5.027×10^{-2}	3.734×10^{-2}	3.771×10^{-2}	3.401×10^{-2}	2.713×10^{-2}
第三阶	3.434×10^{-2}	3.641×10^{-2}	2.827×10^{-2}	1.643×10^{-2}	3.211×10^{-2}	3.506×10^{-2}	3.653×10^{-2}	2.795×10^{-2}	1.621×10^{-2}

阶数	a1	a2	a3	a4	b1	b2	b3	b4	b5
第四阶	1.450×10^{-1}	1.541×10^{-1}	1.218×10^{-1}	7.657×10^{-2}	1.055×10^{-1}	1.199×10^{-1}	1.200×10^{-1}	9.407×10^{-2}	5.597×10^{-2}
第五阶	8.854×10^{-2}	1.073×10^{-1}	8.076×10^{-2}	5.208×10^{-2}	7.087×10^{-2}	9.528×10^{-2}	1.000×10^{-1}	7.780×10^{-2}	4.823×10^{-2}
第六阶	1.893×10^{-2}	1.906×10^{-2}	1.667×10^{-2}	1.527×10^{-2}	1.924×10^{-2}	2.000×10^{-2}	1.839×10^{-2}	1.662×10^{-2}	1.524×10^{-2}

床身减重后的右端第一阶至第六阶模态振动位移云图如图 2-58 所示，右端各阶模态振动位移值见表 2-36。

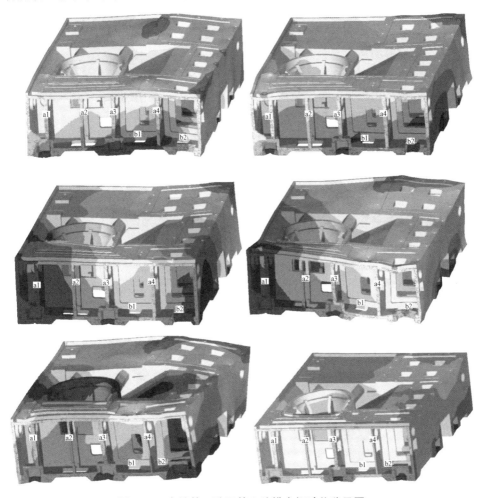

图 2-58　右端第一阶至第六阶模态振动位移云图

表 2-36 右端各阶模态振动位移值　　　　　　　　　（单位：mm）

阶数	a1	a2	a3	a4	b1	b2
第一阶	4.450×10^{-2}	3.793×10^{-2}	4.019×10^{-2}	3.891×10^{-2}	6.022×10^{-2}	6.802×10^{-2}
第二阶	5.696×10^{-2}	3.235×10^{-2}	3.015×10^{-2}	3.073×10^{-2}	3.116×10^{-2}	2.912×10^{-2}
第三阶	8.612×10^{-3}	1.175×10^{-2}	1.920×10^{-2}	2.200×10^{-2}	2.542×10^{-2}	2.097×10^{-2}
第四阶	3.762×10^{-2}	4.899×10^{-2}	6.903×10^{-2}	1.162×10^{-1}	1.161×10^{-1}	1.203×10^{-1}
第五阶	4.312×10^{-2}	3.128×10^{-2}	4.132×10^{-2}	5.461×10^{-2}	8.215×10^{-2}	5.020×10^{-2}
第六阶	2.478×10^{-2}	2.393×10^{-2}	2.465×10^{-2}	2.124×10^{-2}	2.482×10^{-2}	2.109×10^{-2}

床身减重后结构强度与模态分析结论如下：

YDE3120CNC 数控滚齿机在滚刀主轴转速为 2000r/min、转矩为 160N·m、工作台转速为 300r/min、转矩为 230N·m，顶尖对工件的压力为 7840N 的极限工况下，床身模型的应力、变形仿真结果如下：

床身模型上的最大等效应力发生在床身底部螺栓孔位置，且为压应力；其最大等效应力为 15.04MPa，远远小于其设计材料的抗压强度值（300MPa），表明该材质的滚齿机床身模型结构强度满足设计与工程应用要求。

床身模型变形表现为沿 Z 轴负方向下沉，由于床身底部采用螺栓约束，滚刀与工件接触，施加转矩和顶尖对工件的压力后，即在重力和外载荷的作用下，床身的受力变形表现如下：床身模型总变形最大位移发生在床身靠左侧与大立柱连接位置，其最大值为 1.373×10^{-2} mm；X 方向最大位移发生在床身上端靠右侧与小立柱连接位置，其最大值为 2.5×10^{-3} mm；Y 方向最大位移发生在床身前面靠中间，且在上边沿位置，其最大值为 2.872×10^{-3} mm；Z 方向最大位移发生在床身靠左侧与大立柱连接位置，其最大值为 1.37×10^{-2} mm。

床身减重后前六阶的振动频率均远小于（或不接近）主轴最高设计转速（2000r/min）和工作转速（800r/min）两种转速对应的振动频率，表明在机床滚齿加工中该床身结构不会产生共振。

由于该机床床身底部通过螺栓连接，其上端近似悬臂梁，使得床身在各阶振动中均发生了弯曲或扭转变形且其上表面的振动变形量较大。

▷▷2.4.3　结论

综上所述，对于 YDE3120CNC 模型，床身减重前的质量为 3.544t，减重后的质量为 3.286t，床身整体减重了 0.258t（床身材料按现价 10000 元/t 计算，可节约 2580 元/台的机床床身材料费，在一定程度上可为企业降低生产成本，同时也积极响应了公司"三降一增"的降本增效政策）。床身的应力应变分析结果显示，在受力保持一致的情况下，床身减重后，其应力应变的变化如下：

1）床身模型减重前后应力增加了 1.99MPa。

2）床身模型减重前后应变的变化如下：床身模型总变形增加了 0.06×10^{-2}mm；床身模型在 X 方向上的变形增加了 0.156×10^{-3}mm；床身模型在 Y 方向上的变形增加了 0.271×10^{-3}mm；床身模型在 Z 方向上的变形增加了 0.061×10^{-2}mm。

根据床身减重前后应力应变的变化结果，与干切滚齿机设计团队讨论后确认，床身的结构强度和刚度以及结构模态均满足设计要求。

参 考 文 献

［1］李天箭，丁晓红，李郝林．机床结构轻量化设计研究进展［J］机械工程学报，2020，56（21）：186-198.

［2］卢天健，张钱城，王春野，等．轻质材料和结构在机床上的应用［J］．力学与实践，2007，29（6）：1-8；26.

［3］全国有色金属标准化技术委员会（SAC/TC 243）．变形铝及铝合金牌号表示方法：GB/T 16474—2011［S］．北京：中国标准出版社，2012.

［4］全国有色金属标准化技术委员会（SAC/TC 243）．变形镁及镁合金牌号和化学成分：GB/T 5153—2016［S］．北京：中国标准出版社，2017.

［5］中国建筑材料联合会．天然石材统一编号：GB/T 17670—2008［S］．北京：中国标准出版社，2009.

［6］王德伦，申会鹏，孙元，等．复杂零件结构设计的概念单元方法［J］．机械工程学报，2016，52（7）：152-163.

［7］Durcrete GmbH. Technical data NANODUR® UHPC［EB/OL］．［2020-11-25］. https：//durcrete. de/technical-data-nanodur/？lang = en.

［8］ERG Aerospace Corp. Aluminum foam［EB/OL］．［2020-11-25］. http：//ergaerospace. com/materials/duocel-aluminum-foam/.

［9］HULL D，CLYNE T W. An introduction to composite materials［M］. 2nd ed. Cambridge：Cambridge University Press，1996.

［10］MÖHRING H C，BRECHER C，ABELE E，et al. Materials in machine tool structures［J］. CIRP Annals-Manufacturing Technology，2015，64（2）：725-748.

［11］李春胜，黄德彬．金属材料手册［M］．北京：化学工业出版社，2004.

［12］Lerinc Werkzeugmaschinen & Automation GmbH. LPZ serie［EB/OL］．［2020-11-25］. https：//www. map-wzm. de/produkte/lpz_serie/.

［13］BRUIN W D. Dimensional stability of materials for metrological and structural applications［J］. CIRP Annals，1982，31（2）：553-560.

［14］DONALDSON R R，THOMPSON D C. Design and performance of a small precision CNC turning machine［J］. CIRP Annals，1986，35（1）：373-376.

［15］UEDA K，AMANO A，OGAWA K，et al. Machining high-precision mirrors using newly developed CNC machine [J]. CIRP Annals, 1991, 40 (1): 555-558.

[16] BRECHER C, UTSCH P, WENZEL C. Five-axes accuracy enhancement by compact and integral design [J]. CIRP Annals-Manufacturing Technology, 2009, 58 (1): 355-358.

[17] BRECHER C, UTSCH P, KLAR R, et al. Compact design for high precision machine tools [J]. International Journal of Machine Tools and Manufacture, 2010, 50 (4): 328-334.

[18] MCKEOWN P A, MORGAN G H. Epoxy granite: a structural material for precision machines [J]. Precision Engineering, 1979, 1 (4): 227-229.

[19] Fritz Studer AG. Cylindrical grinding machines [EB/OL]. [2020-11-25]. https://www.studer.com/en/cylindrical-grinding-machines/.

[20] RAMPF Machine Systems GmbH & Co. KG. Machine beds & components [EB/OL]. [2020-11-25]. https://www.rampf-group.com/en/products-solutions/engineering/machine-beds-components/.

[21] EMAG GmbH & Co. KG. Innovations [EB/OL]. [2020-11-25]. https://www.emag.com/company/quality-and-environmental-management/innovations.html.

[22] 山东纳诺新材料科技有限公司. 矿物复合材料 [EB/OL]. [2020-11-25]. http://www.jnnano.com/cn/kwfh.html.

[23] LEE D G, SIN H C, SUH N P. Manufacturing of a graphite epoxy composite spindle for a machine tool [J]. CIRP Annals, 1985, 34 (1): 365-369.

[24] LEE D G. Manufacturing and testing of chatter free boring bars [J]. CIRP Annals, 1988, 37 (1): 365-368.

[25] LEE D G, HWANG H Y, KIM J K. Design and manufacture of a carbon fiber epoxy rotating boring bar [J]. Composite Structures, 2003, 60 (1): 115-124.

[26] Hembrug Machine Tools. Machine construction [EB/OL]. [2020-11-25]. https://www.hembrug.com/machine-construction/.

[27] Lerinc Werkzeugmaschinen & Automation GmbH. PRO. X 1000 [EB/OL]. [2020-11-25]. https://www.map-wzm.de/produkte/prox1000/.

[28] Framag Industrieanlagenbau GmbH. Machine foundations [EB/OL]. [2020-11-25]. https://www.framag.com/en/products/base-frame/machine-tools/machine-foundations-hydropol-4682.html.

[29] 丁晓红, 林建中, 山崎光悦. 利用植物根系形态形成机理的加筋薄壳结构拓扑优化设计 [J]. 机械工程学报, 2008, 44 (4): 201-205.

[30] 丁晓红, 郭春星, 季学荣. 基于自适应成长原理的板壳结构加强筋分布设计技术 [J]. 工程设计学报, 2012, 19 (2): 118-122.

[31] DING X H, JI X R, MA M, et al. Key techniques and applications of adaptive growth method for stiffener layout design of plates and shells [J]. Chinese Journal of Mechanical Engineering, 2013, 26 (6): 1138-1148.

[32] JI J, DING X H, XIONG M. Optimal stiffener layout of plate shell structures by bionic growth method [J]. Computers and Structures, 2014, 135: 88-99.

[33] 季金, 丁晓红, 熊敏. 基于最优准则法的板壳结构加筋自适应成长技术 [J]. 机械工程

学报，2014，51（11）：162-169.

[34] JI J, DIN X H. Stiffener Layout optimization of inlet structure for electrostatic precipitator by improved adaptive growth method [J]. Advances in Mechanical Engineering, 2014, 11: 1-8.

[35] ZHANG H, DING X, DONG X, et al. Optimal topology design of internal stiffeners for machine pedestal structures using biological branching phenomena [J]. Structural and Multidisciplinary Optimization, 2018, 57 (6): 2323-2338.

[36] DONG X H, DING X H, XIONG M. Optimal layout of internal stiffeners for three-dimensional box structures based on natural branching phenomena [J]. Engineering Optimization, 2019, 51 (4): 590-607.

[37] SHEN L, DING X, LI T, et al. Structural dynamic design optimization and experimental verification of a machine tool [J]. International Journal of Advanced Manufacturing Technology, 2019, 104 (9): 3773-3786.

[38] DONG X, DING X, LI G, et al. Stiffener layout optimization of plate and shell structures for buckling problem by adaptive growth method [J]. Structural and Multidisciplinary Optimization, 2020, 61 (1): 301-318.

[39] 刘成颖，谭锋，王立平，等. 面向机床整机动态性能的立柱结构优化设计研究 [J]. 机械工程学报，2016，52（3）：161-168.

第 3 章

——

机床节能技术

3.1 机床能效监控技术

本节首先分析了机床能量流程，建立了机床能效模型。针对能与数控系统通信的机床和不能通信的机床，分别提出了一种机床能效在线监控方法，解决了传统能效监控时由转矩传感器或测力计难以在线实时测量的难题。基于以上技术，开发了机床能效监控系统，实现了机械加工制造能效在线获取，并与北京精雕数控系统集成，实现了系统间的加工数据通信和能耗资源共享。

3.1.1 机床能效模型的建立

1. 机床的能量流程分析

机床的能量源一般可以分为三类：机床设备、辅助设备、环境服务设施。其中机床设备主要为各类机械加工机床；辅助设备是为加工提供辅助支持的设备，如运输设备、车间压缩空气设备等；环境服务设施包括通风、照明等装置，为生产提供合适的外部环境。

2. 机床能效数学模型

机床的能效是系统有效能量或有效产出与输入总能量的比值，可用能量利用率和比能耗表示。根据组成结构与能量源构成，可将其能效分为三个层次，即机床设备层、工件层和车间层。

（1）机床设备层能效数学模型　机床设备的有效能量即为切削能量，是切削功率关于切削时间的积分，数学模型表示为

$$E_c = \int_t^{t_c} P_c(t)\,\mathrm{d}t \tag{3-1}$$

式中，t_c 是切削时间；P_c 是切削功率。

加工过程可分为起动时段、待机时段、切削时段和间停时段，其能量模型表示为

$$E_t = \sum_{i=1}^{Q_S} E_{si} + \sum_{i=1}^{Q_U} P_{ui} t_{ui} + \sum_{i=1}^{Q_M} E_{mi} + \sum_{i=1}^{Q_B} P_b t_{bi} \tag{3-2}$$

式中，E_{si} 是起动时段 i 的能量消耗；P_{ui} 是待机时段 i 的功率；E_{mi} 是切削时段 i 的能量消耗；P_b 是间停时段 i 的功率；t_{ui} 是待机时段 i 的时间消耗，由实际服役过程决定；t_{bi} 是间停时段 i 的时间消耗；Q_S 是起动时段的总个数；Q_U 是待机时段的总个数；Q_M 是切削时段的总个数；Q_B 是间停时段的总个数。

根据机床设备多能量源特性，机床设备运行能耗包括加工动力系统能耗 E_d、加工关联类辅助系统能耗 E_e、动力关联类辅助系统能耗 E_{df} 和其他辅助系统能耗 E_{ef} 四个部分。因此，机床设备的总能量模型也可以表示为

$$E_{in} = E_d + E_e + E_{df} + E_{ef} \tag{3-3}$$

机床设备的能量利用率表示为

$$\zeta_M = \frac{\int_t^{t_c} P_c(t)\,\mathrm{d}t}{E_d + E_e + E_{df} + E_{ef}} \tag{3-4}$$

或

$$\zeta_M = \frac{\int_t^{t_c} P_c(t)\,\mathrm{d}t}{E_t = \sum_{i=1}^{Q_S} E_{si} + \sum_{i=1}^{Q_U} P_{ui}t_{ui} + \sum_{i=1}^{Q_M} E_{mi} + \sum_{i=1}^{Q_B} P_b t_{bi}} \tag{3-5}$$

（2）工件层能效数学模型　工件的有效能量即为加工该工件的有效切削能量，与工件属性、切削方式和加工余量相关。

$$E_{wp\_c} = \sum_{j=1}^{J} k_j V_j \tag{3-6}$$

式中，E_{wp_c} 是工件的有效能量；k_j 是第 j 个工序的切削操作所用专用能量；V_j 是第 j 个工序的材料切除体积。

工件的总能量是完成工件加工所需的机床设备总能量和辅助设备能耗分摊到该工件的能量之和。

$$E_{wp\_t} = \sum_{j=1}^{J} E_{tj} + \mu E_{af} \tag{3-7}$$

式中，E_{wp_t} 是工件的总能量；E_{tj} 是第 j 个加工设备的总能量；E_{af} 是工件分摊的辅助设备能量；μ 是该工件加工时间在车间所有工件总加工时间中的占比。

因此，工件的能效模型可表示为

$$\zeta_{wp} = \frac{\sum_{j=1}^{J} k_j V_j}{\sum_{j=1}^{J} E_{tj} + \mu E_{af}} \tag{3-8}$$

（3）车间层能效数学模型　车间的有效能量是车间加工的所有工件的有效能量之和，即

$$E_{ws\_c} = \sum_{p=1}^{P} E_{wp\_cp} \tag{3-9}$$

式中，p 为工件序号。

车间的总能量是机床设备能量与辅助设施能量之和，即

$$E_{ws} = \sum_{i=1}^{I} E_{ti} + E_{af} \tag{3-10}$$

因此，车间能量利用率表示为

$$\zeta_{ws} = \frac{\sum_{p=1}^{P} E_{wp\_cp}}{\sum_{i=1}^{I} E_{ti} + \sum_{j=1}^{J} E_{af\_j}} \quad (3\text{-}11)$$

3.1.2 机床能效动态获取方法

由于机床能量利用率为机床有效切削能耗与机床总能耗的比值，有效切削能量为切削功率 P_c 关于切削时间 t_c 的积分，数学模型表示为

$$E_c = \int_{t_c} P_c(t)\,\mathrm{d}t \quad (3\text{-}12)$$

机床总能耗为机床总功率关于运行时间的积分。机床总功率和运行时间可通过能量传感器测得。因此，获取机床能效的关键在于准确判断机床运行状态，获取切削功率 P_c 和切削时间 t_c。

1. 机床运行状态判断

一个完整加工过程包含三个典型的机床状态：机床起动、空载、加工（即切削）。图 3-1 所示为加工过程中主轴电动机的输入功率曲线。该加工过程由粗车外圆及端面切削两个工步组成，车削转速不变。机床主轴功率曲线实质上是机床不同运行状态的功率特性的反映，包括几个典型部分：机床起动阶段，进退刀时的机床空载阶段，机床加工阶段（外圆加工、端面加工等）。因此，如何根据实时功率值准确判别机床状态是对机床能耗监控的关键步骤，下面对此进行详细的分析。

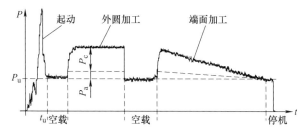

图 3-1　加工过程中主轴电动机的输入功率曲线

（1）机床起动的判断　将滤波后的实时功率值送入一个缓冲数组 $G[n]$（该数组在停机状态时清零），通过判断实时功率值是否大于某一设定常数（该常数应该大于功率传感器的零漂值，一般为几十瓦以内）。当数组中出现两个以上大于该常数的数值时，将机床状态判断为机床起动，置机床状态标志 MT_STATUS = 01（00：停止；01：起动；10：空载；11：加工）。

（2）机床空载状态的判断　机床空载状态是在机床起动状态后、加工状态之前的一个功率相对平稳的状态。判断机床空载状态有如下三个步骤：①检查

机床状态是否为起动，若是转入下一步；②判断数组 $G[n]$ 是否平稳，若是转入③，否则返回①；③置机床状态标志 MT_STATUS = 10，并将当前值作为主轴功率值 P_u。

（3）机床加工状态的判断 判断当前功率值与空载功率值是否超过某一范围，若是，则为机床加工状态，置机床状态 MT_STATUS = 11。即 $(\hat{P}_{sp} - P_u)/P_u \geq C$（$C$ 为一常数，根据空载时功率波动情况确定，一般为 5% 左右）。

准确判断机床运行状态，将为获取机床切削功率 P_c 和切削时间 t_c 提供重要支撑。因此，本章针对能通信的数控机床和不能通信的数控机床分别提出了一种机床运行状态在线判别方法。

（1）能通信的数控机床运行状态在线判别方法 对于能通信的数控机床，其运行状态的判断可通过获取机床功率信息和数控系统信息来实现。通过多通道功率传感器采集机床总电源实时功率和主轴系统实时功率，并通过与机床数控系统通信获取数控系统信息。在获取到机床功率信息和数控系统信息的基础上，机床运行状态在线判别方法如图 3-2 所示。

1）起动状态判断。当功率传感器测得机床总功率 P_{total} 由 0 变为大于 0 时，则相应地，机床状态由停机状态变为起动状态。

2）空载状态判断。机床空载状态是在起动状态之后、加工状态之前的一个功率相对平稳的状态。空载状态具体判断步骤如下：

① 当主轴起动之后将功率传感器测得的机床主轴实时功率 P_{sp} 存入一个缓存数组 $G[n] = \{P_{sp1}, P_{sp2}, \cdots, P_{spN}\}$。

② 判断缓存数组 $G[n]$ 中的数据是否平稳，即是否满足

$$\frac{P_{spi} - P_{spi-1}}{P_{spi-1}} \leq C_1, \ i \in [2, N] \tag{3-13}$$

式中，C_1 根据机床特性以及电网电压波动情况一般取 15% ~ 25%。

③ 当缓存数组 $G[n]$ 中数据平稳，则判断机床处于空载状态，同时，将此时 $G[n]$ 数组的平均值作为机床的空载功率 P_u。

3）加工状态判断。

① 当判断机床处于空载状态并获取空载功率 P_u 之后，通过调用 FOCAS 函数库中的 cnc_rdspeed( ) 函数实时读取传动轴进给速度 f。

② 当进给速度 f 大于 0 时判断主轴功率 P_{sp} 在 P_u 的基础上是否发生了跃变，即是否满足

$$\frac{P_{sp} - P_u}{P_u} > C_2 \tag{3-14}$$

式中，C_2 根据切削量大小一般取 5% ~ 10%。若式（3-14）成立，则判断机床处于加工状态。

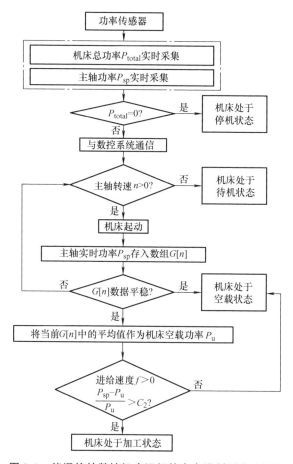

图 3-2 能通信的数控机床运行状态在线判别方法流程

（2）不能通信的数控机床运行状态在线判别方法 对于不能通信的数控机床，其运行状态的判别可通过图 3-3 所示的方法实现，具体如下：

1）起动状态判断。将经过滤波处理的机床总电源实时功率值 P_{total} 存入一个缓存数组 BUFF[N1]（该数组在机床处于停机状态时置零），如果数组中出现两个以上大于预设阈值（该阈值为功率传感器的零漂值）时，将此时的机床状态判断为起动状态，将机床状态标志 MT_STATUS 置为 01。

2）空载状态判断。将经过滤波处理的机床主轴实时功率值 P_{sp} 存入缓存数组 SP_BUFF[N2]，当出现两个以上大于功率传感器零漂值时，判断为空载状态，将机床状态 MT_STATUS 置为 02。

3）加工状态识别。判断当前输入功率值与机床空载功率值的相对变化量是否超过设定阈值，若是，则将机床状态判断为机床加工，将机床状态 MT_STA-TUS 置为 03，即 $(P_{total} - P_u)/P_u \geqslant C (C \approx P_u \times 5\%)$。

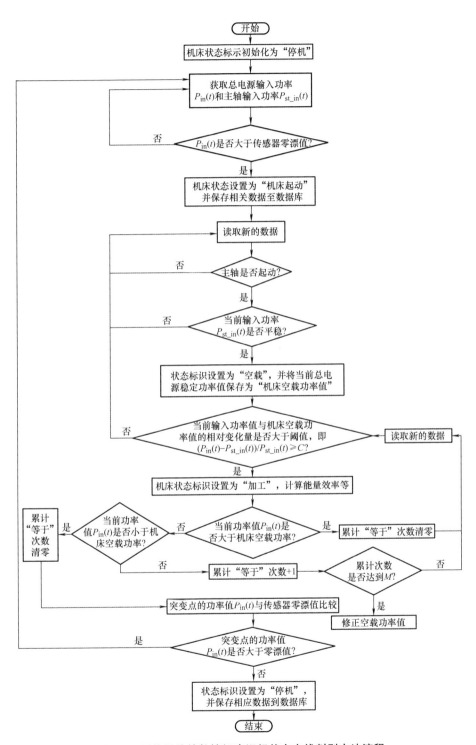

图 3-3 不能通信的数控机床运行状态在线判别方法流程

▶ 2. 机床切削功率在线获取

机床稳态运行中，由于转速变化很小，变频器的动能变化率、电动机的动能变化率和机械传动系统的动能变化率可忽略，因此，机床的功率平衡方程为

$$P_{in} = P_{inu} + P_c + P_{add} \tag{3-15}$$

机床空切时主传动系统的输入功率 P_{inu} 和总输入功率 P_{in} 可直接测出，要获取 P_c，需要首先获取载荷损耗功率 P_{add}。由于载荷损耗功率 P_{add} 是一个关于切削功率的二次函数，即

$$P_{add} = aP_c + bP_c^2 \tag{3-16}$$

式中，a、b 是载荷损耗系数。获取载荷损耗系数的方法如下：

1）查询变频器手册，获取额定输出电流时的功率损 $P_{LI,N}$ 以及风扇的功率 $P_{F,N}$，代入 $b_1 = \dfrac{P_{LI,N} - P_{F,N}}{P_{1,N}} \dfrac{f_N}{f}$（$P_{1,N}$ 是额定输出功率），计算 b_1。

2）查询电动机手册，获取主轴电动机额定功率 $P_{M,N}$、主轴电动机在额定频率下的空载功率 $P_{LM0}(f_N)$ 以及主轴电动机的效率 η_N，代入式（3-17），计算 b_M。

$$b_M = \begin{cases} \dfrac{P_{M,N}\left(\dfrac{1}{\eta_N} - 1\right) - P_{LM0}(f_N)}{P_{M,N}^2}, & \text{基频上调} \\[4mm] \dfrac{P_{M,N}\left(\dfrac{1}{\eta_N} - 1\right) - P_{LM0}(f_N)\left(\dfrac{f}{f_N}\right)^2}{P_{M,N}^2}, & \text{基频下调} \end{cases} \tag{3-17}$$

3）查询机床手册，获取机床机械传动系统中每种传动副的数量 N 以及第 K 传动副的载荷效率 η_K，代入 $b_T = \dfrac{1}{\prod_{K=1}^{N} \eta_K} - 1$，计算 b_T。

对于机械传动系统复杂的机床，测量机床空切时不同转速下主传动系统主电动机的输入功率，计算出机床主传动系统的空载功率 $P_{LT0}(n_0)$ 与输出转速的关系式。

4）将 b_1、b_M、b_T 以及 $P_{LT0}(n_0)$ 代入式（3-18），即

$$a = (1 + b_1)b_M(1 + b_T)^2, \quad b = (1 + b_1)(2b_M P_{LT0}(n_0) + 1)(1 + b_T) - 1 \tag{3-18}$$

计算出载荷损耗系数 a、b。

在获得载荷损耗系数之后，基于实时获取的机床总功率和主轴系统功率，解 $aP_c^2 + (1 + b)P_c + P_{inu} - P_{add} = 0$，$P_c > 0$，即可求得机床切削功率。

$$P_c = \frac{-(1 + b) + \sqrt{(1 + b)^2 + 4a(P_{in} - P_{inu})}}{2a} \tag{3-19}$$

3. 功率信号的滤波处理

由于输入功率存在电压电流波动和测量噪声干扰的问题，本文采用计算量小的滑动平均值滤波器（Moving Average Filter，MA）估计空载功率。

$$\hat{P}_{\mathrm{sp}}(n) = \begin{cases} \dfrac{1}{n}\sum_{k=0}^{n-1} P_{\mathrm{sp}}(k), & n \le L \\[2mm] \dfrac{1}{L}\sum_{k=0}^{L-1} P_{\mathrm{sp}}(n+k-L), & n > L \end{cases} \tag{3-20}$$

式中，$P_{\mathrm{sp}}(k)$ 是 k 时刻的输入功率采样值；$\hat{P}_{\mathrm{sp}}(n)$ 是 n 时刻的输入功率 $P_{\mathrm{sp}}(n)$ 估计值；L 是滑动平均值滤波器长度，可以根据实际情况选择，一般取 $5 \sim 10$ 的整数。

图 3-4 所示为滑动平均值滤波器处理功率信号示意图，即 n 时刻的功率值是 n 时刻前 L 实时功率值的加权平均。由于在初始阶段可能存在实时功率值没有填满滤波器的情况，如果直接进行平均，会导致滤波后的功率值大大低于实际功率值。所以在开始阶段检查滤波器是否被填满，如果没有，按实际功率采样个数进行平均；填满后，将滤波器中 L 个功率值相加，再进行平均。下一个时刻，先将最新功率采样值送进滤波器，把最初始的采样值推出滤波器，如此循环，完成滤波。

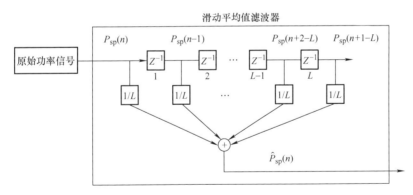

图 3-4　滑动平均值滤波器处理功率信号示意图

4. 机床切削功率在线估计

在线估计出机床切削功率是机床能效监控技术的核心，本节讨论从机床主传动系统输入功率估计出机床切削功率的相关技术。

（1）机床主传动系统的功率平衡方程　机床主传动系统一般包括电动机驱动部分、电动机和机械传动部分（含主轴），每个部分的能量消耗都比较复杂。将主传动系统的功率简化为空载功率、切削功率和附加载荷损耗功率三个部分。

其中，空载功率、切削功率和附加载荷损耗功率的定义如下：

1）空载功率 P_u 是机床主传动系统在某一指定转速下稳定运行且尚未加工的状态（称为空载状态）下所消耗的功率。

2）切削功率 P_c 是机床主传动系统在切削状态下用于去除工件材料所消耗的功率。

3）附加载荷损耗功率 P_a 是机床主传动系统由于载荷（切削功率）而产生的附加损耗功率。这部分损耗只在切削状态下存在。

从图 3-5 可以看出，机床主传动系统的输入功率与空载功率、切削功率和附加载荷损耗功率的关系为

$$P_{sp} = P_u + P_a + P_c \tag{3-21}$$

式中，附加载荷损耗功率是在切削状态下电动机和机械传动部分产生的附加电损功率和机械损耗功率。附加载荷损耗功率的测量也很复杂，不可直接准确测量。研究表明，附加载荷损耗功率与切削功率之比（附加载荷损耗系数）是一个 0.15~0.25 的常数。不过最新研究发现，附加载荷损耗系数不是一个常数，而是与切削功率成正比，即

$$\alpha = \frac{P_a}{P_c} = a_1{}^2 P_c + a_0 \tag{3-22}$$

由式(3-21)、式(3-22) 得

$$P_{sp} = P_u + a_1^2 P_c^2 + (1 + a_0) P_c \tag{3-23}$$

由式(3-23) 可知，只要测量出输入功率 P_{sp}、空载功率 P_u，就可以估计出附加载荷损耗功率 P_a 和切削功率 P_c。

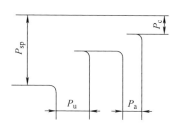

图 3-5　机床稳态运行时主轴功率流

（2）在线估计切削功率 P_c　附加载荷损耗系数矩阵可以通过式(3-23) 确定，结合式(3-21) 可以得到切削功率，即

$$P_c = \frac{-(1 + a_0) + \sqrt{a_1^2 + 4(1 + a_0)(\hat{P}_{sp} - P_u)}}{2(1 + a_0)} \tag{3-24}$$

式中，P_u 是 t 时刻机床主轴空载功率值；$\hat{P}_{sp}$ 是 t 时刻机床主轴输入功率值。

▷▷ 3.1.3 机床附加载荷损耗系数的离线辨识

由前文可知，在确定了机床状态 MT_STATUS = 11 的情况下，如果确定了空载功率 P_u，附加载荷损耗函数系数 a_0、a_1，就可以方便地估计出切削功率 P_c。因此，确定附加载荷损耗函数系数十分重要。

由式(3-23) 可知，在选定转速下，先测得空载功率 P_u，然后测量适当切削参数下的切削功率，通过函数拟合求解附加载荷损耗函数系数 a_0、a_1。

$$A_n\theta = Y_n, \ n \in \{n_i, i = 1, 2, \cdots, m\} \tag{3-25}$$

$$\hat{\theta} = (A_n^{\mathrm{T}} A_n)^{-1} A_n^{\mathrm{T}} Y_n, \ n \in \{n_i, i = 1, 2, \cdots, m\} \tag{3-26}$$

$$A_n = \begin{bmatrix} P_{c1} & P_{c1}^2 \\ P_{c2} & P_{c2}^2 \\ \vdots & \vdots \\ P_{cl} & P_{cl}^2 \end{bmatrix}, \ l \geqslant 2$$

$$\theta = \begin{bmatrix} 1 + a_0 a_1 \end{bmatrix}^{\mathrm{T}}$$

$$\hat{\theta} = \begin{bmatrix} 1 + \hat{a}_0 \hat{a}_1 \end{bmatrix}^{\mathrm{T}}$$

$$Y_n = \begin{bmatrix} P_{sp,1} - P_{n,u} \\ P_{sp,2} - P_{n,u} \\ \vdots \\ P_{sp,l} - P_{n,u} \end{bmatrix}, l \geqslant 2$$

式中，l 是切削试验次数；P_{cl} 是第 l 次试验的切削功率测量值；$P_{n,u}$ 是在转速 n 时的机床主轴的空载功率测量值。

3.2 机床能效监控系统

▷▷ 3.2.1 系统功能

在前面所提算法的基础上开发了一套机床能效监控系统，该系统主要具有如下功能：

1）实时显示机床输入功率和能效。该功能是让机床使用者（或管理人员）随时了解设备的耗电状况以及设备的能效，为判断能否通过选择加工参数来进一步提高机床能效提供依据。

2）实时显示本班和上一班的机床利用率和能效。该功能主要为工厂（或车间）管理者提供以下信息：各台机床是否被充分利用；机床在每个班次能量利用率高低的总体状况。可为管理者进一步提高机床利用率和合理安排生产任务提供依据。

3）存储和查询指定班次的能耗和机床利用率。该功能主要为工厂（或车间）管理者提供车间能耗的总体规律和趋势，为能耗估计和预测提供依据。

3.2.2 系统结构

本节主要以单台机床能效为监控对象。单台机床能效监控系统主要分为数据采集层、数据处理层、用户层三个层次，如图3-6所示。数据采集层是整个系统底层的功能部分。数据处理层包括信号滤波、状态判断、切削功率估计、数据统计等功能。用户界面主要显示实时功率曲线、实时能效曲线、机床利用率、能量利用率等用户关心的数据，用户也可以互动查询相关数据。其中数据处理层是整个系统的核心。下面将介绍实现过程中的关键技术。

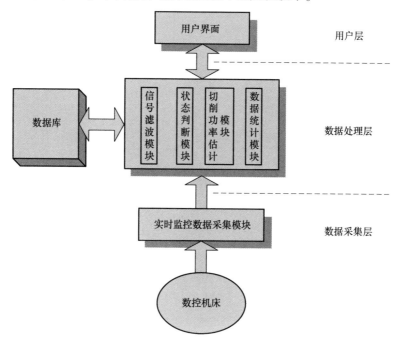

图3-6　机床能效监控系统结构

3.2.3 关键技术及其实现

1. 滤波处理算法实现

由于功率信号易受到电压电流的影响，导致功率波动较大，这样不利于后续机床状态判断，影响切削功率估计的精度等。本书主要采用计算量小的滑动滤波平均算法。滑动平均值滤波器的实现流程如图3-7所示，主要分为以下几步：①将最新功率值赋给最后一个滤波数组，并记录滤波次数；②判断滤波次数是否达到滤波器长度，若达到，将滤波器数组之和除以滤波器长度，若没有达到，则将滤波器数组之和除以滤波次数；③判断是否停机，若没有，继续上述滤波过程，否则，结束滤波。

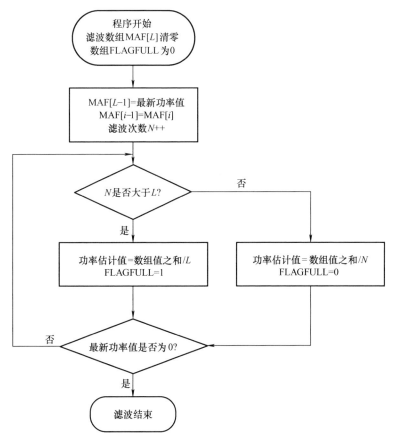

图 3-7　滑动平均值滤波器的实现流程

⫸ 2. 机床状态判断算法实现

机床状态判断是进行机床利用率、机床切削能耗估计之前的关键性步骤。一旦机床状态判断出来，机床的开机时间、空载时间、加工时间就可以统计出来，然后在机床加工期间开始对切削能耗进行估计。这个判断算法主要分为以下几个关键步骤（图3-8）：①开机判断，根据滤波后的主轴功率是否大于某个零漂阈值；②以开机后一个时间段的平稳值作为空载功率；③判断最新功率值是否超出空载功率的一个范围；④机床长时间处于某个平稳值，认为机床是空载状态，更新空载值，在实践中，根据实际情况确定这个时间长短，一般为几分钟到几十分钟不等。

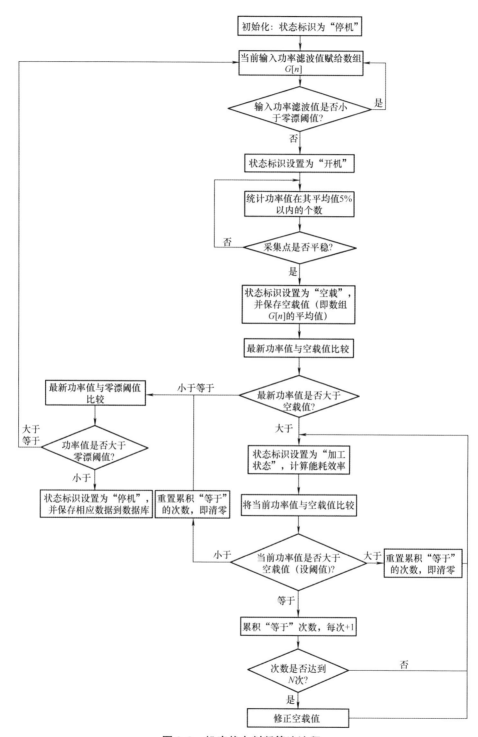

图 3-8 机床状态判断算法流程

▶▶3. 机床能效相关算法

这个部分实现统计机床使用时间、统计机床总能耗、估计机床切削能耗和机床能量利用率等相关的计算（图 3-9），主要分为以下步骤：①根据机床工作状态统计机床使用时间；②在机床切削状态下，结合机床附加载荷损耗函数系数的辨识结果，估计机床切削能耗；③结合机床载荷无关能耗，统计机床总能耗、能效、能量利用率等相关数据，并将这些数据写入数据库，为进一步节能设计和使用提供数据支持。

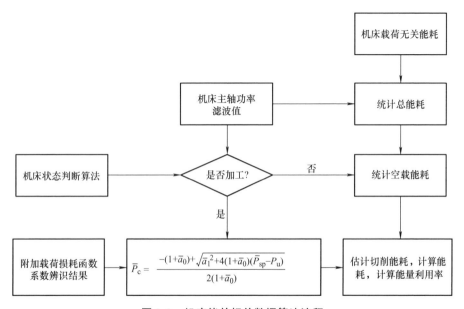

图 3-9　机床能效相关数据算法流程

▶▶3.2.4　系统开发

根据前述原理和技术，运用 C++ 和 SQL 自主研发了一套机床能效监控系统。该系统既可以作为一个功能模块嵌入到 MES 中使用，也可以作为一个单独的软件使用。该系统主要具有如下功能：

1）显示实时功率和能效，可以使机床使用者随时了解机床当前的能耗状况。

2）显示本班和上一班机床使用率和能量利用率。其中机床使用率定义为机床使用时间与每班时间的比值，反映机床在上班时间的使用状况，主要防止关键设备被闲置；机床能量利用率反映每个班次的能耗状况，是一个过程量，防止机床长期处于空载或者轻载状态下，浪费能源。

3）存储每个班次的机床能耗状况和机床利用率等信息。这个功能主要是使车间管理者随时查询和了解每个设备的利用状况以及每个机床的能耗利用状况，为进一步合理安排任务、调度机床、优化加工工艺或加工参数达到节能等提供数据支持，也为预测车间能耗提供依据。

基于机床监控节能技术，开发了机床能效监控系统。系统硬件由安装在机床上的多通道能量传感器（图 3-10）和智能能效信息终端（图 3-11）构成。能量传感器集成了低通滤波和 A/D 转换模块，通过 RS232 串行接口，实时采集机床输入功率信号，并将模拟信号转换为数字信号。

图 3-10　多通道能量传感器

图 3-11　智能能效信息终端

信息终端内部集成了 USB2.0 控制器、RS232 串口、以太网口、VGA 接口等，具有完整的 CPU、磁盘存储装置和嵌入式操作系统，可以满足不同通信方式需求及功能扩展需求。该信息终端向下与能量传感器相连，向上通过车间局域网与车间应用服务器相连。其作用主要是对加工设备的实时功率信号进行数据处理，包括有效能量的分离、实时能效的计算等。

机床能效监控系统功能结构如图 3-12 所示。

1）数据处理模块。根据设置的滤波参数，进行数据的滤波预处理，消噪后提取特征功率值，对机床运行状态进行识别，并在线获取机床切削功率和能效等信息。

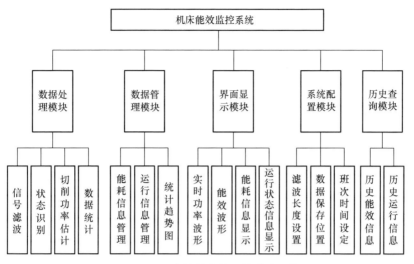

图 3-12　机床能效监控系统功能结构

2）数据管理模块。负责数据文件的保存、读取、打开及查询。

3）界面显示模块。显示实时功率信号时域波形，机床输入总能量、有效加工能量、瞬态效率、能量利用率和比能效率等能耗信息，以及机床开机时长及设备运行率等机床运行状态信息，并实时显示机床长时间待机和空载报警信息（图 3-13）。

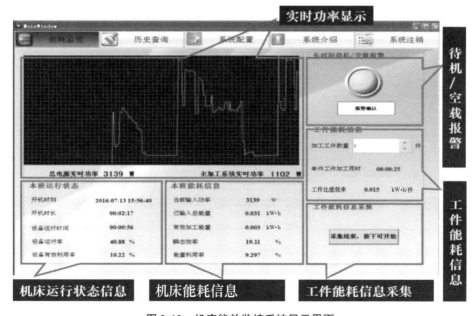

图 3-13　机床能效监控系统显示界面

4）系统配置模块。对系统运行环境进行配置，设置文件保存位置、滤波器长度、班次时间等参数（图3-14）。

图3-14　机床能效监控系统系统配置界面

5）历史查询模块。可按时间查询机床能效或者运行信息（图3-15）。

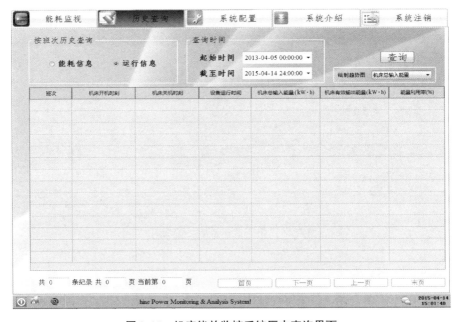

图3-15　机床能效监控系统历史查询界面

在上述研究的基础上，实现机床能效监控系统与北京精雕 NC 系统的有效集成（图 3-16），为机床用户提供了有效的能效监控和管理支持工具。

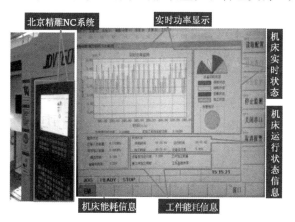

图 3-16　机床能效监控系统与北京精雕 NC 系统的有效集成

3.2.5　应用案例

1. 试验设备及测量装置介绍

本节介绍在一台数控车床 C2-6136HK/1 上进行的相关试验（图 3-17）。用功率传感器 EDA9033A 来测量主传动系统的输入功率，同时为了验证结果还临时安装了转矩传感器，由于该转矩传感器可以同时测量主轴转速，因此可以获得瞬时切削功率。功率传感器与转矩传感器的数据采样周期均为 50ms，数字滤波器长度为 5。

图 3-17　C2-6136HK/1 现场试验照片

2. 试验参数设计

本次试验目的是验证该能效监控系统是否能有效监控机床的能效状况。由于该监控系统的核心是切削功率的估计算法，算法的估计精度是评判该监控系统是否有效的关键指标之一。因此，本次试验对其算法的有效性进行验证。经查阅相关手册，选择了表 3-1 所列的切削参数。

表 3-1 试验切削参数

主轴转速/(r/min)	进给速度/(mm/min)	背吃刀量/mm
400	0.4/0.8	0.4
400	0.1	1.0/2.0
400	0.4	4.0
800	0.4/0.8	0.4
800	0.1	1.0/2.0
800	0.4	4.0

3. 切削功率估计与试验结果

本次试验使用的材料是 50mm 左右 45 钢棒料。按照表 3-1 所列的参数做了 10 组切削试验，其试验结果见表 3-2。根据 3.1 节提出的机床附加载荷损耗系数，具体表达式为 $\alpha = 1.0 \times 10^{-5} P_c + 0.099$。本试验的切削功率可以利用该附加载荷损耗系数估计出来，其结果见表 3-2。从表 3-2 看出，本文方法对切削功率的估计误差不超过 10%。同时，将该方法和传统方法（选取 $\alpha = 0$，$\alpha = 0.15$，$\alpha = 0.2$）下切削功率估计值进行对比，见表 3-3。切削功率估计误差比较如图 3-18 所示。通过比较发现，本文方法优于传统方法，较准确地估计了切削功率。

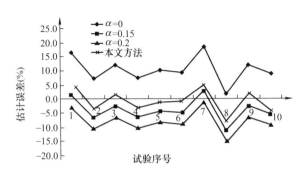

图 3-18 切削功率估计误差比较

表 3-2　切削试验结果

试验序号	切削参数（ n, f, a_p ）	功率测量值/W			功率估计值/W		功率估计误差（%）
		空载功率	输入功率	切削功率	附加载荷损耗功率	切削功率	
1	400, 0.4, 0.4	600	1078	410	45	433	5.6
2	400, 0.8, 0.4	600	1438	780	81	757	− 2.9
3	400, 0.1, 1.0	600	948	310	32	316	1.9
4	400, 0.1, 2.0	600	1251	605	62	589	− 2.6
5	400, 0.4, 4.0	600	3110	2280	271	2239	− 1.8
6	800, 0.4, 0.4	1180	2066	810	85	801	− 1.1
7	800, 0.8, 0.4	1180	2507	1120	132	1195	6.7
8	800, 0.1, 1.0	1180	1801	610	59	562	− 7.9
9	800, 0.1, 2.0	1180	2246	950	104	962	1.3
10	800, 0.4, 4.0	1180	6066	4490	607	4279	− 4.7

表 3-3　切削功率估计值比较

试验序号	输入功率/W	空载功率/W	切削功率/W	切削功率估计值/W			
				$\alpha = 0$	$\alpha = 0.15$	$\alpha = 0.2$	本文方法
1	1078	600	410	478	416	398	433
2	1438	600	780	838	729	698	757
3	948	600	310	348	303	290	316
4	1251	600	605	651	566	543	589
5	3110	600	2280	2510	2183	2092	2239
6	2066	1180	810	886	770	738	801
7	2507	1180	1120	1327	1154	1106	1195
8	1801	1180	610	621	540	518	562
9	2246	1180	950	1066	927	888	962
10	6066	1180	4490	4886	4249	4072	4279

3.3　机床工艺参数能效优化技术

3.3.1　单工步工艺参数能效优化技术

目前，对于机床工艺参数能效优化方面的研究较多集中在试验研究方面，缺少更为深入的工艺参数与能效的映射关系模型及更为有效的优化方法。基于此，本节在以往研究的基础上，提出了一种面向能效的机床单工步工艺参数优化方法。

首先，通过工艺参数能效提升试验研究工艺参数变化对能效的影响规律。其次，在能耗特性分析的基础上进行非线性回归拟合获取机床能效模型，并对得到的能效模型可靠性进行了验证，分析了工艺参数对能效和时间的影响规律。再次，建立了以比能耗最小和加工时间最短为优化目标的工艺参数优化模型，基于禁忌算法对所建模型进行了优化求解，并对典型数控车削和数控铣削加工工艺进行了参数优化，对两种加工工艺下的优化结果以及物料去除率对能效和时间的影响规律进行了分析。接下来，基于提出的面向能效的机床工艺参数优化模型与方法，开发了机床工艺参数优化支持系统，并阐述了支持系统的总体框架及工作流程、主要功能模块。最后，将机床工艺参数优化支持系统在机械加工车间进行应用实施，对支持系统的车间应用实施的环境及所需配置进行了阐述。以车间典型机床工艺为案例进行了应用实施，并对系统车间应用实施后的能效提升数据进行了对比分析，验证了系统的实用性和可靠性。

▶ 1. 工艺参数对能效影响规律研究

通过试验研究发现工艺参数的变化会显著影响机床中的能效情况，研究工艺参数对能效的具体影响规律是工艺参数优化提升能效的重要基础，是一个急需解决的基础科学问题。因此，本小节重点研究机床过程工艺参数对能效的影响规律。首先，通过试验的方式研究典型加工过程中工艺参数变动对能效的影响规律。其次，在此基础上通过非线性回归拟合分别获取空载功率、切削功率以及附加载荷损耗功率等能效模型相关系数，并对得到的能效模型可靠性进行验证。最后，着重分析工艺参数变化对能效和时间的影响规律。

选取 CHK360 数控车床作为试验平台，首先研究不同工艺下各个参数对机床能效的影响，通过控制变量法来记录单个工艺参数变动过程中机床功率的变化情况。

在数控车床试验中涉及主轴转速 n、进给量 f 以及背吃刀量 a_p 三个工艺参数，固定其中两个工艺参数值、变动另外一个。图 3-19a 中进给量取值 0.12mm/r，背吃刀量取值 0.8mm，观察机床功率随着主轴转速的变化趋势；图 3-19b 中主轴转速取值 680r/min，背吃刀量取值 0.78mm，观察机床功率随着进给量的变化趋势；图 3-19c 中主轴转速取值 860r/min，进给量取值 0.16mm/r，观察机床功率随着背吃刀量的变化趋势。

从图 3-19 中机床功率变化趋势可以看出，在另外两个工艺参数取定值的情况下，机床功率是随着工艺参数的增加不断变大的。这主要是由于随着工艺参数的增大，刀具及工件的切削受力均增大，工件受力传递至机床电动机，导致机床电动机转矩的增大，进而引起电动机功率的增大，从而使得整个机床总功率随之变大。功率是影响机床能耗及能效最重要的因素之一。单纯的功率增大必然导致机床能耗增大、能效降低。但根据实际加工经验可知，在进给量和背吃刀量一定的情况下，主轴转速的增大可以直接影响到进给速度，进而减少加工时间。在主轴转速和背吃刀量一定的情况下，进给量的增大同样可以直接影响到加工时间。在实际加工中，工件的加工余量是一定的，因此，在主轴转速和进给量取定值情况下，背吃刀量的增大是可以减少加工时间的。

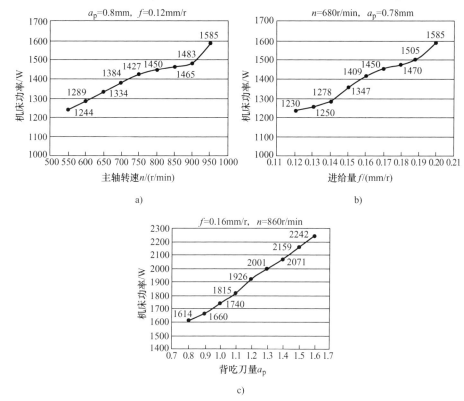

图 3-19 车削工艺参数变化对机床功率影响

a）主轴转速 n 变化　b）进给量 f 变化　c）背吃刀量 a_p 变化

机床功率和加工时间决定着机床能耗以及能效。工艺参数的增大能够直接减少加工时间，但同时也导致机床功率的显著增加。机床能耗以及能效具体变化规律需要进一步分析。

▶ 2. 物料去除率对能效影响规律研究

物料去除率 MRR 作为工艺参数的集成可以从整体上反映对机床能耗及能效的影响规律。试验同样采用 CHK360 数控车床。表 3-4 所列是试验工艺参数组合，通过 9 组试验来观察 MRR 的变化对机床能效的影响，并记录机床加工过程中的空切时段功率、切削时段功率以及对应的时间信息。

表 3-4　试验工艺参数组合

序号	$n/(\mathrm{r/min})$	$f/(\mathrm{mm/r})$	a_p/mm	MRR/ ($\mathrm{mm^3/min}$)	空切时段功率/W	切削时段功率/W
1	690	138	0.4	86.7	1571	1896
2	709	177	0.8	216.7	1591	2631
3	750	225	1.2	390	1634	3201
4	947	189	0.8	200	1751	2667
5	1012	253	1.2	375	1766	3369
6	1126	337	0.4	150	1852	2455
7	1326	265	1.2	340	1983	3245
8	1503	375	0.4	141.7	2070	2591
9	1573	471	0.8	354	2090	3376

表 3-5 所列是根据表 3-4 中的试验数据计算得到机床空切时段能耗 E_air 与比能耗 $\mathrm{SEC_{air}}$、切削时段能耗 E_cutting 与比能耗 $\mathrm{SEC_{cutting}}$，以及机床总能耗 E_total 与总比能耗 SEC。

表 3-5　能耗及能效数值

序号	$E_\mathrm{air}/\mathrm{J}$	$E_\mathrm{cutting}/\mathrm{J}$	$\mathrm{SEC_{air}}/$ ($\mathrm{J/mm^3}$)	$\mathrm{SEC_{cutting}}/$ ($\mathrm{J/mm^3}$)	$E_\mathrm{total}/\mathrm{J}$	$\mathrm{SEC}/(\mathrm{J/mm^3})$
1	102115	371616	360.5	1312	518731	1832
2	81141	402543	146.8	728.5	528684	956.7
3	65360	384210	83.8	492.6	494570	634.1
4	84048	381381	176.3	800.1	510429	1070.8
5	63576	360483	95.1	539.0	469059	701.4
6	50004	196400	250.0	982	291404	1457.0
7	67422	330990	116.6	572.6	443412	767.1
8	49680	186552	292.2	1097.1	281232	1654.0
9	39710	192432	122.9	595.8	277142	858.0

基于表 3-5 中的数据得到 MRR 变化对比能耗的影响规律，如图 3-20 所示，反映了空切时段比能耗 $\mathrm{SEC_{air}}$、切削时段比能耗 $\mathrm{SEC_{cutting}}$ 及总比能耗 SEC 的变化趋势。从图 3-20 中可见，随着 MRR 的不断增大，三者呈现下降趋势。其中机床空切时段由于时间较短，所产生的能耗较小，导致比能耗所占总比能耗的比例较小。这一部分比能耗的变化对总比能耗影响较弱。而切削时段机床功率较大，

并且加工时间较长，其比能耗所占总比能耗的比例较大。

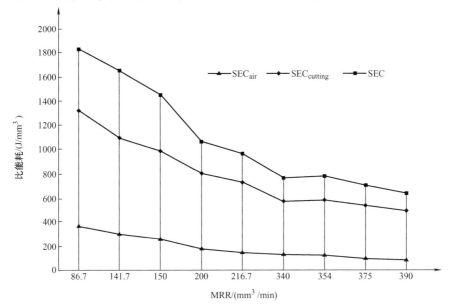

图 3-20　MRR 变化对比能耗的影响

从图 3-20 中可以发现，切削时段比能耗变化规律及变化速率与总比能耗较为一致，可知切削时段比能耗变化在较大程度上影响着总比能耗的变化。通过试验的方式得到 SEC 随着 MRR 变化的大致趋势，机床总比能耗、切削时段比能耗以及空切时段比能耗均随着 MRR 增大而下降。工艺参数如何影响机床能效的每一部分、具体下降原因以及影响机床能效的本质将在下面章节进行深入介绍。

▶ **3. 基于田口法的优化试验设计与分析**

（1）机床节能优化试验配置及试验条件

1）功率采集设备介绍。以重庆大学自主研发的机床能效监控系统为平台，通过 HC33C3 型功率传感器实现对机床运行能耗的在线监测。该设备在机床总电源处获取总电流和总电压，在主轴伺服系统处获得电流信号，并通过总电压换算得到电压信号，从而得到实时功率。功率传感器接线方式如图 3-21 所示。

2）试验条件介绍。

① 数控铣削试验条件。数控铣削工艺参数节能优化试验研究以批量铣削某零件平面为例，加工过程如图 3-22 所示。试验中采用普瑞斯 PL700 立式加工中心型号的数控铣削机床，其主电动机功率为 5.5kW/7.5kW，主轴转速范围为 40~6000r/min，进给速度范围为 2~15000 mm/min，允许的最大刀具直径为 75mm。工件与加工方式见表 3-6。选用整体式立铣刀，其具体参数见表 3-7。

图 3-21　功率传感器接线方式

图 3-22　数控铣削加工过程

表 3-6　工件与加工方式

工件材料	工件长	工件宽	铣削方式	加工路径
45 钢	70mm	12mm	立铣	"S" 形

表 3-7　铣刀具体参数

刀具材料	切削刃数	切削刃长度	刀具直径	刀具前角	刀具后角	刀具螺旋角
高速钢	4	20mm	4mm	10°	15°	35°

② 数控车削试验条件。数控车削工艺参数节能优化试验研究以批量车削某零件外圆为例，加工过程如图 3-23 所示。试验中采用型号为 CHK360 的数控车削机床，其主电动机功率为 5.5kW，主轴转速范围为 180～1600r/min，进给速度范围为 1～6000mm/min，允许的最大回转直径为 360mm。工件与加工方式见表 3-8。选用外圆车刀，具体参数见表 3-9。

图 3-23　数控车削加工过程

表 3-8　工件与加工方式

工件材料	工件长	工件直径	车削方式
40Cr	64mm	30mm	外圆加工

表 3-9　车刀具体参数

刀具材料	刀具前角	刀具后角	刀具主偏角	刀尖圆弧半径
硬质合金	15°	10°	95°	0.4mm

（2）正交试验设计及结果　工艺参数决策是机床加工过程中主观性较强的工作，将工艺参数作为试验的可控因素。为尽可能地反映比能耗或时间与工艺参数的关联关系，根据工艺系统刚度的最大承受能力来确定工艺参数的最大值。

1）正交试验设计。

① 铣削正交试验设计。将铣削四要素（主轴转速 n、每齿进给量 f_z、背吃刀量 a_p、侧吃刀量 a_e）作为正交试验的可控因素。选取铣削试验范围：$n = 2200 \sim 4200 r/min$，$f_z = 0.015 \sim 0.027 mm/z$，$a_p = 0.3 \sim 0.5mm$，$a_e = 2 \sim 4mm$。数控铣削加工过程可控因素及水平见表 3-10。

表 3-10　数控铣削加工过程可控因素及水平

因素水平	$n/(r/min)$	$f_z/(mm/z)$	a_p/mm	a_e/mm
1	2200	0.015	0.3	2
2	3200	0.021	0.4	3
3	4200	0.027	0.5	4

② 车削正交试验设计。车削三要素（切削速度 v_c、进给量 f、背吃刀量 a_p）是可控的，故将其作为车削正交试验的可控因素。选取车削试验范围：$v_c = 40 \sim 80\text{m/min}$，$f = 0.1 \sim 0.2\text{mm/r}$，$a_p = 0.75 \sim 1.25\text{mm}$。数控车削加工过程可控因素及水平见表 3-11。

表 3-11 数控车削加工过程可控因素及水平

因素水平	$v_c/(\text{m/min})$	$f/(\text{mm/r})$	a_p/mm
1	40	0.1	0.75
2	60	0.15	1.0
3	80	0.2	1.25

2）正交试验过程及结果。为了保证试验结果的准确性，选用试验次数较多的 $L_{27}(3^{13})$ 正交表进行试验设计，对照正交表进行试验。机床试验中，从空切时段开始到切削结束，切削液开启。按待机时段、空切时段和切削时段记录各子过程的总输入功率，其中待机时段功率、待机时间等由于与工艺参数关系不大，试验数据中 27 组方案均按同一个数据处理，见表 3-12 和表 3-14。由于机床加工过程的每个子过程中负载变化情况相对较为平缓，可视为一个相对的稳态过程，将每个子过程的输出功率用当量功率代替。为方便试验测量，可将面向直接能耗的比能耗 SEC^{dir} 表示为如式（3-27）所示，考虑间接能耗的比能耗 $\text{SEC}^{\text{dir}+\text{indir}}$ 表示为如式（3-28）所示。

$$\text{SEC}^{\text{dir}} = \frac{\sum_{j=1}^{3} P_{ij}t_j + P_{ct}t_{pct}\dfrac{t_3}{T_{\text{tool}}}}{\text{MRV}} \tag{3-27}$$

$$\text{SEC}^{\text{dir}+\text{indir}} = \text{SEC}^{\text{dir}} + \frac{t_3(\text{EE}_{\text{tool-material}}M_{\text{tool}} + \text{EP}_{\text{tool}} + \text{EW}_{\text{tool}}M_{\text{tool}})}{T_{\text{tool}}\text{MRV}} \tag{3-28}$$

式中，P_{i1} 是待机时段的机床当量总输入功率（W）；P_{i2} 是空切时段的机床当量总输入功率（W）；P_{i3} 是切削时段的机床当量总输入功率（W）；t_1 是待机时间（s）；t_2 是空切时间（s）；t_3 是切削时间（s）；P_{ct} 是磨钝换刀时的机床当量总输入功率（W）；t_{pct} 是一次换刀时间（s）；T_{tool} 是刀具寿命（min），车削时，$T_{\text{tool}} = \dfrac{1000nC_T}{v_c^m f^r a_p^k}$，铣削时，$T_{\text{tool}} = \dfrac{1000C_T}{\pi^m D^m n^{m+r} f_z^r z^r a_p^k}$，$m$、$r$、$k$ 是相应影响指数，C_T 是综合考虑各种因素影响的常数；MRV 是工件材料体积（mm^3）；$\text{EE}_{\text{tool-material}}$ 是刀具原材料单位内含能（MJ/kg）；M_{tool} 是刀具质量（kg）；EP_{tool} 是生产该刀具过程消耗的能量（MJ）；EW_{tool} 是废物处理单位能耗（MJ/kg）。

加工总时间 $T_p = t_1 + t_2 + t_3 + n_{ct}t_{pct}$，$n_{ct}$ 是换刀次数。

将刀具内含能计入数控加工系统能量消耗中，则一次加工过程刀具内含能 E_{tool}（MJ）为本次加工过程对刀具总内含能的分摊，计算公式如下：

$$E_{tool} = \frac{t_{cut-p}}{60 T_{tool}}(EE_{tool-material}M_{tool} + EP_{tool} + EW_{tool}M_{tool})$$

车削：
$$T_{tool} = \frac{1000 n C_T}{v_c^m f^r a_p^k}$$

铣削：
$$T_{tool} = \frac{1000 C_T}{\pi^m D^m n^{m+r} f_z^r z^r a_p^k}$$

① 铣削试验方案及试验结果。数控铣削加工固定计算参数见表 3-12，试验数据见表 3-13，表内的功率及时间测量值按 3 次试验的平均值给出。

表 3-12　数控铣削加工固定计算参数

P_{il}/W	t_1/s	C_T	m	r	k	$EE_{tool-material}$ /（MJ/kg）	M_{tool}/kg	EP_{tool} /MJ	EW_{tool} /（MJ/kg）
468	60	4.85×10^9	1.92	1.38	0.22	200	0.173	1.5	4.23

表 3-13　数控铣削正交试验数据

序号	n/ （r/min）	f_z/ （mm/z）	a_p/mm	a_e/mm	t_2/s	t_3/s	T_p/s	P_{i2}/W	P_{i3}/W	SEC^{dir}/ （J/mm³）	E_{tool}/J	$SEC^{dir+indir}$/ （J/mm³）
1	2200	0.015	0.3	2	40	191	332	1037	1118	711.3	5.07	20126.0
2	3200	0.015	0.3	3	37	88	237	979	1060	348.6	6.48	25710.3
3	4200	0.015	0.3	4	35	50	195	937	1021	227.7	6.11	24247.7
4	2200	0.021	0.3	4	37	68	182	1037	1124	268.7	2.05	8129.4
5	3200	0.021	0.3	2	35	94	281	978	1063	408.6	11.33	44978.0
6	4200	0.021	0.3	3	34	48	212	936	1029	261.4	8.69	34468.7
7	2200	0.027	0.3	3	36	71	191	1037	1124	283.7	3.06	12158.0
8	3200	0.027	0.3	4	34	37	149	978	1071	181.3	2.35	9319.0
9	4200	0.027	0.3	2	33	56	286	936	1022	360.1	16.89	67026.3
10	2200	0.015	0.4	4	40	96	214	1037	1123	269.3	2.27	6766.7
11	3200	0.015	0.4	2	37	131	325	979	1068	396.0	11.84	35242.7
12	4200	0.015	0.4	3	35	67	253	937	1033	233.9	11.13	33111.9
13	2200	0.021	0.4	3	37	91	215	1038	1130	271.4	3.37	10023.6
14	3200	0.021	0.4	4	35	47	172	978	1068	163.3	3.66	10879.8

（续）

序号	$n/$ (r/min)	$f_z/$ (mm/z)	$a_p/$mm	$a_e/$mm	$t_2/$s	$t_3/$s	$T_p/$s	$P_{i2}/$W	$P_{i3}/$W	$SEC^{dir}/$ (J/mm³)	$E_{tool}/$J	$SEC^{dir+indir}/$ (J/mm³)
15	4200	0.021	0.4	2	34	71	326	936	1030	309.1	19.74	58763.9
16	2200	0.027	0.4	2	36	106	250	1037	1130	330.3	5.87	17477.6
17	3200	0.027	0.4	3	34	49	188	978	1080	191.5	5.59	16635.5
18	4200	0.027	0.4	4	33	28	150	936	1044	158.2	0.68	20250.9
19	2200	0.015	0.5	3	40	127	256	1037	1132	289.5	3.48	8294.4
20	3200	0.015	0.5	4	37	66	200	979	1080	165.9	4.66	11085.0
21	4200	0.015	0.5	2	35	100	369	937	1032	288.5	21.38	50909.0
22	2200	0.021	0.5	2	37	136	283	1038	1138	329.3	6.03	14351.4
23	3200	0.021	0.5	3	35	63	213	979	1089	180.7	6.79	16160.1
24	4200	0.021	0.5	4	34	36	164	936	1055	152.9	4.21	10023.3
25	2200	0.027	0.5	4	36	53	165	1037	1145	154.1	2.06	4900.8
26	3200	0.027	0.5	2	34	73	267	978	1085	238.0	12.31	29421.2
27	4200	0.027	0.5	3	33	37	185	936	1061	169.1	6.78	16134.5

② 车削试验方案及试验结果。数控车削加工固定计算参数见表3-14，试验数据见表3-15。

表3-14　数控车削加工固定计算参数

P_{i1}	t_1	C_T	m	r	k	$EE_{tool-material}/$ (MJ/kg)	$M_{tool}/$kg	$EP_{tool}/$MJ	$EW_{tool}/$ (MJ/kg)
1059	50	4.43×10^9	6.8	1.37	0.24	400	0.0095	1.5	4.23

表3-15　数控车削正交试验数据

序号	$v_c/$ (m/min)	$f/$ (mm/r)	$a_p/$mm	$t_2/$s	$t_3/$s	$T_p/$s	$P_{i2}/$W	$P_{i3}/$W	$SEC^{dir}/$ (J/mm³)	$E_{tool}/$J	$SEC^{dir+indir}/$ (J/mm³)
1	40	0.1	0.75	10	91	151	569	744	20.7	0.0028	21.3
2	60	0.1	0.75	10	60	123	689	939	18.5	0.0298	25.3
3	80	0.1	0.75	12	45	118	769	1324	19.3	0.1581	55.2
4	40	0.15	0.75	10	60	121	569	857	16.3	0.0033	17.1
5	60	0.15	0.75	10	40	103	689	1245	16.0	0.0346	23.8
6	80	0.15	0.75	12	30	105	769	1516	15.8	0.1837	57.4

序号	$v_c/$ (m/min)	$f/$ (mm/r)	$a_p/$mm	$t_2/$s	$t_3/$s	$T_p/$s	$P_{i2}/$W	$P_{i3}/$W	$SEC^{dir}/$ (J/mm³)	$E_{tool}/$J	$SEC^{dir+indir}/$ (J/mm³)
7	40	0.2	0.75	10	45	106	569	1020	14.6	0.0037	15.5
8	60	0.2	0.75	10	30	93	689	1393	13.7	0.0385	22.5
9	80	0.2	0.75	12	23	99	769	1483	13.7	0.2043	60.1
10	40	0.1	1.00	10	91	151	569	877	17.9	0.0030	18.4
11	60	0.1	1.00	10	60	123	689	1231	16.9	0.0319	22.4
12	80	0.1	1.00	12	45	119	769	1522	15.9	0.1694	44.9
13	40	0.15	1.00	10	60	121	569	1049	14.2	0.0035	14.8
14	60	0.15	1.00	10	40	103	689	1469	14.1	0.0371	20.4
15	80	0.15	1.00	12	30	106	769	1781	13.2	0.1968	47.0
16	40	0.2	1.00	10	45	106	569	1238	12.6	0.0039	13.3
17	60	0.2	1.00	10	30	93	689	1512	11.8	0.0413	18.9
18	80	0.2	1.00	12	23	100	769	1879	12.0	0.2189	49.6
19	40	0.1	1.25	10	91	151	569	925	14.7	0.0032	15.1
20	60	0.1	1.25	10	60	123	689	1306	14.2	0.0337	18.8
21	80	0.1	1.25	12	45	119	769	1715	13.9	0.1787	38.6
22	40	0.15	1.25	10	60	121	569	1171	12.2	0.0037	12.7
23	60	0.15	1.25	10	40	103	689	1621	11.4	0.0391	16.8
24	80	0.15	1.25	12	30	107	769	1903	11.4	0.2076	40.1
25	40	0.2	1.25	10	45	106	569	1350	11.3	0.0041	11.8
26	60	0.2	1.25	10	30	94	689	1752	10.6	0.0435	16.6
27	80	0.2	1.25	13	23	101	769	2059	10.3	0.2310	42.3

（3）信噪比分析及极差分析　在本试验中采用信噪比（S/N）来分析工艺参数对能效和加工时间的影响规律。机床比能耗和加工时间的信噪比计算公式为

$$S/N = -10\lg\left(\frac{1}{n}\sum_{i=1}^{n} y_i^2\right) \tag{3-29}$$

式中，S/N 是某目标的信噪比；n 是总测量次数（本试验中 $n=3$）；y_i 是各试验方案下第 n 次试验测得的目标值。

田口法中用极差分析（range analysis）来确定可控因素对评价目标的影响程度。本小节中，将信噪比的最大值减去最小值即可获得该工艺参数对目标

值的影响大小，极差越大说明该工艺参数对目标值（比能耗、时间）的影响越大。

1）铣削实验分析。图 3-24 所示为数控铣削加工信噪比，图中横轴表示每个可控因素的三个水平值，纵轴表示对应的信噪比值。在本次试验条件下，面向 SEC^{dir} 的最优铣削参数组合为 $n=3$、$f_z=3$、$a_p=3$、$a_e=3$，面向 $SEC^{dir+indir}$ 的最优铣削参数组合为 $n=1$、$f_z=3$、$a_p=3$、$a_e=3$，面向高效率的最优铣削参数组合为 $n=2$、$f_z=3$、$a_p=1$、$a_e=3$。由最优参数组合可知，比能耗的定义边界不同会导致工艺参数选取结果有所差异。由于刀具内含能对比能耗的影响主要体现在刀具寿命上，而同一刀具直径下主轴转速对刀具寿命的影响最大，随着主轴转速的提高，刀具内含能在切削时间内的占比增大，考虑间接能耗的比能耗呈上升趋势。

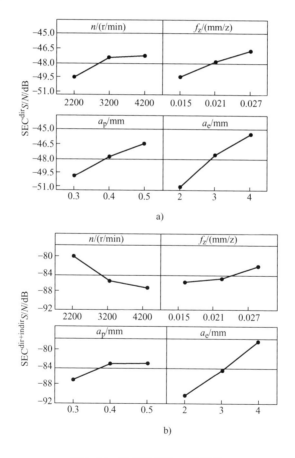

图 3-24　数控铣削加工信噪比

a）面向直接能耗的比能耗的信噪比　b）考虑间接能耗的比能耗的信噪比

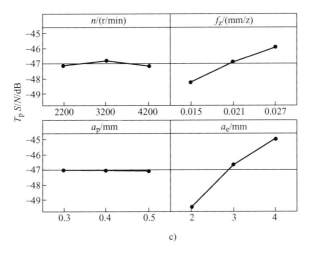

c)

图 3-24　数控铣削加工信噪比（续）

c) 加工时间的信噪比

从表 3-16 和表 3-17 可知，侧吃刀量是影响数控铣削过程中比能耗（SEC^{dir} 和 $SEC^{dir+indir}$）与加工时间的核心因素，只控制主轴转速和每齿进给量对比能耗和时间的改善效果并不明显。在该试验条件下，为显著地降低 SEC^{dir}、提高生产率，应首先选取尽可能大的侧吃刀量，并协调侧吃刀量选取中等偏高的主轴转速和较大的每齿进给量。为有效地降低 $SEC^{dir+indir}$ 和减少加工时间，应在保证大的侧吃刀量的同时选取中等偏低的主轴转速和尽可能大的每齿进给量。

表 3-16　数控铣削加工比能耗极差分析

参数		$n/(r/min)$		$f_z/(mm/z)$		a_p/mm		a_e/mm	
		面向 SEC^{dir}	面向 $SEC^{dir+indir}$	面向 SEC^{dir}	面向 $SEC^{dir+indir}$	面向 SEC^{dir}	面向 $SEC^{dir+indir}$	面向 SEC^{dir}	面向 $SEC^{dir+indir}$
水平	1	-49.5	-80.3	-49.5	-85.9	-49.9	-86.8	-51.0	-90.4
	2	-47.4	-85.7	-47.9	-85.1	-47.8	-83.3	-47.6	-84.7
	3	-47.2	-87.2	-46.8	-82.3	-46.4	-83.1	-45.5	-78.2
极差		2.3	6.9	2.7	3.6	3.5	3.7	5.5	12.2
排名		4	2	3	4	2	3	1	1

表 3-17　数控铣削加工时间极差分析

参数		$n/(r/min)$	$f_z/(mm/z)$	a_p/mm	a_e/mm
水平	1	-47.1	-48.1	-46.9	-49.8
	2	-46.8	-46.9	-47.0	-46.7
	3	-47.1	-45.8	-47.1	-44.9

（续）

参数	$n/(\text{r/min})$	$f_z/(\text{mm/z})$	a_p/mm	a_e/mm
极差	0.7	0.9	0.3	3.14
排名	3	2	4	1

2）车削试验分析。图 3-25 所示为数控车削加工信噪比。在本次试验条件下，面向 SEC^{dir} 的最优车削参数组合为 $v_c=3$、$f=3$、$a_p=3$，面向 $\text{SEC}^{dir+indir}$ 的最优车削参数组合为 $v_c=1$、$f=3$、$a_p=3$，面向高效率的最优车削参数组合为 $v_c=2$、$f=3$、$a_p=1$。由比能耗最优参数组合结果可知，在数控车削加工过程中为获得小的 SEC^{dir} 应保证较大的切削用量，受内含能影响，选取小的切削速度才能获得较低的 $\text{SEC}^{dir+indir}$；由时间最优参数组合结果可知，在相对高的转速下，采用较小的背吃刀量会延长刀具寿命、减少换刀时间，进而提高生产率。

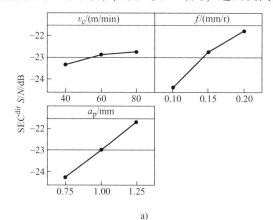

a)

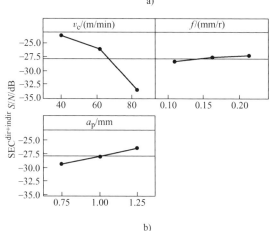

b)

图 3-25　数控车削加工信噪比

a）面向直接能耗的比能耗的信噪比　b）考虑间接能耗的比能耗的信噪比

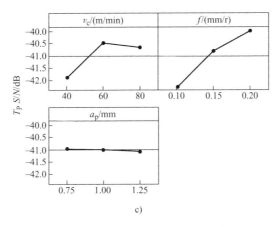

图 3-25　数控车削加工信噪比（续）

c）加工时间的信噪比

　　对数控车削加工的比能耗和加工时间极差分析分别见表 3-18 和表 3-19。从中可知，在该加工条件下，影响数控车削过程中 SEC^{dir} 的工艺参数按影响大小排序依次是进给量、背吃刀量、切削速度，影响数控车削过程中 $SEC^{dir+indir}$ 的工艺参数按影响大小排序依次是切削速度、背吃刀量、进给量，其中进给量对数控车削过程中时间目标影响最大，其次是切削速度、背吃刀量。因此，当优化目标是 SEC^{dir} 和加工时间时，可选取较大的进给量和中等偏大的切削速度并协调控制背吃刀量。当优化目标是 $SEC^{dir+indir}$ 和加工时间时，需选取大的进给量和中等偏小的切削速度同时控制较大的背吃刀量。

表 3-18　数控车削加工比能耗极差分析

参数		$v_c/(r/min)$		$f/(mm/r)$		a_p/mm	
		面向 SEC^{dir}	面向 $SEC^{dir+indir}$	面向 SEC^{dir}	面向 $SEC^{dir+indir}$	面向 SEC^{dir}	面向 $SEC^{dir+indir}$
水平	1	-23.34	-23.70	-24.47	-28.41	-24.27	-29.25
	2	-22.87	-26.20	-22.75	-27.68	-23.02	-27.82
	3	-22.74	-33.59	-21.74	-27.41	-21.67	-26.44
极差		0.6	9.89	2.73	1.00	2.6	2.81
排名		3	1	1	3	2	2

表 3-19　数控车削加工时间极差分析

参数		$v_c/(m/min)$	$f/(mm/r)$	a_p/mm
水平	1	-41.89	-42.28	-40.98
	2	-40.49	-40.79	-41.01
	3	-40.64	-39.95	-41.04

（续）

参数	$v_c/(\text{m/min})$	$f/(\text{mm/r})$	a_p/mm
极差	1.4	2.33	0.06
排名	2	1	3

田口法能反映大致优化规律，但总体而言，该方法主要面向单目标。通过以上分析可知，数控铣削加工和数控车削加工的能效、时间与工艺参数的影响规律较为一致。此外，无论是数控铣削加工还是数控车削加工，考虑不同目标所选工艺参数也会不同，说明比能耗目标和时间目标并不能协同优化。根据试验数据得到比能耗和加工时间随 MRR 变化的趋势图如图 3-26 所示，在区域二存在使比能耗和时间目标得到平衡的最优解。通过田口法得出的最优组合有时需要根据实际加工约束做一定的调整。因此，有必要建立数学模型从而进行更加深入的多目标优化研究。

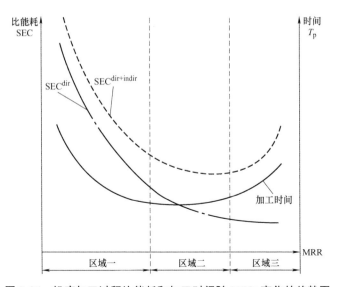

图 3-26 机床加工过程比能耗和加工时间随 **MRR** 变化的趋势图

》》4. 机床能耗模型的相关系数试验拟合及可靠性验证

（1）试验设备及方法 试验以数控车床 CHK460 和五轴加工中心机床 CNC500 为试验平台，分别采用车削、铣削两种加工工艺进行试验拟合。采用重庆大学自主研发的机床能效监控系统来测量机床实时功率，通过在机床电器柜安装 HC33C3 型功率传感器获取机床的总电压和总电流，再经过数字滤波和计算得到机床实时功率信号，将功率信息处理后通过非线性回归拟合得到相关功率系数。

1）车削加工试验条件。

① 机床信息。CHK460 数控车床如图 3-27 所示。机床型号及其参数见表 3-20。

图 3-27　CHK460 数控车床

表 3-20　机床型号及其参数

机床型号	主电动机功率/kW	主轴转速范围/(r/min)	进给速度范围/(mm/min)
数控车床 CHK460	7.5	100~4500	1~24000

② 刀具信息（表 3-21）。

表 3-21　刀具参数

刀具类型	前角/(°)	后角/(°)
YT15 硬质合金	20	12

2）铣削加工试验条件。

① 机床信息。图 3-28 所示为机床中心及能效监控系统。机床型号及其参数见表 3-22。

图 3-28　机床中心及能效监控系统

135

表 3-22　机床型号及其参数

机床型号	主电动机功率/kW	主轴转速范围/(r/min)	进给速度范围/(mm/min)	最大刀具直径/mm
北京精雕 CNC500	2.3	2000 ~ 28000	1 ~ 6000	12

② 刀具信息（表 3-23）。

表 3-23　刀具参数

刀具类型	切削刃数	刀具直径/mm	螺旋角/(°)	前角/(°)	后角/(°)
硬质合金	4	4	30	8	15

3）试验拟合方法。采用非线性回归对试验数据进行拟合，通过最小二乘法求出非线性回归拟合模型，获取相关系数。对模型拟合综合参数（R-Sq、R-Sq（调整））进行分析。R-Sq 取值为 0 ~ 100%，取值越大说明回归模型与数据拟合得越好；R-Sq（调整）取值为 0 ~ 100%，越接近 R-Sq 说明回归模型越可靠。

（2）空载功率系数拟合　在对空载功率 P_u 回归拟合过程中，主要问题是：主传动系统中变频器功率 $P_{inverter}$ 和进给传动系统中伺服驱动器功率 P_{drives} 均存在于待机功率 P_{st} 中，主传动系统空载功率 $P_{spindle}$ 以及进给传动系统空载功率 P_{feed} 的整体拟合困难。本节的解决思路是将 $P_{spindle}$ 和 P_{feed} 模型进行拆分处理，将 $P_{spindle}$ 中主轴电动机 P_{motor} 和主传动机械传动损耗 $P_{spindle-transmit}$ 作为整体进行拟合，P_{feed} 中伺服电动机 $P_{servermotor}$ 和进给传动机械传动损耗 $P_{feed-transmit}$ 做同样处理。

1）主传动系统空载功率 $P_{spindle}$ 拟合。空转功率 P_{idle} 包括 P_{st}、P_{motor} 和 $P_{spindle-transmit}$，因此 P_{motor} 和 $P_{spindle-transmit}$ 可由机床空转功率 P_{idle} 与待机功率 P_{st} 差值求得，即

$$P_{motor} + P_{spindle-transmit} = P_{idle} - P_{st} \tag{3-30}$$

表 3-24 所列为车削试验参数及采集数据。表 3-25 所列为铣削试验参数及采集数据。获取的功率数据中包括每组试验中的待机功率 P_{st}、空转功率 P_{idle}、空切功率 P_{air}，根据式（3-31）和式（3-32）计算得到主轴转速 n 与对应 P_{motor} 和 $P_{spindle-transmit}$，见表 3-26 和表 3-27。根据表 3-26 和表 3-27 采集的功率数据拟合得到 P_{motor} 和 $P_{spindle-transmit}$ 功率模型。

车削：$P_{motor} + P_{spindle-transmit} = -245.4 + 0.83n + 1.08 \times 10^{-4}n^2$ （3-31）

铣削：$P_{motor} + P_{spindle-transmit} = 433.3 - 0.078n + 2 \times 10^{-6}n^2$ （3-32）

表 3-24 车削试验参数及采集数据

试验序号	$n/$ (r/min)	$f/$ (mm/r)	$a_{\rm p}/$ mm	MRR/ (mm³/min)	待机功率 $P_{\rm st}/{\rm W}$	空转功率 $P_{\rm idle}/{\rm W}$	空切功率 $P_{\rm air}/{\rm W}$	$P_{\rm c}/{\rm W}$
1	690	0.2	0.4	86.7	1302	1571	1586	1896
2	709	0.25	0.8	216.7	1306	1591	1607	2631
3	750	0.3	1.2	390	1298	1634	1654	3201
4	947	0.2	0.8	200	1302	1751	1767	2667
5	1012	0.25	1.2	375	1301	1766	1789	3369
6	1126	0.3	0.4	150	1303	1852	1878	2455
7	1326	0.2	1.2	340	1302	1983	2008	3245
8	1503	0.25	0.4	141.7	1304	2070	2098	2591
9	1573	0.3	0.8	340	1306	2090	2129	3376

表 3-25 铣削试验参数及采集数据

试验序号	$n/({\rm r/min})$	$f_{\rm z}/({\rm mm/z})$	$f_{\rm v}/({\rm mm/min})$	待机功率 $P_{\rm st}/{\rm W}$	空转功率 $P_{\rm idle}/{\rm W}$	空切功率 $P_{\rm air}/{\rm W}$
1	2500	0.008	80	803	1037	1041
2	2750	0.015	165	803	1045	1053
3	3000	0.022	264	804	1049	1060
4	3250	0.008	104	803	1006	1012
5	3500	0.015	210	802	982	992
6	3750	0.022	330	803	963	978
7	4000	0.008	128	805	951	958
8	4250	0.015	255	804	943	955
9	4500	0.022	396	803	939	957

表 3-26 车削的主轴转速 n 与对应 $P_{\rm motor}$ 和 $P_{\rm spindle-transmit}$

序号	1	2	3	4	5	6	7	8	9
$n/({\rm r/min})$	690	709	750	947	1012	1126	1326	1503	1573
$P_{\rm motor}+P_{\rm spindle-transmit}/{\rm W}$	269	285	336	449	465	549	681	766	784

表 3-27 铣削的主轴转速 n 与对应 $P_{\rm motor}$ 和 $P_{\rm spindle-transmit}$

序号	1	2	3	4	5	6	7	8	9
$n/({\rm r/min})$	2500	2750	3000	3250	3500	3750	4000	4250	4500
$P_{\rm motor}+P_{\rm spindle-transmit}/{\rm W}$	234	242	245	203	180	160	146	139	136

对拟合得到的功率模型准确性进行验证，其中铣削空载功率拟合的 R-Sq 达到 91.2%，R-Sq（调整）达到 88.3%，车削空载功率拟合的 R-Sq 达到 99.6%，R-Sq（调整）达到 99.5%，拟合程度均良好，如图 3-29 所示。

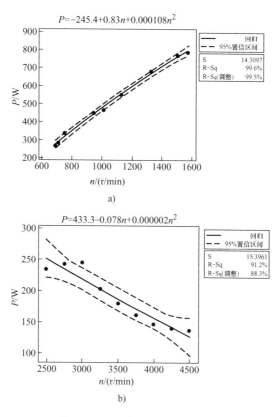

图 3-29　主传动系统拟合线图

a）车削　b）铣削

因此，车削、铣削的主传动系统能耗模型可表示为

车削：$P_{spindle} = P_{inverter} - 245.4 + 0.83n + 1.08 \times 10^{-4} n^2$ （3-33）

铣削：$P_{spindle} = P_{inverter} + 433.3 - 0.078n + 2 \times 10^{-6} n^2$ （3-34）

2）进给传动系统空载功率 P_{feed} 拟合。机床空切时主传动系统和进给传动系统处于工作状态，空切功率 $P_{air} = P_{au} + P_{u}$，可转化为

$$P_{air} = P_{st} + P_{au-machine} + P_{motor} + P_{spindle-transmit} + P_{servermotor} + P_{feed-transmit}$$

（3-35）

因为 P_{idle} 包含 P_{st}、P_{motor} 和 $P_{spindle-transmit}$，所以式（3-35）可进一步表示为

$$P_{air} = P_{idle} + P_{au-machine} + P_{servermotor} + P_{feed-transmit}$$

（3-36）

试验过程中，空切过程未开启加工关联辅助设备，$P_{\text{au-machine}}=0$，因此进给传动机械传动空载功率 $P_{\text{feed-transmit}}$ 和进给轴电动机功率 $P_{\text{servermotor}}$ 可由 P_{air} 与 P_{idle} 差值求得，见式（3-37）。在本次试验中机床仅在 X 轴方向做进给运动，基于表 3-26 和表 3-27 数据求得 $P_{\text{servermotor}}^{X}$ 和 $P_{\text{feed-transmit}}^{X}$ 数据，见表 3-28 和表 3-29。

$$P_{\text{servermotor}}^{X} + P_{\text{feed-transmit}}^{X} = P_{\text{air}} - P_{\text{idle}} \tag{3-37}$$

表 3-28　车削进给速度 f_v 与对应 $P_{\text{servermotor}}^{X}$ 和 $P_{\text{feed-transmit}}^{X}$

序号	1	2	3	4	5	6	7	8	9
$f_v/(\text{mm/min})$	138	177	225	189	253	337	265	375	471
$P_{\text{servermotor}}^{X}+P_{\text{feed-transmit}}^{X}/\text{W}$	15	16	20	16	23	26	25	28	39

表 3-29　铣削进给速度 f_v 与对应 $P_{\text{servermotor}}^{X}$ 和 $P_{\text{feed-transmit}}^{X}$

序号	1	2	3	4	5	6	7	8	9
$f_v/(\text{mm/min})$	80	165	264	104	210	330	128	255	396
$P_{\text{servermotor}}^{X}+P_{\text{feed-transmit}}^{X}/\text{W}$	4	8	11	6	10	15	7	12	18

根据表 3-28 和表 3-29 求得的数据进行试验拟合，拟合得到数控车床和数控铣床 X 轴方向伺服电动机和机械传动功率模型。

车削：$P_{\text{servermotor}}^{X} + P_{\text{feed-transmit}}^{X} = 8.266 + 0.039 f_v + 5 \times 10^{-5} f_v^{2}$ （3-38）

铣削：$P_{\text{servermotor}}^{X} + P_{\text{feed-transmit}}^{X} = 1.77 + 0.035 f_v + 1.3 \times 10^{-5} f_v^{2}$ （3-39）

验证空载功率进给模型的准确性，其中数控铣削的进给模型 R-Sq 达到 98.7%，R-Sq（调整）达到 98.2%，数控车削的进给模型 R-Sq 达到 95.6%，R-Sq（调整）达到 94.2%，如图 3-30 所示。

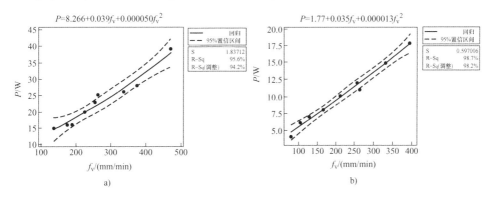

图 3-30　进给传动系统拟合线图

a）车削　b）铣削

拟合模型均达到较高的拟合精度，X 传动轴进给传动系统功率模型可表示为

车削：$P_{\text{feed}}^X = P_{\text{drives}}^X + 8.266 + 0.039f_v + 5 \times 10^{-5}f_v^2$ (3-40)

铣削：$P_{\text{feed}}^X = P_{\text{drives}}^X + 1.77 + 0.035f_v + 1.3 \times 10^{-5}f_v^2$ (3-41)

根据式(3-33) 和式(3-40) 以及式(3-34) 和式(3-41) 分别求得车削和铣削机床空载功率 P_u，分别见式(3-42) 和式(3-43)。

车削：
$$
\begin{aligned}
P_u &= P_{\text{spindle}} + P_{\text{feed}}^X \\
&= P_{\text{inverter}} + P_{\text{drives}}^X - 237.14 + 0.83n + 1.08 \times 10^{-4}n^2 + \\
&\quad 0.039f_v + 5 \times 10^{-5}f_v^2
\end{aligned}
$$
(3-42)

铣削：
$$
\begin{aligned}
P_u &= P_{\text{spindle}} + P_{\text{feed}}^X \\
&= P_{\text{inverter}} + P_{\text{drives}}^X + 435.07 - 0.078n + 2 \times 10^{-6}n^2 + \\
&\quad 0.035f_v + 1.3 \times 10^{-5}f_v^2
\end{aligned}
$$
(3-43)

（3）切削功率及附加载荷损耗功率系数拟合　切削功率 P_c 与附加载荷损耗功率 P_a 关系复杂，在试验过程中存在数据单独提取困难的问题。为此，本节解决方法是将 P_c 和 P_a 整体拟合，将 P_c 与 P_a 转化为与 MRR 的二次函数关系，见式(3-44)。

$$P_c + P_a = k_c\text{MRR} + c_0 k_c\text{MRR} + c_1 k_c^2\text{MRR}^2$$
(3-44)

试验设计采用正交试验方法，铣削工艺参数 n、f_z、a_p、a_e 分别取三个水平，见表 3-30。通过查询标准正交试验表，选取 $L9(3^4)$ 正交表进行试验安排，见表 3-31。采集每组试验中的机床空切功率 P_{air} 及机床总功率，切削过程机床总功率即切削时段功率 P_{cutting}。切削功率和附加载荷损耗功率等于机床总功率与空切功率的差值，计算所得数控车削和铣削的 $P_c + P_a$ 值及对应的 MRR 分别见表 3-32 和表 3-33。

表 3-30　铣削工艺参数水平

因素水平	$n/(\text{r/min})$	$f_z/(\text{mm/z})$	a_p/mm	a_e/mm
1	2500	0.008	0.1	2
2	3500	0.015	0.13	3
3	4500	0.022	0.16	4

表 3-31　正交铣削试验参数及试验数据

试验序号	$n/$ (r/min)	$f_z/$ (mm/z)	a_p/mm	a_e/mm	MRR (mm^3/min)	空切功率 P_{air}/W	总功率 $P_{\text{cutting}}/\text{W}$
1	2500	0.008	0.1	4	32	1110	1152
2	2500	0.015	0.13	3	58.5	1112	1180

试验序号	$n/$ (r/min)	$f_z/$ (mm/z)	a_p/mm	a_e/mm	MRR (mm^3/min)	空切功率 P_{air}/W	总功率 $P_{cutting}$/W
3	2500	0.022	0.16	2	70.4	1115	1193
4	3500	0.008	0.13	4	58.24	1055	1122
5	3500	0.015	0.16	2	67.2	1059	1132
6	3500	0.022	0.1	3	92.4	1067	1165
7	4500	0.008	0.16	3	69.12	1014	1090
8	4500	0.015	0.1	4	108	1023	1133
9	4500	0.022	0.13	2	102.9	1024	1131

根据表 3-32 和表 3-33 中数据分别拟合得到车削加工和铣削加工的切削功率和附加载荷损耗功率模型，见式（3-45）和式（3-46）。

车削：$P_c + P_a = -185.7 + 5.89\text{MRR} - 3.9 \times 10^{-3}\text{MRR}^2$ （3-45）

铣削：$P_c + P_a = 11.01 + 0.991\text{MRR} + 6.33 \times 10^{-4}\text{MRR}^2$ （3-46）

表 3-32   车削的 MRR 与对应的 $P_c + P_a$

序号	1	2	3	4	5	6	7	8	9
MRR/(mm^3/min)	86.7	216.7	390	200	375	150	340	141.7	340
$P_c + P_a$/W	310	1024	1547	900	1580	577	1237	493	1247

表 3-33   铣削的 MRR 与对应的 $P_c + P_a$

序号	1	2	3	4	5	6	7	8	9
MRR/(mm^3/s)	32	58.5	70.4	58.2	67.2	92.4	69.1	108	102.9
$P_c + P_a$/W	42	68	78	67	73	98	76	110	107

拟合模型数据拟合程度较高，模型满足可行性要求，如图 3-31 所示。

因为 $P_{st} = P_{inverter} + \sum_X P_{drives}^X + P_{au-power}$（$P_{au-power}$ 是动力关联类辅助系统功率），特定机床 P_{st} 波动很小，本次试验中车削机床的 P_{st} 取值为 1302W，铣削机床的 P_{st} 取值为 804W，$P_{au-machine}$ 在车削试验中冲屑电动机功率近似为 174W，铣削试验中冲屑电动机功率近似为 70W。因此，车削加工和铣削加工的总能耗 E_{total} 可分别表示为式（3-47）和式（3-48）。

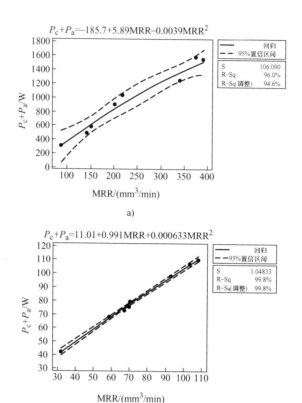

图 3-31 切削功率及附加载荷损耗功率拟合线图

a) 车削　b) 铣削

车削总能耗模型：

$$E_{total} = 1302\left(t_{st} + \frac{t_{ptc}L}{Tnzf}\right) + (-185.7 + 5.89\,\mathrm{MRR} - 3.9 \times 10^{-3}\,\mathrm{MRR}^2)\frac{L}{nf} +$$

$$\left[1239.2 + 0.83n + 1.08 \times 10^{-4}n^2 + 0.039nf + 5 \times 10^{-5}(nf)^2\right]\frac{L_{air} + L}{nf}$$

$$(3\text{-}47)$$

铣削总能耗模型：

$$E_{total} = 804\left(t_{st} + \frac{t_{ptc}L}{Tnzf_z}\right) + (11.01 + 0.991\,\mathrm{MRR} + 6.33 \times 10^{-4}\,\mathrm{MRR}^2)\frac{L}{nzf_z} +$$

$$\left[1309.069 - 0.078n + 2 \times 10^{-6}n^2 + 0.035nzf_z + 1.3 \times 10^{-5}(nzf_z)^2\right]\frac{L_{air} + L}{nzf_z}$$

$$(3\text{-}48)$$

式中，L_{air}是空切路径长度；L是切削路径长度；t_{ptc}是单次磨钝换刀时间。

将拟合得到车削、铣削能耗函数分别带入全过程比能耗函数得到车削和铣削的比能耗函数，见式(3-49) 和式(3-50)。

车削能耗模型：

$$E_{total} = \frac{1302(t_{st} + \frac{t_{ptc}L}{Tnzf})}{MRV} + \frac{(-185.7 + 5.89MRR - 3.9 \times 10^{-3}MRR^2)\frac{L}{nf}}{MRV} +$$

$$\frac{[1239.2 + 0.83n + 1.08 \times 10^{-4}n^2 + 0.039nf + 5 \times 10^{-5}(nf)^2]\frac{L_{air}+L}{nf}}{MRV}$$

$$(3-49)$$

铣削能耗模型：

$$E_{total} = \frac{804(t_{st} + \frac{t_{ptc}L}{Tnzf_z})}{MRV} + \frac{(11.01 + 0.99MRR + 6.33 \times 10^{-4}MRR^2)\frac{L}{nzf_z}}{MRV} +$$

$$\frac{[1309.069 - 0.078n + 2 \times 10^{-6}n^2 + 0.035nzf_z + 1.3 \times 10^{-5}(nzf_z)^2]\frac{L_{air}+L}{nzf_z}}{MRV}$$

$$(3-50)$$

（4）验证模型的可靠性　对两种加工工艺下所建立的能效模型和时间模型进行可靠性验证。表 3-34 所列是车削加工的 7 组试验组合数据，表 3-36 所列是铣削加工的 7 组试验组合数据，其中，SEC_1 和 T_{p1} 是通过所建立模型计算的结果，SEC_2 和 T_{p2} 为多次实际加工后能效和时间的平均值。然后，将两组数据设为样本数据进行假设检验，设置检验水准 α 是 0.05。首先假设 H_0 成立，H_0 表示样本与样本间没有显著差别，即模型计算结果与实际加工结果没有显著差异，认为模型可靠度较高；假设 H_1，表示模型计算结果与实际加工结果存在显著差异。当样本统计量 $t_{stat} \geq t_{stan}$ 时，表示模型计算结果与实际结果偏离程度超过检验水准，则拒绝假设 H_0，否则接受假设 H_0。

检验标准 $t_{stan} = t_{\alpha/2,(m-1)}$，其中 m 表示样本数据组数，表 3-35 和表 3-37 中 7 组样本数据在检验水准 0.05 情况下检验标准 $t_{stan} = t_{0.025,6} = 2.446$，样本的检验统计量 t_{stat} 计算见式(3-51)。

$$t_{stat} = \frac{\bar{\theta}}{\frac{SD(\bar{\theta})}{\sqrt{g}}}$$

$$(3-51)$$

式中，$\bar{\theta}$ 是样本数据的平均值；$SD(\bar{\theta})$ 是样本标准差；g 是样本自由度，本次试验 $g = 6$。

表 3-34 车削试验平均结果与模型计算结果

样本	工艺参数			模型计算结果		试验平均结果	
	$n/(r/min)$	$f/(mm/r)$	a_p/mm	SEC_1 $/(J/mm^3)$	T_{P1}/s	SEC_2 $/(J/mm^3)$	T_{P2}/s
1	1600	0.28	1.2	158.2	114	160.39	114.20
2	1550	0.24	1.1	168.0	107	169.20	107.12
3	1500	0.25	1.0	172.0	110	172.35	110.70
4	1450	0.21	0.9	176.3	113	180.40	113.22
5	1400	0.20	0.8	198.6	115	199.48	115.21
6	1350	0.26	0.8	180.3	120	181.90	120.29
7	1300	0.27	0.5	208.1	117	209.31	118.29

表 3-35 车削试验平均结果与模型计算结果对比

样本	差值 D		差值平方 D^2	
	$(SEC_2 - SEC_1)/(J/mm^3)$	$(T_{P2} - T_{P1})/s$	$(SEC_2 - SEC_1)^2$	$(T_{P2} - T_{P1})^2$
1	2.19	0.20	4.80	0.040
2	1.20	0.12	1.44	0.010
3	0.35	0.70	0.12	0.490
4	4.10	0.22	16.81	0.048
5	0.88	0.21	0.774	0.044
6	1.60	0.29	2.56	0.084
7	1.21	1.29	1.46	1.660

表 3-36 铣削试验平均结果与模型计算结果

样本	工艺参数				模型计算结果		试验平均结果	
	$n/$ (r/min)	$f_z/$ (mm/z)	a_p/mm	a_e/mm	$SEC_1/$ (J/mm^3)	T_{P1}/s	$SEC_2/$ (J/mm^3)	T_{P2}/s
1	4500	0.0220	0.160	3.99	772.34	155.1	773.2	155.3
2	4450	0.0216	0.1585	3.95	784.12	153.7	791.3	156.0

（续）

样本	工艺参数				模型计算结果		试验平均结果	
	$n/$ (r/min)	$f_z/$ (mm/z)	a_p/mm	a_e/mm	$SEC_1/$ (J/mm³)	T_{P1}/s	$SEC_2/$ (J/mm³)	T_{P2}/s
3	4400	0.0213	0.157	3.90	796.08	152.4	798.3	152.6
4	4300	0.0206	0.154	3.80	825.10	150.3	826.3	151.6
5	4200	0.0199	0.151	3.70	858.21	148.7	859.8	149.0
6	4100	0.0192	0.148	3.60	898.11	147.6	899.3	147.71
7	4000	0.0185	0.145	3.50	944.24	147.1	944.6	147.8

表 3-37 铣削试验平均结果与模型计算结果对比

样本	差值 D		差值平方 D^2	
	$(SEC_2-SEC_1)/(\text{J/mm}^3)$	$(T_{P2}-T_{P1})/s$	$(SEC_2-SEC_1)^2$	$(T_{P2}-T_{P1})^2$
1	0.87	0.20	0.76	0.04
2	7.18	0.23	51.55	5.29
3	2.22	0.20	4.93	0.04
4	1.20	1.30	1.44	1.69
5	1.59	0.30	2.53	0.09
6	1.19	0.11	1.42	0.01
7	0.36	0.70	0.13	0.49

根据表 3-35 和表 3-37 中的数据通过式（3-51）分别计算得到车削加工比能耗 SEC 和加工时间 T_P 的统计量分别为 2.4241 和 2.3747，铣削加工的比能耗 SEC 和加工时间 T_P 的统计量分别为 2.3815 和 2.3889。由于计算得到的统计量均小于检验标准 2.446，因此，假设 H_0 成立，证明所建立模型的计算结果与实际加工结果没有显著差异，建立的能效模型和时间模型的准确性较高。

▶▶ **5. 工艺参数对能效和时间的影响规律分析**

上述通过试验的方式验证了工艺参数变化会对能效产生较大的影响，但对于工艺参数之间对能效和时间具体影响规律以及影响程度没有给出。在此通过建立的能效和时间模型分析工艺参数对两个优化目标的影响程度。对车削参数的研究，通过固定一个工艺参数、变化另外两个工艺参数，观察能效和时间的变化规律。对铣削参数的研究，可通过固定两个工艺参数、变化另外两个工艺参数，观察能效和时间的变化趋势。

（1）工艺参数对能效的影响规律分析 基于拟合得到的能效模型分别分析了车削和铣削加工工艺下工艺参数对能效的影响规律及影响程度。工艺参数的范围设置与前述拟合过程的工艺参数范围保持一致。

1）车削工艺参数对能效的影响规律。图 3-32、图 3-33 反映出在车削加工工艺下工艺参数变化对比能耗的影响规律。图 3-32a 所示为在进给量取定值的情况下，SEC 随着主轴转速和背吃刀量的变化。从图中可以看出，随着主轴转速和背吃刀量的不断增大，SEC 呈现不断降低的趋势。比较两个参数变量对 SEC 的影响程度，可以发现随着 a_p 的不断增大 SEC 下降速度要略大于 n 的变化对 SEC 产生的影响。

图 3-32b 所示为在背吃刀量取定值的情况下，SEC 随着主轴转速和进给量两个参数变量的变化规律。可以看出，随着主轴转速和进给量的不断增大，SEC 不断降低且两个参数变量对 SEC 的影响程度相近。

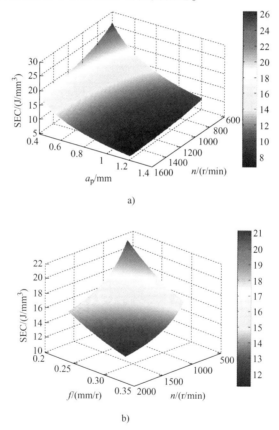

图 3-32 车削 SEC 随着主轴转速、背吃刀量、进给量的变化趋势

a) $f = 0.25$mm/r 时车削 SEC 随着主轴转速和背吃刀量的变化趋势

b) $a_p = 0.6$mm 时车削 SEC 随着主轴转速和进给量的变化趋势

图 3-33 所示为在主轴转速一定的情况下，背吃刀量和进给量对 SEC 的影响规

律。随着两个工艺参数的增大，SEC 降低，且背吃刀量对 SEC 的影响大于进给量。

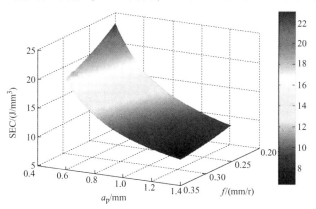

图 3-33 车削 SEC 随着背吃刀量和进给量的变化趋势（$n = 1200\text{r/min}$）

2）铣削工艺参数对能效的影响规律。图 3-34a 所示为在背吃刀量、侧吃刀量取定值的情况下，SEC 随着主轴转速和每齿进给量变化而产生的变化趋势。从图中可以看出，随着主轴转速和每齿进给量的不断变大，SEC 值在不断减小，并且随着两个坐标轴的变化曲率接近，说明主轴转速和每齿进给量对 SEC 的影响程度较为接近。图 3-34b 所示为在每齿进给量、侧吃刀量一定的情况下，主轴转速和背吃刀量不断增大对 SEC 产生的影响。SEC 同样是随着主轴转速和背吃刀量不断增大而减小，与图 3-34a 不同，从图 3-34b 看出，SEC 随着两个变量的变化曲率不同，背吃刀量 a_p 对 SEC 的影响曲率要大于主轴转速 n 对 SEC 的影响曲率，可以反映出 a_p 对 SEC 的影响程度要大于 n。

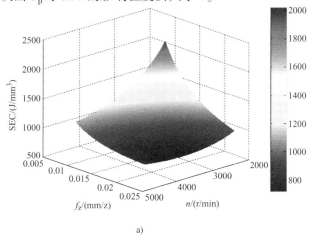

a)

图 3-34 铣削 SEC 随着主轴转速、每齿进给量、背吃刀量的变化趋势

a）$a_\text{p} = 0.16\text{mm}$、$a_e = 4\text{mm}$ 时铣削 SEC 随着主轴转速和每齿进给量的变化趋势

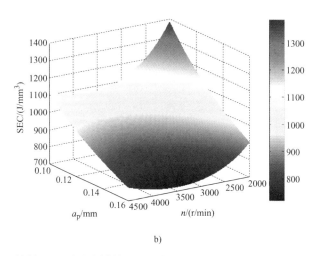

b)

图3-34 铣削 SEC 随着主轴转速、每齿进给量、背吃刀量的变化趋势（续）

b）$f_z = 0.022\text{mm/z}$、$a_e = 4\text{mm}$ 时铣削 SEC 随着主轴转速和背吃刀量的变化趋势

图 3-35a 所示为 SEC 在每齿进给量和背吃刀量固定的情况下，SEC 随着主轴转速和侧吃刀量的变化趋势。从图 3-35a 中可以发现，SEC 的曲面变化趋势与图 3-34b 近似，侧吃刀量的变化对 SEC 的影响较大，而主轴转速 n 对 SEC 的影响则较弱。图 3-35b 所示为 SEC 在主轴转速和侧吃刀量取定值的情况下，每齿进给量和背吃刀量对 SEC 的影响，SEC 随着两个切削变量的增大而不断减小，从曲面变化曲率可以看出，两个变量对 SEC 的影响程度较为接近，背吃刀量对 SEC 的影响要略大于每齿进给量。

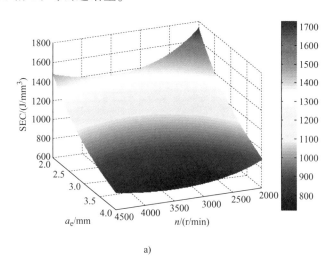

a)

图 3-35 铣削 SEC 随着主轴转速、侧吃刀量、每齿进给量和背吃刀量的变化趋势

a）$f_z = 0.022\text{mm/z}$、$a_p = 0.16\text{mm}$ 时铣削 SEC 随着主轴转速和侧吃刀量的变化趋势

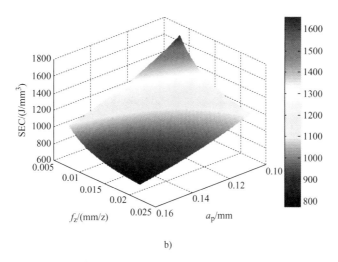

b)

图3-35 铣削 SEC 随着主轴转速、侧吃刀量、每齿进给量和背吃刀量的变化趋势（续）

b）$n = 4500\text{r/min}$、$a_e = 4\text{mm}$ 时铣削 SEC 随着每齿进给量和背吃刀量的变化趋势

图 3-36a 所示为在主轴转速和背吃刀量一定的情况下，SEC 随着每齿进给量和侧吃刀量的不断增大而产生的变化趋势。图 3-36a 中的曲面变化趋势与图 3-35b 中相似，反映出侧吃刀量对 SEC 的影响要略大于每齿进给量对 SEC 的影响。图 3-36b 所示为主轴转速和每齿进给量一定的情况下，背吃刀量和侧吃刀量的变化对 SEC 的影响规律。从图 3-36b 中可看出，两个参数变量对 SEC 的影响相近。

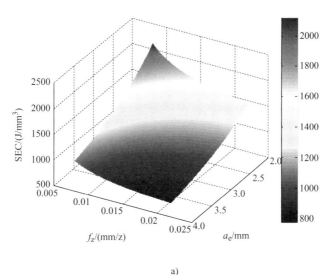

a)

图3-36 铣削 SEC 随着每齿进给量、背吃刀量、侧吃刀量的变化趋势

a）$n = 4500\text{r/min}$、$a_p = 0.16\text{mm}$ 时铣削 SEC 随着每齿进给量和侧吃刀量的变化趋势

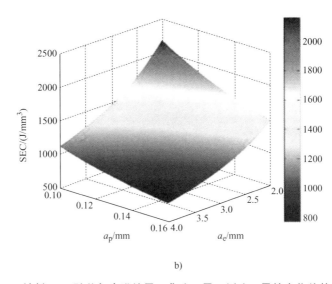

b)

图 3-36 铣削 SEC 随着每齿进给量、背吃刀量、侧吃刀量的变化趋势（续）

b）$n = 4500 \text{r/min}$、$f_z = 0.022 \text{mm/z}$ 时铣削 SEC 随着背吃刀量和侧吃刀量的变化趋势

综上所述，SEC 总体变化趋势是随着工艺参数的增大而不断减小。对于车削加工，其中背吃刀量对 SEC 的影响程度较大，其次是主轴转速和进给量，两者对 SEC 的影响程度相近。对于铣削加工，四个工艺参数对 SEC 的影响程度不同，其中背吃刀量和侧吃刀量对 SEC 的影响程度较大，其次是主轴转速和每齿进给量。

（2）工艺参数对加工时间的影响规律分析 分别分析车削和铣削加工工艺参数变化对加工时间的影响规律以及影响程度。

1）车削工艺参数对时间的影响规律。图 3-37 与图 3-38 反映了在车削加工条件下工艺参数对加工时间的影响规律和影响程度。图 3-37a 所示为 T_p 在进给量取值一定的情况下，随着主轴转速和背吃刀量的变化趋势。T_p 随着主轴转速的增大呈现出先降低后增加，而背吃刀量对 T_p 的影响几乎可以忽略不计。图 3-37b 所示为 T_p 在背吃刀量固定的情况下，随着主轴转速和进给量的变化趋势。随着两个参数的增大，加工时间不断降低，且两个参数对时间的影响程度相近。

图 3-38 所示为在主轴转速一定的情况下，T_p 随着进给量和背吃刀量的变化趋势。T_p 随着两个工艺参数的变大不断降低，从加工时间的曲面变化趋势可以看出，进给量对加工时间的影响程度要略大于背吃刀量。

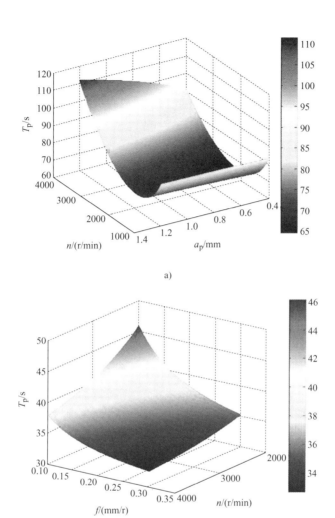

a)

b)

图 3-37　车削 T_p 随着主轴转速、背吃刀量、进给量的变化趋势

a) $f = 0.25\text{mm/r}$ 时车削 T_p 随着主轴转速和背吃刀量的变化趋势

b) $a_p = 0.6\text{mm}$ 时车削 T_p 随着主轴转速和进给量的变化趋势

2) 铣削工艺参数对加工时间的影响规律。图 3-39 ~ 图 3-41 反映了工艺参数的变化对加工时间的影响规律以及影响程度。其中图 3-39a 所示为在背吃刀量和侧吃刀量取常值的情况下，主轴转速 n 和每齿进给量 f_z 对加工时间 T_p 的影响趋势。从图中可以看出，T_p 随着转速 n 和 f_z 不断增大而减小，从 T_p 下降趋势可以反映出 n 和 f_z 对加工时间 T_p 的影响程度相近。图 3-39b 所示为在每齿进给量和侧吃刀量取常值的情况下，主轴转速 n 和背吃刀量 a_p 对 T_p 的影响

151

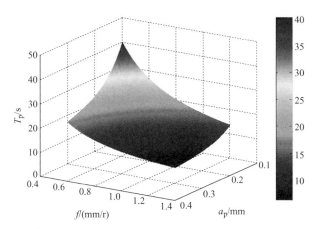

图 3-38   车削 T_p 随着进给量和背吃刀量的变化趋势（$n = 1200\mathrm{r/min}$）

趋势。从图中可以看出，随着主轴转速的不断增大，加工时间呈现出先下降后上升的趋势。这是因为在所建立的时间模型中考虑了刀具的磨钝换刀时间，因为主轴转速会显著影响到刀具寿命，在起初主轴转速增大的过程中，在侧吃刀量一定的情况下，每齿进给量会随着主轴转速的增大而增大，而每齿进给量的增大显著减少切削时间，所以加工时间会首先呈现出下降趋势，但当主轴转速增大到一定值以后，较快的主轴转速和每齿进给量会加剧刀具的磨损，从而增加了换刀次数和换刀时间，当换刀时间增加的速度超过了因每齿进给量增加而减少的加工时间后，T_p 整体上会呈现上升趋势，即出现图 3-39b 中先下降后上升的变化规律。而在加工时间的变化过程中 a_p 对加工时间的影响很弱。

图 3-40a 所示为加工时间在每齿进给量和背吃刀量一定的情况下，随着主轴转速和侧吃刀量的变化趋势。与图 3-39b 所示的加工时间变化趋势一样，从图中可以看出，在本次试验中主轴转速是影响加工时间的主要因素，而侧吃刀量对加工时间的影响较弱。并且通过图 3-39b 和图 3-40a 可以发现，SEC和 T_p 之间存在平衡关系，如果单纯只考虑 SEC 目标最优，根据工艺参数对SEC 影响规律可知，工艺参数会在约束条件下取得较大值，这样则可能会造成加工时间过长。因此，考虑 SEC 和 T_p 的多目标优化是必要的。图 3-40b所示为在主轴转速和侧吃刀量取固定值的情况下，加工时间随着每齿进给量和背吃刀量的变化趋势。可以看出，加工时间随着每齿进给量的增大不断降低，且在本次试验中每齿进给量对加工时间的影响程度要大于背吃刀量的影响。

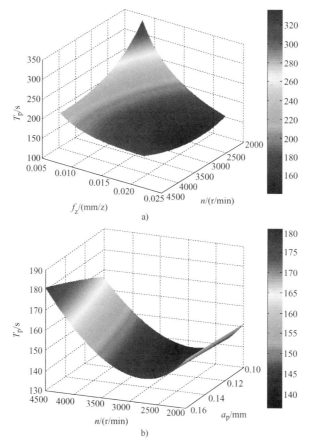

图 **3-39**　铣削 T_p 随着主轴转速、每齿进给量、背吃刀量的变化趋势

a）$a_p = 0.16$mm、$a_e = 4$mm 时铣削 T_p 随着主轴转速和每齿进给量的变化趋势

b）$f_z = 0.022$mm/z、$a_e = 4$mm 时铣削 T_p 随着主轴转速和背吃刀量的变化趋势

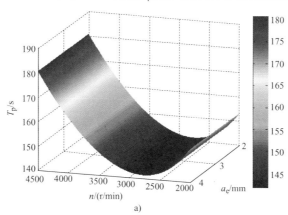

图 **3-40**　铣削 T_p 随着主轴转速、侧吃刀量、每齿进给量和背吃刀量的变化趋势

a）$f_z = 0.022$mm/z、$a_p = 0.16$mm 时铣削 T_p 随着主轴转速和侧吃刀量的变化趋势

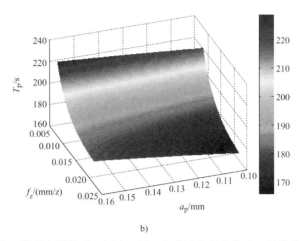

b)

图 3-40　铣削 T_p 随着主轴转速、侧吃刀量、每齿进给量和背吃刀量的变化趋势（续）

b）$n = 4500\text{r/min}$、$a_e = 4\text{mm}$ 时铣削 T_p 随着每齿进给量和背吃刀量的变化趋势

图 3-41a 所示为加工时间在主轴转速和背吃刀量一定的情况下，随着每齿进给量和侧吃刀量的变化趋势。从图中可以看出，加工时间随着每齿进给量的增大不断降低，侧吃刀量对加工时间的影响较弱。图 3-41b 所示为在主轴转速和每齿进给量取定值的情况下，加工时间随着背吃刀量和侧吃刀量的变化趋势。可以看出，加工时间随着背吃刀量增大而不断增大，侧吃刀量对加工时间的影响较弱。

比较图 3-37 和图 3-38，在车削中影响加工时间最显著的是主轴转速和进给量，其次是背吃刀量。比较图 3-39 ~ 图 3-41，在铣削加工中影响加工时间最显著的是主轴转速，其次是每齿进给量，而背吃刀量和侧吃刀量对加工时间的影响较弱。根据分析可知 SEC 和 T_p 之间存在平衡关系，因此，综合考虑两者的多目标优化是非常必要的。

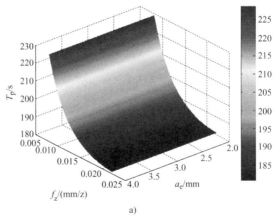

a)

图 3-41　铣削 T_p 随着每齿进给量、背吃刀量、侧吃刀量的变化趋势

a）$n = 4500\text{r/min}$、$a_p = 0.16\text{mm}$ 时铣削 T_p 随着每齿进给量和侧吃刀量的变化趋势

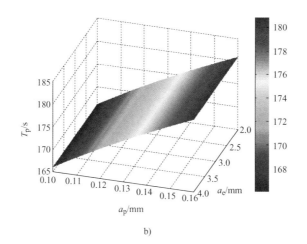

b)

图 3-41 铣削 T_p 随着每齿进给量、背吃刀量、侧吃刀量的变化趋势（续）

b）$n = 4500 \mathrm{r/min}$、$f_z = 0.022 \mathrm{mm/z}$ 时铣削 T_p 随着背吃刀量和侧吃刀量的变化趋势

▶ 6. 工艺参数多目标优化模型

随着能源消耗问题的日益突出以及企业节能意识的逐步提高，能效优化问题变得更加重要和紧迫。在上述分析中，通过试验研究发现工艺参数的变化会显著影响到机床中的能效和加工时间，如何综合考虑机床加工过程中能效和加工时间问题进行工艺参数优化，以获得较高的能效和较短的加工时间是一个关键性问题。这里重点研究机床加工过程工艺参数能效优化模型与方法，在确定优化变量及相应的约束条件下，建立了以比能耗最小和加工时间最短为优化目标的工艺参数优化模型。

企业在实际生产加工过程中往往较多关注加工时间、加工成本及加工质量等目标，而随着制造业能源消耗问题和环境影响问题的日益严峻，企业对能效更加重视。因此，这里主要从高能效和高加工效率方面对机床加工过程进行优化。

（1）优化变量确定 机床中涉及的变化参数众多，生产条件的不同也对机床影响重大，如工件材料、机床性能、刀具等。一般来说，在实际生产中，企业在制定了生产计划后，加工工件材料、加工使用的机床设备及刀具类型就已经确定，因此在优化过程中不再考虑优化生产条件。

从前述工艺参数对能效和时间的影响规律研究发现，在铣削加工过程中，铣削参数变量主轴转速 n、每齿进给量 f_z、背吃刀量 a_p、侧吃刀量 a_e 以及车削加工过程中切削速度 v_c、每转进给量 f、背吃刀量 a_p 的变化会对能效和时间产生影响。因此，这里将考虑车削、铣削两种加工工艺进行优化时，分别将上述工艺参数作为优化变量。

（2）优化目标函数建立 将建立的能效目标函数和加工时间目标函数作为

优化目标函数。

1）能效目标函数：

$$\mathrm{SEC}_{\mathrm{total}} = \frac{E_{\mathrm{total}}}{\mathrm{MRV}} = \frac{P_{\mathrm{st}}t_{\mathrm{st}} + P_{\mathrm{air}}t_{\mathrm{air}} + P_{\mathrm{cutting}}t_{\mathrm{cutting}} + P_{\mathrm{tc}}t_{\mathrm{tc}}}{\mathrm{MRR} \times t_{\mathrm{cutting}}}$$

$$= \frac{P_{\mathrm{st}}\left(t_{\mathrm{st}} + \dfrac{t_{\mathrm{ptc}}L}{Tnzf_{\mathrm{z}}}\right)}{\mathrm{MRR} \times t_{\mathrm{cutting}}} + \frac{(P_{\mathrm{inverter}} + P_{\mathrm{motor}} + a_1 n + a_2 n^2)(L_{\mathrm{air}} + L)}{\mathrm{MRR} \times L} +$$

$$\frac{\left\{\displaystyle\sum_X \left[P_{\mathrm{servermotor}}^X + P_{\mathrm{drives}}^X + b_1(nzf_{\mathrm{z}}) + b_2(nzf_{\mathrm{z}})^2 \right] + P_{\mathrm{au}}\right\}(L_{\mathrm{air}} + L)}{\mathrm{MRR} \times L} +$$

$$k_{\mathrm{c}} + c_0 k_{\mathrm{c}} + c_1 k_{\mathrm{c}}^2 \mathrm{MRR} \tag{3-52}$$

2）加工时间目标函数：

$$T_{\mathrm{p}} = t_{\mathrm{st}} + t_{\mathrm{air}} + t_{\mathrm{cutting}} + t_{\mathrm{tc}}$$

$$= t_{\mathrm{st}} + \frac{L_{\mathrm{air}}}{nzf_{\mathrm{z}}} + \frac{L}{nzf_{\mathrm{z}}} + t_{\mathrm{ptc}}\frac{L}{Tnzf_{\mathrm{z}}} \tag{3-53}$$

（3）约束条件 机床加工参数选择在满足加工工艺要求、机床条件等基础上建立约束条件，优化结果更符合实际加工要求。决策变量应满足以下约束条件：

1）$n_{\min} \leqslant n \leqslant n_{\max}$，$n_{\max}$ 和 $n_{\min}$ 分别是机床最高和最低转速。

2）$f_{\mathrm{vmin}} \leqslant f_{\mathrm{v}} \leqslant f_{\mathrm{vmax}}$，$f_{\mathrm{vmax}}$ 和 f_{vmin} 分别是机床最高和最低进给速度。

3）$P_{\mathrm{c}} \leqslant \eta P_{\max}$，$\eta$ 是机床功率有效系数，$P_{\max}$ 是机床最大功率。

4）$F_{\mathrm{c}} \leqslant F_{\mathrm{cmax}}$，$F_{\mathrm{cmax}}$ 是机床所能提供的最大切削力。

5）$F_{\mathrm{c}} \leqslant F_{\mathrm{s}}$，$F_{\mathrm{s}}$ 是主轴刚度所能允许的最大切削力。

6）$Ra = 318 \dfrac{f_{\mathrm{z}}}{\tan\gamma_{\mathrm{o}} + \cot\alpha_{\mathrm{o}}} \leqslant Ra_{\max}$，$\gamma_{\mathrm{o}}$ 为刀具的前角，α_{o} 为刀具的后角，$Ra_{\max}$ 为工件所允许的最大表面粗糙度值。

综上所述，机床工艺参数多目标优化模型表示为：

$$\left.\begin{cases} \text{车削} \quad \min F(v_{\mathrm{c}}, f, a_{\mathrm{p}}) \\ \text{铣削} \quad \min F(n, f_{\mathrm{z}}, a_{\mathrm{p}}, a_{\mathrm{e}}) \end{cases}\right\} = (\min \mathrm{SEC}, \min T_{\mathrm{p}})$$

$$\mathrm{s.\,t.} \begin{cases} n_{\min} \leqslant n \leqslant n_{\max} \\ f_{\mathrm{vmin}} \leqslant f_{\mathrm{v}} \leqslant f_{\mathrm{vmax}} \\ P_{\mathrm{c}} \leqslant \eta P_{\max} \\ F_{\mathrm{c}} \leqslant F_{\mathrm{cmax}} \\ F_{\mathrm{c}} \leqslant F_{\mathrm{s}} \\ Ra = 318 \dfrac{f_{\mathrm{z}}}{\tan\gamma_{\mathrm{o}} + \cot\alpha_{\mathrm{o}}} \leqslant Ra_{\max} \end{cases} \tag{3-54}$$

⟫7. 基于禁忌算法的优化模型求解

（1）禁忌算法简介　禁忌搜索（Tabu Search，TS）的思想最早由 Glover 提出，它是对局部邻域搜索的一种扩展，是一种全局迭代寻优算法，是对人类智力过程的一种模拟。TS 通过引入一个灵活的存储结构和相应的禁忌准则来避免迂回搜索，并通过特赦规则来赦免一些被禁忌的优良状态，进而保证多样化的有效搜索，以最终实现全局优化。TS 也是人工智能的一种体现，其最重要的思想是标记对应已搜索到的局部最优解的一些对象，并在进一步的迭代搜索中尽量避开这些对象，而不是绝对禁止循环，从而保证对解空间中的不同区域进行有效搜索。TS 中采用了一种灵活的“记忆”技术，对已经进行的优化过程进行记录和选择，指导下一步搜索方向。

在禁忌搜索算法中，邻域（neighborhood）、禁忌表（tabu list）、禁忌长度（tabu length）等基本概念成为算法的关键。函数值变化都是在一点的邻域中寻求变化方向。在距离空间中，邻域的定义一般指以一点为中心的一个空间区域。禁忌表的建立是为了避免重复搜索，避免可能的局部循环，防止陷入局部最优。禁忌长度是被禁忌对象不允许选取的迭代次数，具体实现可以给被禁对象一个禁忌长度 L_{tabu}，在以后的 L_{tabu} 次循环内禁止重复搜索。

（2）基于禁忌算法的多目标优化模型求解　传统禁忌搜索算法一般用于解决离散问题，为解决连续优化问题，这里采用连续的禁忌算法。连续优化问题和一般离散问题的区别在于解空间的连续性，解邻域的定义有所不同。禁忌搜索中空间里一个点存储一个解，由于决策变量为主轴转速、每齿进给量、背吃刀量、侧吃刀量，因此解为 4 维变量 $X\{n, f_z, a_p, a_e\}$。针对连续问题的多目标禁忌搜索，在优化过程中，采用的是对非支配解进行分级和对解邻域进行矩形划分的方法。连续禁忌搜索多目标算法流程如图 3-42 所示。

1）搜索空间邻域划分。针对连续变量的多目标优化，存在搜索空间很大、优化效率较低的问题，为提高优化算法的优化效率，在优化过程中将搜索空间进行离散化处理，解空间的搜索邻域被划分为 k 个同心矩形。每一个解分量分别通过同心矩形划分，用一组同心矩形将当前解的邻域划分成 k 个空间，如图 3-43 所示。相邻矩形之间满足 $r_i = 2r_{i-1}$，r_i 为矩形边长。任意矩形满足式(3-55)。

$$HR_i(\varepsilon, r^{j-1}, r^j) = \{\varepsilon' | r^{j-1}| \le |\varepsilon' - \varepsilon| \le r^j\} \tag{3-55}$$

式中，ε 是工艺参数的变量形式；ε' 是当前解的候选解；j 的范围为 $1 \sim k$。

2）候选解产生以及非支配解排序。为防止局部最优，当前解分量所在矩形内不选点，从剩余的矩形中选取 $k-1$ 个点构成当前解，以分量主轴转速 n 为例，其分量的邻域候选解 $n'\{n_1, n_2, n_3, \cdots, n_{k-1}\}$。其余切削参数 f_z、a_p、a_e 采用相同方法分割邻域求取分量候选解，将四个分量候选解进行随机组合，获得当前解的候选解集 X'，见式(3-56)。

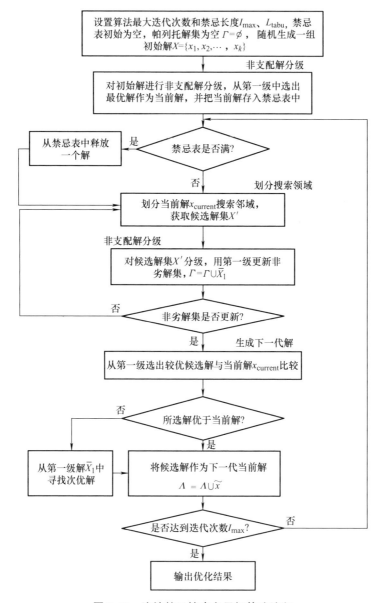

图 3-42 连续禁忌搜索多目标算法流程

$$X' = \left[\, x_{11} x_{21} x_{31} \cdots x_{k-11} \,\right]^{\mathrm{T}} = \begin{bmatrix} n_{11} & f_{z12} & a_{p13} & a_{e14} \\ n_{21} & f_{z22} & a_{p23} & a_{e24} \\ \vdots & \vdots & \vdots & \vdots \\ n_{k-11} & f_{zk-12} & a_{pk-13} & a_{ek-14} \end{bmatrix} \qquad (3\text{-}56)$$

对候选解集进行非支配解分级，在多目标优化中一般存在非劣解情况，即有优化解之间不能相互支配，只有当存在任意两个解 x_1 和 x_2，针对任何一个寻求最小目标的解都符合 $F(x_1) < F(x_2)$，则说明 x_1 支配 x_2。基于对支配解的定义，候选解的分级首先需要将候选解集 X' 进行解的比较，将比较后的支配解集放在第一级；然后将候选解提出第一级支配解后重新进行比较，将支配解集放在第二级；依次比较，直至将所有候选解完成分级。图 3-44 所示为针对本节中能效 SEC 和加工时间 T_p 两个优化目标的非支配解分级。

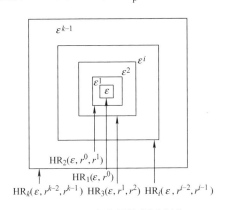

图 3-43　当前解的邻域划分

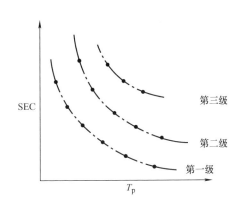

图 3-44　非支配解分级

为了选出同一支配等级内较优解，引入遗传算法小生境技术中的拥挤距离计算方法，对候选解进行进一步评估。拥挤距离计算方法为：对某一等级中的解 x_i，分别按每个优化目标来计算与其左右两边相邻解之间的距离。候选解 x_i 在第 j 级的拥挤距离 d_{ij} 为所有距离之和，即

$$d_{ij} = \sum_h |F_h(j+1) - F_h(j-1)| \tag{3-57}$$

得到 x_i 的拥挤距离和非支配等级以后，可通过适应度函数来对候选解进行评估。适应度函数见式(3-58)。

$$\text{eval}_{ij} = r_j + \frac{1}{1 + d_{ij}} \tag{3-58}$$

式中，r_j 是解 x_i 非支配等级；eval_{ij} 是解 x_i 在 j 级下的适应度函数值。适应度函数值越低表明得到的解越好。

8. 应用案例

(1) 试验条件　选取数控车削和铣削为例进行应用分析。禁忌优化算法的相关参数设置如下：初始解数量取 50，邻域划分个数 k 取 12，禁忌长度 L_{tabu} 取 7，迭代次数 I_{max} 取 100。采用 MATLAB 编程，对所建立的模型进行优化求解。

优化方案包括全过程优化 SEC、全过程优化 T_p、全过程优化 SEC 和 T_p 以及仅考虑切削阶段优化 SEC、切削阶段优化 T_p。得到优化结果对比见表 3-38 和表 3-39。

（2）车削工艺参数优化及结果分析 选取轴承座作为车削案例进行优化分析，机床选用数控车床 CHK460，图 3-45 所示为车削加工工件，以验证数控车削加工工艺参数多目标优化模型的有效性。

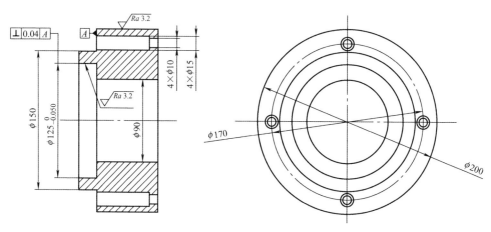

图 3-45　车削加工工件

表 3-38　车削优化结果对比

工艺类型	类型	v_c/ (m/min)	f/(mm/r)	a_p/mm	MRR/ (mm³/min)	SEC/ (J/mm³)	T_p/s
车削	全过程优化 SEC	150	0.28	1.18	841.1	161.77	116
	全过程优化 T_p	126	0.26	0.77	434.45	197.34	96
	全过程优化 SEC 和 T_p	144	0.24	1.14	691.5	170.00	109
	切削阶段优化 SEC	150	0.29	1.19	894.9	52.19	21
	切削阶段优化 T_p	151	0.30	1.19	897.6	61.42	20
	经验值	122	0.27	0.5	274.8	210.04	121

对比分析表 3-38 可知，本次数控车削加工优化结果中，单独全过程优化 SEC 时，优化得到工艺参数在全过程优化方案中取得了较大值，切削速度、进给量和背吃刀量均取了约束范围内的较大值，得到的比能耗值小于全过程优化 SEC 和 T_p 及全过程优化 T_p 得到的比能耗值，优化的时间 T_p 值要大于两个全过程优化方案。

单独全过程优化 T_p 时，优化得到的工艺参数切削速度、进给量和背吃刀量均取了约束范围内的较小值。时间 T_p 要小于全过程优化 SEC 和 T_p 及全过程优化 SEC 方案，比能耗值要大于两者；全过程优化 SEC 和 T_p 方案兼顾能效 SEC 和时间 T_p，优化得到的工艺参数取值较为平衡。

对比车削加工，全过程优化 SEC 和 T_p 得到的比能耗值与全过程优化 SEC 方案相比增大了 5%，时间 T_p 减少了 6%；与全过程优化 T_p 方案相比，时间 T_p 虽增大了 13.5%，但比能耗值降低了 13.8%。全过程优化 SEC 和 T_p 方案与经验值进行比较，时间减少 9.9%，比能耗值降低 19%。综合比较，全过程优化 SEC 和 T_p 方案要优于其余两个全过程单目标优化方案及经验值。

切削阶段优化 SEC 和切削阶段优化 T_p 得到的参数均取得优化范围内的较大值，因为切削阶段优化 SEC 和 T_p 均没有考虑磨钝换刀过程，一味追求高能效和高效率。但工艺参数取值过大会增大工件表面粗糙度，甚至引起零件和刀具报废。所以，考虑整个加工过程的参数优化将更有意义。

（3）铣削工艺参数优化及结果分析　选取某型腔零件作为铣削案例进行优化分析，图 3-46 所示为铣削加工工件，以验证数控铣削加工工艺参数多目标优化模型的有效性。铣削优化结果见表 3-39。

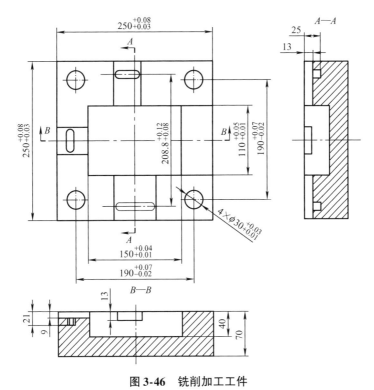

图 3-46　铣削加工工件

表 3-39 铣削优化结果对比

类型	$n/$ (r/min)	$f_z/$ (mm/z)	$f_v/$ (mm/min)	a_p/mm	a_e/mm	MRR/ (mm³/min)	SEC/ (J/mm³)	T_p/s
全过程优化 SEC	4355	0.021	376	0.16	3.99	240.82	715.09	150
全过程优化 T_p	3960	0.021	348	0.13	3.78	171.16	866.96	138
全过程优化 SEC 和 T_p	4177	0.019	317	0.15	3.91	179.98	731.64	141
切削阶段优化 SEC	4480	0.021	392	0.16	3.99	248.69	324.86	48
切削阶段优化 T_p	4499	0.0219	394.1	0.148	3.45	201.23	371.90	46
经验值	3800	0.018	273	0.15	3.5	143.6	952.42	142

对比分析表 3-39 可知,本次数控铣削加工优化结果与车削优化规律一致。在考虑单独全过程优化 SEC 时,优化得到的比能耗值小于全过程优化 SEC 和 T_p 及全过程优化 T_p 得到的比能耗值,优化的时间 T_p 值要大于两个全过程优化方案;在考虑单独全过程优化 T_p 时,优化得到的时间 T_p 要小于全过程优化 SEC 和 T_p 和全过程优化 SEC 方案,比能耗值要大于两者;而考虑全过程 SEC 和 T_p 的多目标优化方案则兼顾能效 SEC 和时间 T_p。

对于铣削加工,全过程优化 SEC 和 T_p 得到的比能耗值与全过程优化 SEC 方案相比虽然增大了 2.3%,时间 T_p 减少了 6%;与全过程优化 T_p 方案相比,时间 T_p 虽然增大了 2.17%,但比能耗值降低了 15.6%。与经验值相比,经验值求得时间比全过程优化 SEC 和 T_p 时间长 0.7%,比能耗值要高 30%。切削阶段优化 SEC 和切削阶段优化 T_p 得到的参数均取得优化范围内的较大值,与车削优化结果规律一致。

(4) MRR 对能效和时间的影响规律分析 物料去除率 MRR 以工艺参数的整体形式体现出来,在优化结果中也同样反映出对比能耗和时间的影响。为了进一步分析 MRR 变化对比能耗和时间的影响关系并揭示算法优化结果的本质,以数控铣削加工为例,基于所建立的比能耗和时间模型进行仿真计算。设定的工艺参数范围分别为主轴转速 n [2500, 4900]、每齿进给量 f_z [0.008, 0.0248]、背吃刀量 a_p [0.1, 0.172]、侧吃刀量 a_e [2, 4.4]。得到能耗和比能耗与 MRR 及时间与 MRR 的关系曲线分别如图 3-47 和图 3-48 所示。

从图 3-47 可以看出,随着 MRR 的增大,切削时段能耗 $E_{cutting}$ 不断降低,而换刀能耗 E_{tc} 不断增大,加工总能耗 E_{total} 则呈现降低后上升的趋势,因为当 $E_{cutting}$ 的降低速度大于 E_{tc} 的增长速度时,E_{total} 则不断下降,$E_{cutting}$ 的降低速度小于 E_{tc} 的增长速度时,则出现了 E_{total} 上升的趋势。SEC 则一直随着 MRR 的增大不断减小。

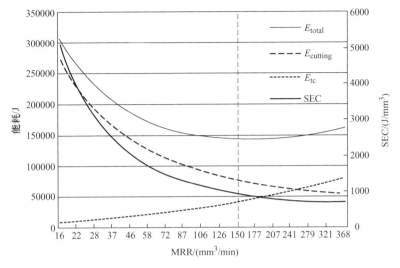

图 3-47 能耗和比能耗与 MRR 的关系曲线

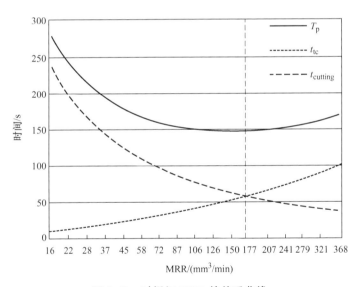

图 3-48 时间与 MRR 的关系曲线

图 3-48 反映了加工总时间 T_p、切削时间 $t_{cutting}$ 和换刀时间 t_{tc} 随着 MRR 的变化趋势。从图中可以看出，随着 MRR 增大 $t_{cutting}$ 不断降低，且降低速度很快，而换刀时间 t_{tc} 则不断增大，当 MRR 增大一定值后，换刀速度加快，导致总加工时间 T_p 在初期随着 MRR 增大不断降低，后期当换刀时间增长速度大于切削时间下降速度后 T_p 出现上升的趋势。对比图 3-47 和图 3-48 可知，SEC 和 T_p 之间存在平衡关系，验证了考虑多目标优化的必要性，通过选择合适的加工工艺参数

可以取得较优的 SEC，同时又不会引起 T_p 过大。

图 3-47 和图 3-48 中呈现的数据变化规律与表 3-39 中优化结果是一致的。以全过程优化 SEC 为目标时，优化得到工艺参数取值较大，MRR 值较大，求得的 SEC 值较小，但由于较大的 MRR 值导致刀具磨钝加剧，换刀时间增加，从而引起加工时间的增加，所以以单独全过程优化 SEC 为目标时会取得较低的 SEC 值而牺牲部分加工时间。以全过程优化 T_p 为目标时，算法在总加工时间曲线最低点附近寻优，以获取使加工时间最少的一组工艺参数。在考虑多目标优化 SEC 和 T_p 的过程中，优化过程兼顾了工艺参数对比能耗和时间的影响，优化得到的工艺参数。

3.3.2 多工步工艺参数能效优化技术

现代机床往往采用多工步加工方式，工艺参数和工步数对加工效率和加工成本有着重要的影响，一些学者在多工步加工效率和成本等方面做了相关研究，得到了工艺参数和工步数优化选择方法。然而，随着机床能耗问题日益受到关注，如何对多工步加工过程中的工艺参数进行能效优化，是绿色制造背景下一个迫切需要解决的问题。

本节重点介绍面向能效的数控铣削加工多工步参数优化模型与方法，对面向能效的多工步数控平面铣削工艺参数多目标优化问题进行了研究，以能效和加工成本为目标函数，统筹考虑工艺参数和工步数的协同优化问题，建立了多工步数控平面铣削工艺参数多目标优化模型，应用基于自适应网格的多目标粒子群算法对模型进行了寻优求解，并通过试验验证了模型的有效性。

1. 多工步过程能量构成特性分析

数控铣床上电后，数控系统、润滑系统、显示器等设备的启动需要消耗一部分能量，并且，这些设备耗能将在加工过程中持续存在。在切削加工前，机床处于待机状态，用以调整数控程序和工件、刀具位置。在切削时，不仅有用于去除材料的切削能耗，空载能耗也随主轴转速和进给量动态变化；再者，在切削负载的作用下，会产生附加载荷损耗。可见，数控铣削加工过程能耗构成复杂。下面结合某多工步数控平面铣削加工过程的能耗构成（图 3-49）做详细阐述。

（1）数控铣削加工系统起动和待机能耗　机床上电后，起动能耗 E_s 和起动耗时 t_s 一般是固定的，由机床本身性能决定。当机床起动后，处于待机状态（图 3-49 所示功率曲线稳定部分），待机能耗 E_w 与待机功率 P_w（即机床运行所必需的最低功率）和待机时间 t_w 有关，即

$$E_w = \int_0^{t_w} P_w \mathrm{d}t \tag{3-59}$$

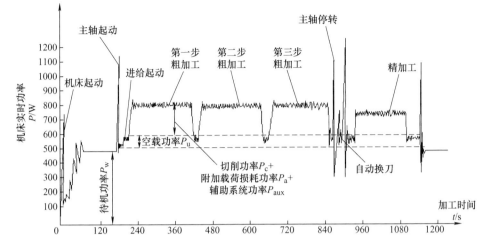

图 3-49　某多工步数控平面铣削加工过程的能耗构成

（2）数控铣削加工系统空载能耗　空载能耗（即非载荷损耗）主要由电动机、机械传动系统引起的损耗组成。主轴系统空载功率 P_u^s 与主轴转速 n、进给系统空载功率 P_u^f 与进给电动机角速度 ω 呈二次函数关系，即

主轴系统：
$$P_u^s = a_0 + a_1 n + a_2 n^2 \tag{3-60}$$

进给系统：
$$P_u^f = \sum_{i=1}^{q} (b_0 + b_1 \omega_i + b_2 \omega_i^2) \tag{3-61}$$

式中，ω_i 是各进给轴角速度分量，$\omega = 2\pi f_v/(60uL)$，L 是滚珠丝杠螺距，u 是丝杠螺旋线数；a_0、a_1、a_2、b_0、b_1、b_2 是相应系数。因此，空载功率可表示为

$$P_u = P_u^s + P_u^f \tag{3-62}$$

忽略机床加工过程中短暂的无切削空载时间，空载能耗为多步粗加工时空载能耗 E_{ur} 和精加工时空载能耗 E_{uf} 之和，即

$$E_u = \sum_{i=1}^{m-1} E_{ur} + E_{uf} = \sum_{i=1}^{m-1} \int_0^{t_c^r} P_{ur} dt + \int_0^{t_c^f} P_{uf} dt \tag{3-63}$$

式中，t_c^r 和 t_c^f 是每步粗、精加工时间。

（3）数控铣削加工系统切削能耗　切削能耗是指去除工件材料所消耗的那一部分能量，其数学表达式为 $E_c = \int_0^{t_c} P_c dt$，$P_c$ 是切削功率。在平面铣削加工过程中，P_c 可进一步表示为

$$P_c = F_c v_c = C_F a_p^{x_F} f_z^{y_F} a_e^{u_F} D^{-q_F} n^{-w_F} v_c \tag{3-64}$$

式中，F_c是切削力；v_c是切削速度，$v_c = \pi Dn/1000$；a_p、f_z、a_e、D、n分别是背吃刀量、每齿进给量、侧吃刀量、铣刀直径和主轴转速；C_F、x_F、y_F、u_F、q_F、w_F均是切削力指数。

切削时间t_c可表示为

$$t_c = \sum_{i=1}^{m-1} t_c^r + t_c^f = \sum_{i=1}^{m-1} \frac{l_r}{n^r f_z^r z_r} + \frac{l_f}{n^f f_z^f z_f} \tag{3-65}$$

式中，$(m-1)$是粗加工工步数；l_r和l_f分别是每步粗、精加工长度；n^r和n^f分别是粗、精加工主轴转速；f_z^r和f_z^f分别是粗、精加工每齿进给量；z_r和z_f分别是粗、精加工铣刀齿数。

因此，多工步平面铣削加工切削能耗为

$$E_c = \sum_{i=1}^{m-1} E_c^r + E_c^f = \sum_{i=1}^{m-1} \int_0^{t_c^r} P_c^r \mathrm{d}t + \int_0^{t_c^f} P_c^f \mathrm{d}t \tag{3-66}$$

（4）数控铣削加工系统附加载荷损耗　附加载荷损耗是指机床由于载荷（切削功率）而产生的附加损耗，附加载荷损耗功率P_a与切削功率P_c之间呈二次函数关系，即

$$P_a = c_0 P_c + c_1 P_c^2 \tag{3-67}$$

式中，c_0和c_1是相关系数。

在多工步平面铣削过程中，附加载荷损耗可表示为

$$E_a = \sum_{i=1}^{m-1} E_a^r + E_a^f = \sum_{i=1}^{m-1} \int_0^{t_c^r} P_a^r \mathrm{d}t + \int_0^{t_c^f} P_a^f \mathrm{d}t \tag{3-68}$$

（5）数控铣削加工系统换刀能耗

1）当刀具磨钝时，需要更换为新的刀具，此过程机床处于待机状态。换刀能耗主要考虑一次换刀能耗在本次加工过程内的分摊，因此，此部分换刀能耗E_{ct1}可表示为

$$E_{ct1} = \int_0^{t_{ct1}} P_w \mathrm{d}t \tag{3-69}$$

式中，$t_{ct1} = t_{mt}\left(\sum_{i=1}^{m-1} t_c^r/T_r + t_c^f/T_f\right)$，$t_{mt}$是更换磨钝刀具所需时间；$T_r$和$T_f$分别是粗、精加工刀具实际寿命，不失一般性地，将其统一用T表示。

$$T = \left(\frac{C_V K_V D^{q_V}}{n f_z^{y_V} a_p^{x_V} a_e^{S_V} z P_V}\right)^{l^{-1}} \tag{3-70}$$

式中，C_V、K_V、x_V、y_V、S_V、q_V、P_V、l是与刀具和工件材料有关的相应系数。

2）机床自动换刀时，自动换刀能耗E_{ct2}和换刀时间t_{ct2}近似为固定常数（忽略刀具在刀库中所处位置的差异而引起的微弱变化）。因此，换刀能耗E_{ct}可表

示为

$$E_{ct} = E_{ct1} + E_{ct2} \qquad (3-71)$$

（6）数控铣削加工系统其他辅助能耗　辅助能耗是指在切削加工时走动的切削液、排屑电动机等设备的耗能，其运行时间为切削时间 t_c，设备辅助设备功率为 P_{aux}^j，则辅助能耗可表示为

$$E_{aux} = \sum_{j=1}^{k} P_{aux}^j t_c \qquad (3-72)$$

因此，基于以上讨论，多工步数控平面铣削加工过程总能耗可表示为

$$E_{total} = E_s + E_w + \sum_{i=1}^{m-1} E_{ur} + E_{uf} + \sum_{i=1}^{m-1} E_c^r + E_c^f + E_{ct1} + E_{ct2} + \sum_{i=1}^{m-1} E_a^r + E_a^f + \sum_{j=1}^{k} P_{aux}^j t_c$$
$$(3-73)$$

▶ 2. 多工步工艺参数多目标优化模型

（1）优化变量的确定　在铣削加工过程中，主轴转速 n、每齿进给量 f_z、背吃刀量 a_p、侧吃刀量 a_e 和工步数 m 的不同对加工能耗和加工成本有着很大的影响。因此，需要合理优化确定上述五个变量。

（2）优化目标函数

1）能效函数。机床能效有能量利用率和比能耗（Specific Energy Consumption, SEC）两种表示方法。能量利用率是指机床切削能耗与总能耗的比值，比能耗是指机床的总能耗与所去除的材料体积 V 的比值。本节选取第二种表达方式。比能耗函数可表示为

$$SEC = \frac{E_s + E_w + \sum_{i=1}^{m-1} E_{ur} + E_{uf} + \sum_{i=1}^{m-1} E_c^r + E_c^f + E_{ct1} + E_{ct2} + \sum_{i=1}^{m-1} E_a^r + E_a^f + \sum_{j=1}^{k} P_{aux}^j t_c}{V}$$

$$(3-74)$$

2）成本函数。在多工步数控铣削加工过程中，加工成本主要包括机床折旧成本 C_{mt}、人工成本 C_{la}、刀具成本 C_{to}、切削液成本 C_{fd}、电能成本 C_e 五部分，总成本函数为

$$C_{total} = C_{mt} + C_{la} + C_{to} + C_{fd} + C_e \qquad (3-75)$$

① 机床折旧成本。机床折旧成本是指机床单位时间折旧成本 C_0 与加工时间的乘积，即，

$$C_{mt} = C_0 t_{total} \qquad (3-76)$$

式中，

$$t_{total} = t_s + t_w + \sum_{i=1}^{m-1} t_c^r + t_c^f + t_{ct1} + t_{ct2} \qquad (3-77)$$

② 人工成本。人工成本是指单位时间人工劳动报酬 k_{la} 与加工时间的乘积，即

$$C_{la} = k_{la} t_{total} \tag{3-78}$$

③ 刀具成本。刀具成本是指切削刀具总价值在使用过程中的分摊，即

$$C_{to} = \frac{\overline{C_{to}^r} \sum_{i=1}^{m-1} t_c^r}{T^r} + \frac{\overline{C_{to}^f} t_c^f}{T^f} \tag{3-79}$$

式中，$\overline{C_{to}^r}$ 和 $\overline{C_{to}^f}$ 分别是粗、精加工刀具价格。

④ 切削液成本。切削液成本是指切削液更换周期 t_{fd} 内按时间折算到加工过程的成本，即

$$C_{fd} = \overline{C_{fd}} \frac{(\sum_{i=1}^{m-1} t_c^r + t_c^f)}{t_{fd}} \tag{3-80}$$

⑤ 电能成本。电能成本是指加工过程所消耗的总电能与其单价 $\overline{C_e}$ 的乘积，即

$$C_e = \overline{C_e} E_{total} \tag{3-81}$$

（3）约束条件　多工步数控平面铣削工艺参数和工步数受所选机床主轴转速、进给量、背吃刀量、最大切削功率以及刀具寿命、工件质量等因素的影响，需要满足以下约束条件：

1）$n_{min} \leqslant n \leqslant n_{max}$，$n_{min}$ 和 n_{max} 分别是最低和最高主轴转速。

2）$f_{zmin} \leqslant f_z \leqslant f_{zmax}$，$f_{zmin}$ 和 f_{zmax} 分别是最小和最大进给量。

3）$a_{pmin} \leqslant a_p \leqslant a_{pmax}$，$a_{pmin}$ 和 a_{pmax} 分别是最小和最大背吃刀量，且总加工余量 $\Delta = \sum_{i=1}^{m-1} a_p^r + a_p^f$。

4）$\mathrm{Gint}\left[\dfrac{\Delta - a_{pmax}^f}{a_{pmax}^r}\right] \leqslant (m-1) \leqslant \mathrm{Gint}\left[\dfrac{\Delta - a_{pmax}^f}{a_{pmax}^r}\right]$，$\mathrm{Gint}[\,\cdot\,]$ 是向上取整，a_{pmax}^r 和 a_{pmax}^f 分别是粗、精加工最大背吃刀量，a_{pmin}^r 和 a_{pmin}^f 分别为粗、精加工最小背吃刀量。

5）$P_c \leqslant \eta P_{max}$，$\eta$ 是机床效率，P_{max} 表示机床额定功率。

6）$T \geqslant T_e$，T_e 是刀具最大经济寿命。

7）$Ra = 318 \dfrac{f_z^2}{\tan\gamma_o + \cot\alpha_o} \leqslant Ra_{max}$，$Ra$ 是加工后的表面粗糙度值，Ra_{max} 是表面粗糙度允许最大值，γ_o 是刀具前角，α_o 是刀具后角。

基于上述讨论，多工步数控平面铣削工艺参数多目标优化模型为

$$\min F(n, f_z, a_p, a_e, m) = \min \mathrm{SEC}, \min C_{total}$$

$$\text{s. t.} \begin{cases} n_{\min} \leqslant n \leqslant n_{\max} \\ f_{z\min} \leqslant f_z \leqslant f_{z\max} \\ a_{p\min} \leqslant a_p \leqslant a_{p\max} \\ \Delta = \sum_{i=1}^{m-1} a_p^r + a_p^f \\ \text{Gint}\left[\dfrac{\Delta - a_{p\max}^f}{a_{p\max}^r}\right] \leqslant (m-1) \leqslant \text{Gint}\left[\dfrac{\Delta - a_{p\min}^f}{a_{p\min}^r}\right] \\ P_c \leqslant \eta P_{\max} \\ T \geqslant T_e \\ Ra \leqslant Ra_{\max} \end{cases} \tag{3-82}$$

式中，m 是模数。

▶ 3. 基于自适应网格的多目标粒子群算法的模型求解

基于自适应网格的多目标粒子群算法（AGA-MOPSO）在求解复杂大规模优化问题方面有良好的性能。AGA-MOPSO 采用双群体技术，一个是标准粒子群优化算法意义下的群体，另一个是用来保存当前非劣解的集合，称为 Archive 集。算法中的每一个粒子都代表一个可行解，用向量 $X_i = (n_i, f_{zi}, a_{pi}, a_{ei}, m_i)$ 表示，所有向量的集合组成粒子群。

（1）外部存档　将由能效和加工成本组成的目标空间分成一个个小网格，各个网格中包含粒子的数量即为粒子的密度信息，粒子所在网格中包含的粒子数越多，密度就越大，反之则越小。随着算法的运行，Archive 集中的非劣解个数逐步增加，不断调整网格尺寸，重新定位 Archive 集中的粒子。

（2）自适应网格的构建　本节涉及能效和加工成本两个优化目标，因此将二维目标空间分为 $K_1 \times K_2$ 个网格，每个网格的第 k 维宽度 d_k 可由式（3-83）计算得到。

$$d_k = \frac{\max f_k^j - \min f_k^j}{K_k} \tag{3-83}$$

式中，f_k^j 是 Archive 集中第 j 个粒子的第 k 维目标的函数值，分别代表能效和成本；K_k 是第 k 维目标的划分数，即在某个维度上目标被分成的数目。

（3）Archive 集的维护　当 Archive 集中的粒子大于所设定的最大值 M 时，删除其中多余的粒子，对于粒子数大于 1 的网格 m，按照式（3-84）计算要删除的粒子数 PN。

$$\text{PN} = \text{Int}\left(\frac{A_{t+1} - M}{A_{t+1}} \times \text{Grid}(m) + 0.5\right) \tag{3-84}$$

式中，A_{t+1} 是迭代至第 $t+1$ 代时 Archive 集中的粒子数；Grid（m）是网格 m 中

的粒子数。

（4）全局极值的选取　选取 Archive 集中优于该粒子 i 的粒子集 S_i 中密度最小的粒子作为其 gbest(i)，即

$$\text{gbest}(i) + \{A_j | \min \{ \text{Grid}(A_j), j \in S_i \} \} \tag{3-85}$$

式中，Grid(A_j) 是粒子 $A_j = (n_j, f_{zj}, a_{pj}, a_{ej}, m_j)$ 所在网络中的粒子数；S_i 是 Archive 集中优于粒子 i 的粒子集合，其定义为

$$S_i = \{ A_j | j \in A_t, j \succ i \} \tag{3-86}$$

式中，A_t 是迭代进化至 t 代时的 Archive 集；$\succ$ 是 Pareto 优先关系，即粒子 j 与粒子 i 能效和成本目标函数值之间的比较关系。若 gbest(i) 的个数大于 1，需要按照如下规则选择其中的一个作为粒子 i 的全局极值 gbest$(i)^*$，即

$$\text{gbest}(i)^* = \{ \text{gbest}(i) | \max_{i \in P_t} \{ i | j \succ i, j \in \text{gbest}(i) \} \} \tag{3-87}$$

gbest$(i)^*$ 是 gbest(i) 中优于群体 P_t 中粒子数最多的那个粒子；而如果 gbest$(i)^*$ 中的粒子数仍大于 1，随机选取其中一个作为粒子 i 的全局极值 gbest(i)。

（5）算法流程　本节将面向能效的多工步数控铣削工艺参数多目标优化种群规模及 Archive 集均设为 60，AGA-MOPSO 算法中粒子的更新方式和惯性因子的设置与标准 PSO 方式相同。AGA-MOPSO 算法流程如图 3-50 所示。

▶▶ 4. 试验研究

本次试验以图 3-51 所示普瑞斯 PL700 立式加工中心和重庆大学自主研发的机床能效监控系统为平台。该试验设备在机床总电源和伺服系统处分别获得输入电流信号和电压信号，经由 HC33C3 功率传感器和机床能效监控系统进行信号处理，得到实时功率数值。

（1）试验条件

1）试验机床。普瑞斯 PL700 立式加工中心参数见表 3-40。

表 3-40　普瑞斯 PL700 立式加工中心参数

机床功率/kW	功率系数 η	起动时间/s	自动换刀时间/s	主轴转速 /(r/min)	进给量 /(mm/min)
7.5	0.8	124	5.5	40 ~ 6000	2 ~ 15000

冷却系统功率 /kW	切削液泵功率 /kW	进给电动机 额定功率/kW	丝杠螺旋线数	联轴器传动比	传动轴螺距 L/mm
0.312	0.298	1.2	1	1	16

2）切削刀具。粗加工采用 ϕ16mmYG8 硬质合金立铣刀（1 号刀具），精加工采用 ϕ13mmYT5 硬质合金立铣刀（2 号刀具）。硬质合金立铣刀参数见表 3-41。

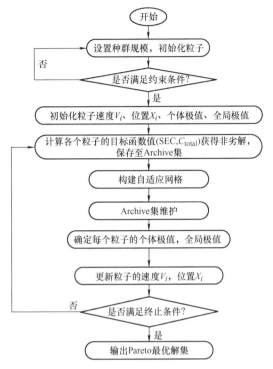

图 3-50　AGA-MOPSO 算法流程

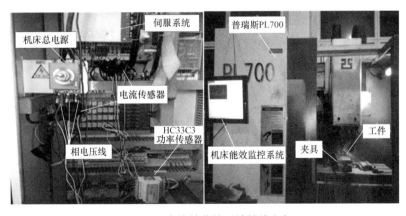

图 3-51　机床能效监控系统接线和加工

表 3-41　硬质合金立铣刀参数

刀具编号	刀具寿命/min	前角/(°)	后角/(°)	价格（元）	寿命系数
1	68	10	15	50	$C_V = 53.25$, $K_V = 1$, $x_V = 0.3$, $y_V = 0.4$,
2	75	22	18	45	$S_V = 0.3$, $q_V = 0.75$, $P_V = 0.1$, $l = 0.33$

其他相关系数见表 3-42 和表 3-43。

表 3-42 切削功率计算相关系数

C_F	x_F	y_F	u_F	q_F	w_F
1000	1	0.75	0.88	0.87	0

表 3-43 价格相关系数

机床折旧成本(元/h)	人工成本(元/h)	切削液更换周期/h	切削液价格(元/桶)	电能价格(元/kW·h)
60	25	480	400	0.76

(2) 功率系数获取

1) 主轴系统空载功率系数获取。主轴系统空载功率值从主轴伺服系统处功率测试仪获得,采样区间为 1500~4200r/min,采样间隔为 300r/min,得到试验数据见表 3-44。

表 3-44 主轴转速与对应的空载功率

序号	1	2	3	4	5	6	7	8	9	10
$n/(\text{r/min})$	1500	1800	2100	2400	2700	3000	3300	3600	3900	4200
P_u^s/W	113	125	147	162	165	170	175	183	189	193

拟合得到其数学关系为

$$P_u^s = 14.65 + 0.08018n - 9 \times 10^{-6} n^2 \tag{3-88}$$

2) 进给系统空载功率系数获取。由于各进给系统相同,因此以 X 轴为例,进给功率值可由机床总功率与待机功率和主轴系统空载功率的差值得到。采样区间为 5~40rad/s,采样间隔为 5rad/s,得到试验数据见表 3-45。

表 3-45 进给转速与对应的空载功率

序号	1	2	3	4	5	6	7	8
$\omega/(\text{rad/s})$	5	10	15	20	25	30	35	40
P_u^f/W	8	16	21	29	38	52	57	70

拟合得到其数学关系为

$$P_u^f = 2.482 + 1.068\omega + 0.01548\omega^2 \tag{3-89}$$

3) 切削功率与附加载荷损耗功率获取。在实际加工过程中,切削功率和附加载荷损耗功率一般很难分离,因此可整体考虑。切削功率与附加载荷损耗功率之和可由式(3-90)得到。

$$P_c + P_a = P_{\text{total}} - P_u - P_{\text{sb}} - \sum_{i=1}^{n} P_{\text{aux}} \tag{3-90}$$

式中，P_{sb}是起动功率、待机功率与换刀功率之和。

由于切削功率与切削速度v_c、进给量f_z、背吃刀量a_p、侧吃刀量a_e四个参数有关，因此，为保证试验效果准确、全面和可靠，采用正交试验方法设计试验，各因素选取三个水平，见表3-46。

表 3-46　可控因素及水平

因素水平	$n/(r/min)$	$f_z/(mm/z)$	a_p/mm	a_e/mm
1	2200	0.015	0.3	2
2	3200	0.021	0.4	3
3	4200	0.027	0.5	4

选取$L_9(3^4)$正交表进行试验安排，得到试验数据见表3-47。

表 3-47　正交试验参数和试验结果

序号	$n/(r/min)$	$f_z/(mm/z)$	a_p/mm	a_e/mm	P_u^s/W	P_u^f/W	P_{total}/W
1	2200	0.015	0.3	2	153	3	982
2	3200	0.015	0.3	3	173	4	1024
3	4200	0.015	0.3	4	192	4	1073
4	2200	0.021	0.3	4	154	4	1011
5	3200	0.021	0.3	4	172	4	1019
6	4200	0.021	0.3	3	195	5	1076
7	2200	0.027	0.3	3	154	4	1008
8	3200	0.027	0.3	4	171	5	1065
9	4200	0.027	0.3	2	190	6	1061

由式(3-90)可得到切削功率与附加载荷损耗功率之和，见表3-48。

表 3-48　切削功率与附加载荷损耗功率之和

序号	1	2	3	4	5	6	7	8	9
$P_c + P_a/W$	19	40	68	45	36	68	43	81	57

由于机床切削功率是切削参数的函数，切削功率值可由式(3-64)计算得到，见表3-49。

表 3-49　切削功率值

序号	1	2	3	4	5	6	7	8	9
P_c/W	15.62	32.46	54.87	36.99	29.24	54.83	34.68	64.97	46.34

根据附加载荷损耗功率与切削功率的二次函数关系，可拟合得到其数学关系式为

$$P_a = 0.276P_c - 6.1 \times 10^5 P_c^2 \qquad (3-91)$$

（3）优化结果　采用平面铣削加工方式加工图 3-52 所示的夹具型腔，零件材料为 40Cr，要求最终表面粗糙度值不超过 12.5μm。采用 MATLAB 语言编程，初始种群大小为 60，迭代次数为 200，见表 3-50，得到了分别以高能效、低成本为优化目标的优化结果和以高能效低成本为优化目标的 Pareto 解，并根据相应工艺参数和工步数计算得到其加工时间 t_{total}。经验参数计算结果见表 3-51。

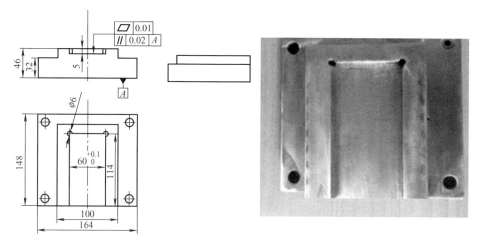

图 3-52　夹具零件图与加工质量图

表 3-50　优化结果

优化目标	工步数	$n/$ （r/min）	$f_z/$ （mm/z）	$a_p/$ mm	$a_e/$ mm	C_{total}（元）	SEC/ （J/mm³）	t_{total}/min
高能效	5 步粗铣	2085	0.099	0.97	11.09	74.67	33.53	22.47
	1 步精铣	2778	0.029	0.15	9.70			
低成本	5 步粗铣	1411	0.098	0.98	11.08	58.42	40.56	26.32
	1 步精铣	2777	0.027	0.10	9.23			
高能效 低成本	5 步粗铣	1841	0.095	0.97	11.03	64.96	35.77	24.06
	1 步精铣	2725	0.028	0.15	9.34			
	6 步粗铣	2074	0.095	0.80	11.12	73.56	35.33	28.37
	1 步精铣	2787	0.026	0.20	9.82			
	7 步粗铣	2095	0.092	0.70	11.23	71.86	34.12	30.31
	1 步精铣	2659	0.025	0.10	9.72			

表 3-51　经验参数计算结果

工步数	$n/(\mathrm{r/min})$	$f_z/(\mathrm{mm/z})$	a_p/mm	a_e/mm	C_{total}（元）	SEC/$(\mathrm{J/mm^3})$	t_{total}/min
6 步粗铣	2000	0.075	0.8	10	83.34	48.67	30.13
1 步精铣	2600	0.029	0.2	8			

（4）优化结果分析　对比上述优化结果可以发现：

1）高能效目标、低成本目标和高能效低成本目标取得最优值时，铣削工步数取得最小值（5 步粗铣、1 步精铣）；粗加工每齿进给量 f_z、背吃刀量 a_p 和侧吃刀量 a_e 取值基本达到机床允许的最大值（分别为 0.1mm/z、1mm、11.3mm）。当以高能效为优化目标时，对应的主轴转速 n 取值较大（2085r/min）；以低成本为优化目标时，对应的主轴转速 n 取值较小（1411r/min）；以高能效低成本为优化目标时，最优结果（5 步粗铣、1 步精铣加工方式）对应的主轴转速 n 取值（1841r/min）居于前两者之间。并且，当以高能效为优化目标，比能耗取得最优值时，总加工时间取值最小，即在提高能效的同时也能提高生产率。这是因为：

在多工步数控平面铣削过程中，当主轴转速 n、每齿进给量 f_z、背吃刀量 a_p 和侧吃刀量 a_e 任一变量增大 1 倍时，加工时间缩短为原来的 1/2；但是，由刀具寿命计算式(3-70) 可知，当 n 增大 1 倍时，刀具寿命缩短为原来的 0.125，而 f_z、a_p 和 a_e 增大 1 倍时，刀具寿命仅缩短为原来的 0.44、0.54 和 0.54，即 f_z、a_p 和 a_e 对刀具寿命的影响比 n 小。由于刀具磨损换刀时间在总加工时间中的占比较小，在刀具条件允许的范围内，增大 f_z、a_p 和 a_e 能显著减少每一工步的加工时间和工步数，即减少加工时间，提高加工效率。

2）以高能效为优化目标时，主轴转速 n 取值相对较大，这是因为当其他三个切削参数一定，主轴转速 n 取值较大时，虽然切削功率、空载功率和附加载荷损耗功率有所增大，但是由于切削能耗 E_c、系统空载能耗 E_u 和附加载荷损耗 E_a 在总能耗 E_{total} 中的占比较小，而辅助能耗 E_{aux} 等机床固定能耗是机床耗能的主体，在去除相同体积材料和刀具条件允许的情况下，由于磨钝换刀时间较短，选取较大的主轴转速 n 能进一步提高加工效率，缩短加工时间（比低成本加工缩短 14.6%，比高能效低成本加工缩短 6.7%），因此也就能减少能耗，提高能效（比低成本加工提高 17.3%，比高能效低成本加工提高 6.3%）。

3）以低成本为优化目标时，由于刀具寿命 T 受主轴转速 n 影响较大，较大的主轴转速 n 会导致刀具磨损加快，需要频繁换刀，在刀具成本较高的情况下，加工成本增大。因此，考虑到加工过程中刀具成本在总成本 C_{total} 中占比较大的这一因素，选取的主轴转速 n 相对较小，但是又使比能耗值增加，能效不高。

4）以高能效低成本为优化目标时，综合考虑了能效和加工成本两个因素与切削参数和工步数的相互关系，得到了较优的切削参数；能效比采取经验参数

第 **3** 章

机床节能技术

提高了 37.7% ,加工成本减少了 13.2% 。

5)精加工切削参数基本相同,是由于加强了约束条件,以获得满足要求的表面质量。

3.4 机床工艺参数能效优化支持系统

基于 3.3 节提出的机床工艺参数能效优化技术,开发了机床工艺参数能效优化支持系统,作为机械加工车间能效监控管理与提升系统的主要组成部分。本节首先介绍了机床工艺参数能效优化支持系统的总体框架和工作流程,然后详细描述了支持系统的功能模块组合以及功能界面的开发。

▶ 3.4.1 机床工艺参数能效优化支持系统开发

(1)系统总体框架 机床工艺参数能效优化支持系统的总体框架如图 3-53 所示,主要包括数据采集层、信息处理层、用户界面层 3 个层次结构,各层次具体介绍如下。

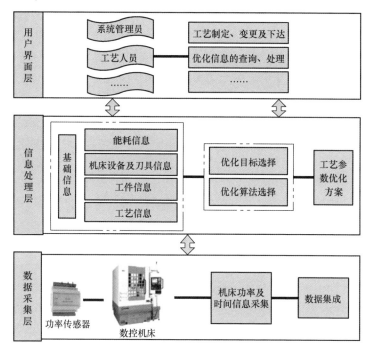

图 3-53 机床工艺参数能效优化支持系统的总体框架

1)用户界面层主要包括浏览查询工艺参数优化结果、工艺信息的制定、基础信息数据(机床设备信息、刀具信息、工艺信息等)的录入、用户角色的设定以及权限配置等。

2）信息处理层主要负责信息的存储、运算和处理。通过读取用户界面层输入的基础信息以及数据采集层获取的数据，调用内嵌工艺参数优化算法完成参数优化，获取较优的能效值，并将优化结果保存到数据库，以便进行历史信息查询。

3）数据采集层主要负责采集机床的实时运行功率以及运行时间，并将采集数据整合后传输给信息处理层。

（2）系统工作流程及功能模块

1）系统工作流程。机床工艺参数能效优化支持系统工作流程如图 3-54 所示。首先在系统中查询所要加工的工件，确认工件相关信息是否优化过，若存在则直接调用最优工艺参数进行加工，若不存在历史最优信息，则需要对工件进行重新优化。重新优化时，首先需要对每道工序进行工艺参数优化，基于数据库信息选择每道工艺所用机床设备、刀具等基础信息，然后选择优化变量、优化目标，输入相关系数，采用算法进行优化。反复寻优得到最优工艺参数，并将最优工艺参数存入数据库，最后输出每道工序下对应的机床设备、所用刀具信息以及最优工艺参数。

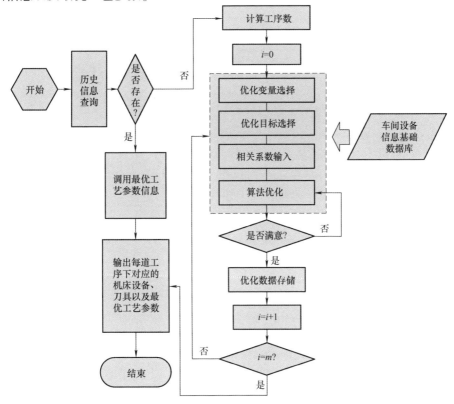

图 3-54　机床工艺参数能效优化支持系统工作流程

2）系统功能模块结构。机床工艺参数能效优化支持系统主要由三个关联模块组成，包括用户管理模块、工艺参数优化模块及数据库管理模块，如图3-55所示。

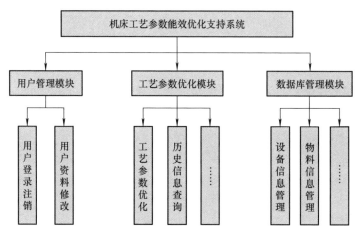

图 3-55　机床工艺参数能效优化支持系统功能模块

① 用户管理模块。该模块主要对系统用户使用权限进行设定分配，主要包括系统管理员权限、工艺人员权限等。系统管理员具有数据库管理、添加、删除、查询、系统维护等权限；工艺人员具有制定、修改、查询、打印零件加工工艺文件等权限。

② 工艺参数优化模块。该模块可实现机床工艺参数优化，获取工件加工的最优工艺参数。首先录入工件加工特征的基本信息（特征尺寸、工件材料、加工精度等）、机床设备信息及刀具信息等，然后选择优化目标对工件加工工艺参数进行优化。完成对工件单个工步的优化，并逐步完成整个加工工序的参数优化，最后可将优化后的工艺参数保存于数据库供以后查询。

③ 数据库管理模块。该模块主要是对数据库进行管理，主要包括机床设备信息数据库、工艺信息数据库、刀具信息数据库、工艺参数信息数据库等，可根据实际加工中的需要对数据库中的信息进行添加及修改。

(3) 系统数据库及功能界面　机床工艺参数能效优化支持系统在 PC 及其兼容机上运行，采用 Windows 操作系统。用户首先从 Web 浏览器登录到系统，在数据库的支持下，通过在系统的各界面上完成相应的操作，实现机床的工艺参数优化功能。

1）系统数据库。采用 Oracle 数据库管理系统，尽量减少表格数量，提高表格的关联程度。系统要保存的主要数据包括工步加工特征信息、设备加工参数信息、工艺参数值范围信息、工艺过程卡片工序及工步信息、工步参数历史优化值信息等。主要的数据库表格设计如下：

① 工步加工特征信息表用于添加或者查询工步编号、工件编号、切削影响指数 k、加工特征、切削长度、切削宽度、切削高度、切削直径、毛坯直径、毛坯高度，见表3-52。

表3-52　工步加工特征信息表

编号	字段名称	数据结构	说明
1	step_id	varchar(30)	工步编号
2	powercoe_k	varchar(30)	切削影响指数 k
3	wp_id	varchar(30)	工件编号
4	wp_feature	varchar(30)	加工特征
5	wp_length	varchar(30)	切削长度
6	wp_width	varchar(30)	切削宽度
7	wp_height	varchar(30)	切削高度
8	wp_diameter	varchar(30)	切削直径
9	wp_blank_diameter	varchar(30)	毛坯直径
10	wp_blank_height	varchar(30)	毛坯高度

② 设备加工参数信息表用于添加或查询工艺种类编号、设备起动能耗、设备最大功率等，见表3-53。

表3-53　设备加工参数信息表

编号	字段名称	数据结构	说明
1	equip_classid	varchar(30)	设备分类编号
2	protype_id	varchar(30)	工艺种类编号
3	Startupenergy	varchar(30)	设备起动能耗
4	m_pmax	varchar(30)	设备最大功率
9	m_efficiency	varchar(30)	设备效率
11	mratedpower	varchar(30)	设备额定功率
12	mainmotorpower	varchar(30)	主电动机功率
13	powerofstandby	varchar(30)	待机功率
17	powercoe_a0	varchar(30)	主传动系统功率系数 a0
18	powercoe_a1	varchar(30)	主传动系统功率系数 a1
19	additionalload_b1	varchar(30)	附加载荷功率系数 b1

③ 工艺参数值范围信息表用于记录各个工艺参数的最大和最小值，见表3-54。

表 3-54 工艺参数值范围信息表

编号	字段名称	数据结构	说明
1	proparamanage_id	varchar(30)	工艺参数管理编号
2	equip_classid	varchar(30)	设备分类编号
3	wp_id	varchar(30)	工件编号
4	maxvalue	varchar(30)	工艺参数值（最大）
5	minvalue	varchar(30)	工艺参数值（最小）

④ 工艺过程卡片工序及工步信息表用于添加或查询所属工序编号、工步编号、刀具编号、待机时间、切削时间、一次换刀时间、表面质量、时间、比能耗、成本、工步加工能耗、能效等，见表 3-55。

表 3-55 工艺过程卡片工序及工步信息表

编号	字段名称	数据结构	说明
1	procedurecardlist_id	varchar(30)	所属工序编号
2	step_no.	varchar(30)	工步编号
4	Tooled	varchar(30)	刀具编号
10	Standbytime	varchar(30)	待机时间
11	Cuttingtime	varchar(30)	切削时间
12	Tpct	varchar(30)	一次换刀时间
13	ramax	varchar(30)	表面质量
15	t_value	varchar(30)	时间
16	s_value	varchar(30)	比能耗
17	c_value	varchar(30)	成本
19	Eci	varchar(30)	工步加工能耗
20	energy_efficiency	varchar(30)	能效
21	contentof_step	varchar(200)	工步内容

⑤ 工步参数历史优化值信息表用于记录各个工步的历史优化值，见表 3-56。

表 3-56 工步参数历史优化值信息表

编号	字段名称	数据结构	说明
1	step_id	varchar(30)	工步编号
2	equip_classid	varchar(30)	设备分类编号
5	value01	varchar(30)	优化值1
6	value02	varchar(30)	优化值2
7	value03	varchar(30)	优化值3

2）系统功能界面开发与实现。支持系统的主要运行界面如下。

① 系统登录界面。系统通过 PC 端采用"用户名 + 密码"的登录方式，如图 3-56 所示。基于不同用户权限设定，在登录系统后显示的操作界面不同。

图 3-56　系统登录界面

② 机床设备信息和工艺过程卡信息录入。在基础数据库管理界面录入机床设备以及工艺过程卡信息。机床设备信息主要包括设备的最大功率、主轴转速以及进给速度范围、主电动机功率、待机功率、主传动系统功率系数、附加载荷功率系数等。工艺过程卡信息主要包括加工产品信息、产品所属零部件、零部件的材料、加工数量、加工工时等，并录入工序信息，包括工序名称、工序顺序、工序内容以及所涉及的设备（图 3-57）。

图 3-57　工艺过程卡信息

③ 优化变量及优化目标选择界面。工步的参数优化界面：首先选择优化变量，针对不同的加工工艺，自动刷新需要优化的所有变量。以铣削加工为例，

则涉及主轴转速、进给量、背吃刀量和侧吃刀量四个优化变量。如果在优化过程中某一个变量不需要优化，如背吃刀量，则可以输入固定值，这种情形在精加工中较为常见。选择完优化变量后继续选择优化目标，可以选择单目标优化或者多目标优化（图3-58）。

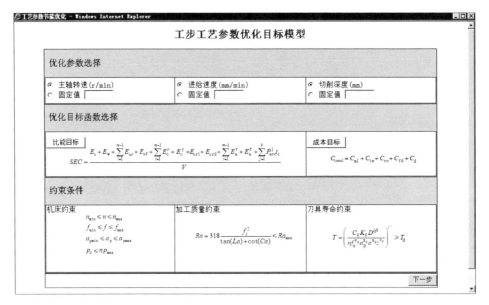

图 3-58 优化变量及优化目标选择界面

注：软件界面中"切削深度"一词即为"背吃刀量"。

④ 优化结果界面。优化结果界面中显示单次优化的结果（图3-59），可选择最优的工艺参数组合存储到数据库中，便于下次根据加工条件直接查询使用。由于涉及多目标优化，优化结果往往会存在 Pareto 解情况，即同时有几组最优结果，可进行多项选择并存入数据库。

3.4.2 机床工艺参数能效优化支持系统车间应用实施

1. 系统应用环境及配置

机床工艺参数能效优化支持系统在重庆神工机械制造有限责任公司和重庆第二机床厂有限责任公司的机械加工车间进行了初步应用实施。重庆神工机械制造有限责任公司主要从事数控倒角机、倒棱机等专用机床制造，重庆第二机床厂有限责任公司主要从事数控车床的设计与制造，拥有立式加工中心、数控车床、数控龙门导轨磨床等设备。

支持系统采用软硬件一体化结构，其中系统硬件主要负责机床能耗数据的采集，并通过系统软件程序进行工艺参数优化。将支持系统在机械加工车间进行初

图 3-59　优化结果界面

步应用，以达到车间节能效果，同时验证支持系统良好的实用性（图 3-60）。具体应用介绍如下。

图 3-60　支持系统在车间的应用实施

（1）系统硬件　系统硬件包括功率传感器、能效信息终端、专用服务器及网络设备。功率传感器安装在机床电气柜中，通过获取机床总电压、主轴电压及对应电流来采集机床实时功率信息。能效信息终端主要负责对功率传感器采集的实时数据进行分析判断和计算，并通过网络与专用服务器相连，将处理后的数据传输至专用服务器。应用实施车间系统硬件安装如图 3-61 所示。

（2）系统网络架构　支持系统在机械加工车间的网络架构如图 3-62 所示。其中加工设备无线网卡将加工设备连入车间局域网，工业级无线路由器将局域网覆盖至整个车间，保障车间数据的稳定传输，车间服务器负责接收、分析和

图 3-61 应用实施车间系统硬件安装

处理由信息交互终端和用户发送的数据和相关指令，三者的互联互通形成车间网络架构。

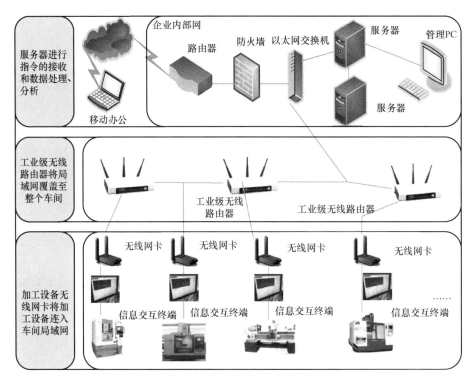

图 3-62 支持系统在机械加工车间的网络架构

2. 车间典型加工工艺的工艺参数能效优化支持系统应用实施

（1）应用案例　以车间所加工的某轴类零件为案例进行系统应用实施，将尺寸为 $\phi67mm \times 165mm$ 的 40Cr 棒料加工为图 3-63 所示零件。通过机床工艺参数能效优化支持系统对加工过程中所涉及的每道工艺下的工艺参数进行优化，得到较优的能效和加工时间。

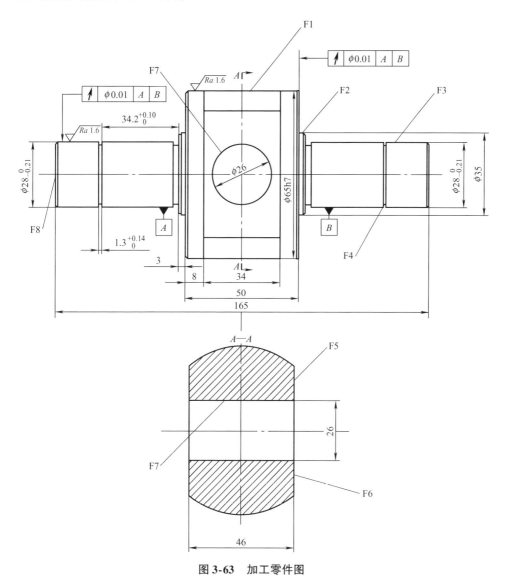

图 3-63　加工零件图

（2）加工工艺信息分析　所加工工件主要包括外圆、平面、内孔等加工特征，加工特征及工序信息见表 3-57。所用机床相关信息见表 3-58，主要包括机床种类和待机功率。

表 3-57　加工特征及工序信息

加工工艺	加工特征	特征名称	工序内容	加工深度
车削加工	F1	外圆 1	粗车	$\Delta = 1.5\,mm$
	F2	外圆 2	粗车	$\Delta = 12.5\,mm$
	F3	外圆 3	粗车	$\Delta = 3.5\,mm$
	F3	外圆 3	精车	$\Delta = 0.6\,mm$
	F2	外圆 2	精车	$\Delta = 0.5\,mm$
	F1	外圆 1	精车	$\Delta = 0.5\,mm$
	F4	槽	切槽	极小
磨削加工	F1	外圆 1	粗磨	$\Delta = 0.25\,mm$
	F2	外圆 2	粗磨	$\Delta = 0.25\,mm$
	F3	外圆 3	粗磨	$\Delta = 0.25\,mm$
铣削加工	F5	平面 1	粗铣	$\Delta = 6.5\,mm$
	F6	平面 2	粗铣	$\Delta = 6.5\,mm$
钻削加工	F7	内孔	钻孔	$\Delta = 46\,mm$
车削加工	F8	中心孔	车中心孔	极小
铣削加工	F5	平面 1	精铣	$\Delta = 0.65\,mm$
	F6	平面 2	精铣	$\Delta = 0.65\,mm$
磨削加工	F1	外圆 1	精磨	$\Delta = 0.15\,mm$
	F2	外圆 2	精磨	$\Delta = 0.25\,mm$
	F3	外圆 3	精磨	$\Delta = 0.25\,mm$

表 3-58　所用机床相关信息

机床编号	机床种类	待机功率/W
M01	数控车床 CHK560	1213
M02	数控外圆磨床 M131W	1536
M03	数控铣床 XK50326	1934

（3）系统车间应用实施能效提升数据分析　表 3-59 所列是工件各个工序的传统经验参数与系统优化得到的工艺参数。表 3-60 所列是采用经验参数和优化参数分别求得的加工一个工件所用的总能耗和加工时间。

表 3-59 工艺参数组合

工序内容	工艺参数							
	经验参数				优化参数			
	v_c/(m/min) 或 n/(r/min)	f_v/(mm/min)	a_p/mm	a_e/mm	v_c/(m/min) 或 n/(r/min)	f_v/(mm/min)	a_p/mm	a_e/mm
粗车	180	200	0.75	—	195	220	1.2	—
	180	200	1.2	—	195	220	1.2	—
	180	200	1.2	—	195	220	1.2	—
精车	200	150	0.6	—	216	175	0.6	—
	200	150	0.5	—	216	175	0.5	—
	200	150	0.5	—	216	175	0.5	—
粗磨	1200	500	0.03	—	1350	750	0.05	—
粗铣	600	200	0.65	8	750	245	0.8	9.5
	600	200	0.65	8	750	245	0.8	9.5
钻孔	850	150	13	—	920	165	13	—
精铣	800	180	0.65	7	960	240	0.65	8
	800	180	0.65	7	960	240	0.65	8
精磨	1300	400	0.03	—	1470	620	0.03	—

表 3-60 能效和加工时间优化结果

工序内容	经验结果			优化结果		
	能效 SEC/ (J/mm^3)	能耗 E_{total}/J	加工时间 T_p/s	能效 SEC/ (J/mm^3)	能耗 E_{total}/J	加工时间 T_p/s
粗车	12.5	618255	99	12.9	624500	90
	11.6	2607165	379	9.0	1990023	282
	16.8	673947	98	15.7	628731	89
精车	21.4	124000	20	18.8	108857	17
	43.2	14880	3	37.8	13026	3
	53.5	270320	44	47.0	237308	37
粗磨	79.7	797980	178	61.9	310200	66
粗铣	497.8	10854000	1620	425.8	9283592	1190
钻孔	2.6	28888	19	2.37	28938	17
精铣	305.8	1247400	193	252.9	1031400	136
精磨	111.6	886650	110	81.1	646645	124
累计	—	18123485	2763	—	14903220	2051

从表 3-59 可以看出，优化得到的工艺参数值要略大于传统的经验参数。基于前面章节的分析，采用较大的工艺参数可以提高机床能效，因此，优化结果在约束条件范围内取得了较大参数组合，保证了较高的能效。而经验参数则采用相对保守的数值进行加工，在一定程度上没有充分发挥机床的有效性能。

基于表 3-59 工艺参数数据求得机床加工各个工序的能效、能耗和加工时间。采用经验参数加工所产生的总能耗和总加工时间分别是 19123484J 和 2832s。采用优化参数加工所产生的总能耗和总加工时间分别是 14913258J 和 2050s。经理论计算得到工件从毛坯到成品所去除的物料体积为 716450mm^3，因此，采用经验参数进行加工比能耗值为 26.7J/mm^3，采用优化参数求得比能耗值为 20.8J/mm^3，能效提升 22%，加工时间减少 27.6%。可见通过机床工艺参数能效优化系统的车间应用实施可以有效提高能效和加工效率。

参 考 文 献

[1] 刘飞，刘霜. 机床服役过程机电主传动系统的时段能量模型 [J]. 机械工程学报，2012，48（21）：132-140.

[2] HU S H, LIU F, HE Y, et al. An on-line approach for energy efficiency monitoring of machine tool [J]. Journal of Cleaner Production, 2012, 27 (4): 133-140.

[3] 胡韶华. 现代数控机床多源能耗特性研究 [D]. 重庆：重庆大学，2012.

[4] 刘霜，刘飞，王秋莲. 机床机电主传动系统服役过程能量效率获取方法 [J]. 机械工程学报，2012，48（23）：111-117.

[5] 王秋莲，刘飞. 数控机床多源能量流的系统数学模型 [J]. 机械工程学报，2013，49（7）：66-74.

[6] YANG Y K, CHUANG M T, LIN S S. Optimization of dry machining parameters for high-purity graphite in end milling process via design of experiments methods [J]. Journal of Materials Processing Technology, 2009, 209 (9): 4395-4400.

[7] THEPSONTHI T, ÖZEL T. Multi-objective process optimization for micro-end milling of Ti-6Al-4V titanium alloy 6 [J]. The International Journal of Advanced Manufacturing Technology, 2012, 63 (9): 903-914.

[8] 张英杰. 面向多刀具组合方案选择的加工成本评价模型的研究 [J]. 计算机集成制造系统，2008，14（8）：1545-1549.

[9] 蔡玉俊，潘鑫，李国和，等. 面向模具型腔半精加工的刀具序列优选 [J]. 机械工程学报，2013，49（17）：193-198.

[10] 巴文兰，曹利新. 基于中轴变换的刀具优化选择与刀具路径规划 [J]. 大连理工大学学报，2013，53（1）：58-63.

[11] 蒋亚军，娄臻亮，李明辉. 基于模糊粗糙集理论的模具数控切削参数优化 [J]. 上海交通大学学报，2005，39（7）：1115-1118.

［12］李建广，姚英学，刘长清，等．基于遗传算法的车削用量优化研究［J］．计算机集成制造系统，2006，12（10）：1651-1656.

［13］刘海江，黄炜．基于粒子群算法的数控加工切削参数优化［J］．同济大学学报（自然科学版），2008，36（6）：803-806.

［14］谢书童，郭隐彪．数控车削中成本最低的切削参数优化方法［J］．计算机集成制造系统，2011，17（10）：2144-2149.

［15］HEDBERG E C，AYERS S. The power of a paired t-test with a covariate［J］. Social Science Research，2015，50：277-291.

［16］GLOVER F. Future paths for integer programming and links to artificial intelligence［J］. Computers & Operations Research，1986，13（5）：533-549.

［17］YI Q，LI C，TANG Y，et al. Multi-objective Parameter Optimization of CNC Machining for Low Carbon Manufacturing［J］. Journal of Cleaner Production，2015，95：256-264.

［18］YI Q，LI C，ZHANG X L，et al. An optimization model of machining process route for low carbon manufacturing［J］. The International Journal of Advanced Manufacturing Technology，2015，80（5）：1181-1196.

［19］曹宏瑞，陈雪峰，何正嘉．主轴-切削交互过程建模与高速铣削参数优化［J］．机械工程学报，2013，49（5）：161-166.

［20］李聪波，崔龙国，刘飞，等．面向高效低碳的数控加工参数多目标优化模型［J］．机械工程学报，2013，49（9）：87-96.

［21］李聪波，肖溱鸽，李丽，等．基于田口法和响应面法的数控铣削工艺参数能效优化方法［J］．计算机集成制造系统，2015，21（12）：3182-3191.

［22］陈行政，李聪波，李丽，等．面向能效的多工步数控铣削工艺参数多目标优化模型［J］．计算机集成制造系统，2016，22（2）：538-546.

［23］李爱平，古志勇，朱璟，等．基于低碳制造的多工步孔加工切削参数优化［J］．计算机集成制造系统，2015，21（6）：1515-1522.

［24］李聪波，朱岩涛，李丽，等．面向能量效率的数控铣削加工参数多目标优化模型［J］．机械工程学报，2016，52（21）：120-129.

［25］施志辉，刘杰．优化计算切削用量的实用方法［J］．工具技术，2008（1）：86-89.

［26］黄国钦，徐西鹏．基于锯切弧区切向力分布的功率消耗模型［J］．机械工程学报，2012，47（21）：170-176.

［27］施金良．变频调速数控机床运行过程能量特性及节能技术研究［D］．重庆：重庆大学，2009.

［28］ZEIN A，LI W，HERRMANN C，et al. Energy efficiency measures for the design and operation of machine tools：An axiomatic approach［C］.//HESSELBACH J，HERRMANN C. Glocalized Solutions for Sustainability in Manufacturing. Berlin：Springer，2011：274-279.

［29］ABELE E，SIELAFF T，SCHIFFLER A，et al. Analyzing Energy Consumption of Machine Tool Spindle Units and Identification of Potential for Improvements of Efficiency［C］. Glocalized Solutions for Sustainability in Manufacturing. Berlin：Springer，2011：280-285.

［30］刘飞，徐宗俊．机床主传动系统能量传输数学模型［J］．重庆大学学报（自然科学版），

189

1990（2）：8-14

[31] 王辉. 异步电动机节能与功率因数关系的研究 [J]. 宁夏电力，2008（1）：37-39.

[32] 程明，曹瑞武，胡国文，等. 异步电动机调压节能控制方法研究 [J]. 电力自动化设备，2008，28（1）：6-11.

[33] 刘志艳，苏景云. 一种用于车床主传动系统空载功率测量装置的设计 [J]. 吉林化工学院学报，2006，23（2）：68-70.

[34] 甘启义，刘飞. 机床功率监控技术中抗电压和频率干扰的研究 [J]. 机械，1992（2）：6-8.

[35] FOERSTE D，MUELLER W. 进给传动方式影响 CNC 切削加工机床的功率 [J]. 现代制造，2002（9）：34-36.

[36] KORDONOWY D. A power assessment of machining tools [D]. Cambridge：Massachusetts Institute of Technology，2003.

[37] AVRAM O I，XIROUCHAKIS P. Evaluating the use phase energy requirements of a machine tool system [J]. Journal of Cleaner Production，2011，19（6-7）：699-711.

[38] HU S，LIU F，HE Y，et al. An on-line approach for energy efficiency monitoring of machine tools [J]. Journal of Cleaner Production，2012，27（5）：133-140.

[39] ISO. Environmental evaluation of machine tools-Part 1：Energy-saving design methodology for machine tools：ISO 14955-1 [S]. Geneva：International Organization for Standardization，2010.

[40] CECIMO. Concept Description for CECIMO's Self-Regulatory Initiative（SRI）for the Sector Specific Implementation of the Directive 2005/32/EC [Z]. 2009.

[41] 刘飞，徐宗俊，但斌，等. 机械加工系统能量特性及其应用 [M]. 北京：机械工业出版社，1995.

[42] 胡韶华，刘飞，何彦，等. 数控机床变频主传动系统的空载能量参数特性研究 [J]. 计算机集成制造系统，2012，18（2）：326-331.

[43] LI W，ZEIN A，KARA S，et al. An Investigation into Fixed Energy Consumption of Machine Tools [C].//HESSELBACH J，HERRMANN C. Glocalized Solutions for Sustainability in Manufacturing. Berlin：Springer，2011：268-273.

[44] 王永章，杜君文，程国全. 数控技术 [M]. 北京：高等教育出版社，2001.

[45] 王浩. 数控机床电气控制 [M]. 北京：清华大学出版社，2006.

[46] HE Y，LIU F，WU T，et al. Analysis and estimation of energy consumption for numerical control machining [J]. Proceedings of the Institution of Mechanical Engineers，Part B：Journal of Engineering Manufacture，2012，226（2）：255-266.

[47] SAIDUR R. A review on electrical motors energy use and energy savings [J]. Renewable and Sustainable Energy Reviews，2010，14（3）：877-898.

[48] 辛一行. 现代机械设备设计手册：第一卷 [M]. 北京：机械工业出版业，1996.

[49] 雷天觉. 新编液压工程手册 [M]. 北京：北京理工大学出版社，1998.

[50] 胡建辉，李锦庚，邹继斌，等. 变频器中的 IGBT 模块损耗计算及散热系统设计 [J]. 电工技术学报，2009（3）：159-163.

[51] AMAR M，KACZMAREK R. A general formula for prediction of iron losses under nonsinusoidal

voltage waveform [J]. IEEE Transactions on Magnetics, 1995, 31 (5): 2504-2509.

[52] PIRES W L, MELLO H G G, BORGES S S, et al. A Study on induction motors' iron losses taking frequency variation into account-sinusoidal versus PWM supply [C]//Antalya: 2007 IEEE International Electric Machines & Drives Conference, 2007.

[53] FITZGERALD A E, KINGSLEY C, UMANS S D. Electric machinery [M]. New York: Tata McGraw-Hill Education, 2002.

第 4 章

———

机床清洁切削工艺技术

4.1 机床清洁切削工艺技术概述

随着制造业的快速发展，环境污染和资源浪费问题逐渐突出，为了实现节能减排与可持续发展，在制造业中采用绿色加工工艺技术尤为重要。绿色加工工艺是在传统工艺技术的基础上发展而来的，相较于传统加工工艺，其重点在于满足正常机械加工效率和质量的同时，要尽可能地降低资源消耗量，并使所产生的加工废料不会对环境造成污染。

过去的观念认为：切削效率越高、切削温升越高就必须加大切削液的用量，也就是需要大量使用切削液来改善加工过程的冷却条件。但是目前全新的清洁加工观念认为：切削液主要是用来冷却切屑的，它的大量使用不仅会对环境造成严重的污染，还会对刀具切削刃造成不必要的损害，滥用切削液并不能获得最佳的冷却、润滑效果。因为切削液的热容量比空气大得多，导致切削液瞬时散热速度快，在膜态沸腾和离心力的作用下，切削液很难连续地注入切屑与切削刃、切削刃与工件相接触部位的狭窄空间，反而容易因为对刀具的热冲击造成不连续的润滑效果。美国密歇根大学的研究发现：当切削速度达到 $v=130\mathrm{m/min}$以上时，如果向切削区大量加注切削液就会出现加注过程没有连续性和切削刃冷却不均的现象，刀具的刀尖会产生不规则的冷热交替变化，最终形成热冲击损害刀具的使用。由此可以发现，大量使用切削液并没有起到连续而有效的冷却和润滑作用，因此，研究更加绿色环保的绿色加工工艺是必要的。

常用的绿色加工工艺有干式切削技术、准干式切削技术等。干式切削技术和准干式切削技术最大的区别就在于工件加工过程中是否有液态切削液的使用。干式切削技术就是在切削过程中，在刀具与工件及刀具与切屑的接触区不使用任何冷却润滑液体介质的加工工艺方法。其中干式切削又可以分为高速干式切削技术、低温冷风切削技术、氮气射流干式切削技术、静电冷却干式切削技术等。准干式切削是介于干式切削和湿式切削之间的一种加工方法，其最典型的代表就是微量润滑技术，因此，在一些文献中也将准干式切削认为就是微量润滑技术。目前最典型的微量润滑技术包括低温冷风微量润滑、纳米颗粒增强微量润滑等。下面将针对不同方面进行具体介绍。

4.1.1 微量润滑技术

1. 低温冷风微量润滑技术

低温冷风微量润滑技术是将低温冷风和微量润滑技术相结合的一项技术。该技术利用低温冷风降低切削区周围的温度，同时利用微量润滑技术减小刀具和工件及刀具和切屑之间的摩擦力，可以有效降低切削力，提高工件表面质量，减少刀具磨损。

在低温冷风微量润滑切削加工过程中，该技术利用喷冷系统将 -40 ~ -10℃ 的低温气体混入微量润滑剂，将气雾吹送至加工区域，代替切削液实现对工件、刀具、切屑的高效降温和润滑。低温冷风微量润滑切削具有切削液用量少、切削温度低、防止切屑黏结、延长刀具寿命、提高加工表面质量等优点。低温冷风微量润滑切削时，高压高速的低温介质可以对工件表面进行急速强力冷却，一方面可以有效降低加工区域的温度，避免多孔聚合物材料产生熔融黏结，提高表面加工质量；另一方面可以及时带走切屑，防止碎屑对孔道的阻塞。

目前，低温冷风微量润滑技术在难加工材料的车削、铣削、镗削和插铣上都得到了应用，并显著提高了工件表面质量。难加工材料主要是指高温合金、钛合金、高强度钢等材料，通常具有强度高、抗氧化能力强、耐高温等特点，它们在满足高性能的使用要求的同时，也给切削加工带来了一系列难题：切削区温度很高，刀具寿命短，工件表面质量一般难以达到目标要求，使用大量切削液冷却的方式对环境污染严重，同时切削液的使用会造成刀具表面的急冷冲击，引发崩刃、微裂纹等问题，加速刀具破损。未来，研究人员可以扩大低温冷风微量润滑技术在其他难加工材料和其他加工工艺上的应用，并设计与加工工艺相匹配的低温冷风微量润滑系统，以扩大该技术的适用范围，从而获得更好的经济效益。目前具体的应用场景如下所述。

（1）低温冷风微量润滑技术在钛合金切削上的应用　钛合金因具有比强度高、耐蚀性好、耐热性高、无磁、透声等特点而被广泛用于各个领域。钛合金的主要切削性能包括热导率低、冷硬现象严重、高温时与气体发生剧烈化学反应、塑性低、弹性模量小、弹性变形大等。切削钛合金材料时，黏刀现象明显，切屑卷曲不易快速排除。研究发现，在使用低温冷风混合一定润滑剂车削加工钛合金 TC4 时，不仅降低了切削力，提高了刀具寿命，而且在断屑、排屑方面优势突出。有研究者分别对干式切削、传统浇注式切削、冷风切削、微量润滑切削和低温冷风微量润滑切削 5 种冷却润滑方式进行对比，并研究了各种冷却润滑方式对刀具磨损、切削力、加工表面质量的影响。结果表明：在选定切削参数，使用低温冷风微量润滑方式切削钛合金 TC4 时能有效减小切削力、刀具磨损，提高刀具寿命，改善已加工表面质量，并且加工效率比传统的浇注式切削提高了 20% ~ 30%。

（2）低温冷风微量润滑技术在高温合金（GH4169）切削上的应用　高温合金按基体金属可分为铁基高温合金、镍基高温合金和钴基高温合金。高温合金具有优良的耐高温、耐蚀性，在飞机、火箭等关键件设计中经常使用。该材料具有热导率低、加工硬化严重、切削时黏结现象严重、刀具磨损剧烈等特点。由于 GH4169 材料的应用范围广泛，但其加工性能极差，国内外许多学者对该材料的低温加工特性做了较为深入的研究。研究发现,使用低温冷风微量润滑切削高温合金延长了刀具寿命,还提高了工件的表面质量,同时,在所选定的切削参数下,可以显著减小切削力。

(3) 低温冷风微量润滑技术在不锈钢切削上的应用 有研究者以1Cr18Ni9Ti不锈钢作为切削试验对象,详细分析了低温冷风微量润滑技术在不锈钢切削上的应用。1Cr18Ni9Ti不锈钢的相对可加工性为0.3~0.5,是一种难切削材料,其切削加工特性主要表现在:高温强度和高温硬度高,在700℃时其力学性能仍没有明显降低,故切屑不易被切离,切削过程中切削力大,刀具易磨损;塑性和韧性高,伸长率、断面收缩率和冲击吸收能量值都较高,切屑不易切离、卷曲和折断,切屑变形所消耗的能量增多,并且大部分能量转化为热能,使切削温度升高;该材料的热导率低,散热差,由切屑带走的热量少,大部分的热量被刀具吸收,致使刀具的温度升高,加剧刀具磨损;该材料熔点低,易于黏刀,切削过程中易形成积屑瘤,影响表面加工质量。由于1Cr18Ni9Ti的可加工性很差,特别是在断续切削时,刀具极易产生磨损和黏结破损。结果表明:在所选的材料和切削参数条件下,采用低温冷风微量润滑切削在抑制刀具磨损和减小切削力方面的效果明显好于传统切削;同时冷风温度对刀具磨损有一定的影响,尤其在线速度较大的情况下,冷风温度越低,抑制刀具磨损的效果越好;但冷风温度对切削力的影响较小。

(4) 低温冷风微量润滑技术在高强度钢切削上的应用 高强度钢是指强度及韧性方面结合很好的钢种,抗拉强度一般在1200MPa以上,经过调质处理后可获得较高的强度,硬度为30~50HRC。随着机械工业的发展,对机器和零件的性能要求越来越高,高强度钢的使用更加普遍,零件在制造过程中的加工难度日益凸显。高强度钢具有以下加工特点:切削力大,在相同的切削条件下切削力值是切削45钢的1.17~1.49倍;切削温度高;刀具寿命短;断屑性能差。有研究者通过高强度钢的铣削试验比较了干式切削、传统浇注切削、低温冷风切削和低温冷风微量润滑切削的冷却润滑效果,研究了这几种冷却润滑方式对切削力、刀具磨损、表面粗糙度和切屑的影响。结果证明:在所选的材料和切削参数条件下,采用低温冷风微量润滑方式的切削力仅为传统切削的60%,并且其可以较好地抑制刀尖处黏结物的产生,降低刀具磨损,提高工件表面质量。试验中观测到,使用低温冷风微量润滑方式切削产生的切屑几乎无蓝色区域(蓝色切屑是高温下切屑被氧化形成的)。这说明低温冷风微量润滑方式有效解决了切削高强度钢时切削区温度高的难题。

2. 纳米颗粒增强微量润滑技术

纳米颗粒增强微量润滑技术是一种准干式切削技术,与传统微量润滑技术相比,该技术在润滑剂中添加了一定比例特定材料的纳米颗粒。研究发现,纳米颗粒能够显著提高润滑剂的导热性、渗透性和减摩抗磨性能。因此，该技术能够有效减小切削力，提高刀具寿命和工件表面质量。在微量润滑磨削试验中，纳米二硫化钼可以显著减小磨削力、减缓砂轮磨损。通过球铣试验，纳米石墨可以改善刀具磨损，显著提高加工性能。对比干磨削、浇注式磨削、微量润滑磨削和纳米粒子射流微量润滑磨削的磨削性能发现，纳米粒子射流微量润滑磨削可以改善换热能力、降低工件表面粗糙度并减小磨削力。

（1）润滑机理　除液态的润滑切削液外，铜、石墨、二硫化钼等固体物质因具有良好的润滑性能也被作为固体润滑剂应用。在应用纳米技术将这些固体润滑剂加工成纳米颗粒后，因具备了纳米颗粒的某些性质，在加工过程中也起到了减摩抗磨的作用。为了探究纳米颗粒减摩抗磨的机理，研究人员进行了大量的试验和分析，并提出了一系列减摩抗磨理论。可以将研究成果总结如下：纳米颗粒可以提高润滑剂基液的润湿性；纳米颗粒一般呈球形或类球形，在加工过程中起一种类似"微轴承"的作用，可将滑动摩擦转变为滚动摩擦，从而减小摩擦系数；纳米颗粒在刀具-切屑和刀具-工件接触界面上形成润滑膜或有助于接触界面间润滑膜的形成，甚至改变润滑状态；纳米颗粒可以填充工作表面的微坑和损伤部位，起到修复作用；微量润滑加工过程中润滑剂以高速雾粒的形式喷射到切削区，润滑剂中的纳米颗粒对加工表面起到一种抛光作用。

（2）冷却机理　提高液体热导率的一种有效方式是在液体中添加金属、非金属或聚合物固体粒子。初期，许多学者都对添加毫米或微米级固体粒子的液体热导率进行了研究，发现该方法可以显著增加液体的热导率。但是毫米、微米级粒子的尺寸较大，在实际应用中容易引起管道磨损、堵塞的问题。毫米、微米级粒子多不能在基液中稳定悬浮，导致了悬浮液的热导率提高有限。纳米粒子的采用成功解决了这些问题，在实际生产中获得了广泛的应用。

（3）纳米颗粒类型的影响　不同材料的纳米颗粒对切削液的冷却润滑效果的影响不同，为了探寻具有最佳冷却润滑效果的纳米颗粒材料，研究人员进行了大量的研究。通过球铣试验发现，hBN 纳米薄片的加工性能明显优于 xGNP 纳米薄片。磨削力方面，纳米金刚石和纳米 Al_2O_3 的作用效果区别较小，但是纳米 Al_2O_3 在降低表面粗糙度方面优于纳米金刚石。加入氧化铜、二氧化钛和金刚石纳米颗粒的润滑油表现出优异的减摩抗磨性能，其中氧化铜纳米颗粒性能最好。尽管研究人员对不同材料的纳米颗粒进行了大量研究，也取得了一些成果，对工程应用起到了理论指导作用，但是如今纳米技术方兴未艾，商业化纳米颗粒产品不断增多，为了更好地指导生产，研究人员还需要对微量润滑增效机理做进一步的试验研究，并对相关工艺参数做进一步的优化。

（4）纳米颗粒粒径和浓度的影响　纳米颗粒粒径和浓度直接影响了纳米流体的热导率，从而直接影响了纳米颗粒增强微量润滑技术的冷却效果。研究发现，纳米颗粒的比表面积和浓度是影响纳米流体热导率的关键因素，减小纳米颗粒的平均粒径可以提高其比表面积进而提高流体的热导率。通过车削试验分析纳米级二硫化钨对微量润滑加工性能的影响，试验结果表明，与单独的微量润滑加工相比，纳米级二硫化钨辅助微量润滑加工中，工件的加工质量可提高约35%。

过高或者过低的纳米颗粒浓度都不能起到很好的冷却润滑效果，因此，研究纳米颗粒的最佳浓度就很有必要。在加工初始阶段，随纳米颗粒浓度的增加，摩擦系数下降明显。但当浓度超过1%后，摩擦系数趋于稳定，表明加入更多的纳米颗粒无益于降低摩擦系数。通过镍基合金磨削试验研究了纳米颗粒浓度对纳米流体润滑性能的影响，发现使用纳米流体微量润滑可以获得较高的加工精度和表面质量，且质量分数为8%时效果最好。

▶ 4.1.2 干式切削技术

▶ 1. 高速干式切削

干式切削是一种在加工过程中不使用切削液的加工方法。但是，在干式切削加工中，由于切削过程缺少切削液的润滑、冷却、排屑等作用，相应地会出现以下问题：①由于缺少切削液的润滑作用，干式切削加工中的切削力会大大增加，刀具与工件之间的振动会加剧，从而导致工件加工表面质量变差，刀具磨损加快，刀具使用寿命缩短；②由于缺少切削液的冷却作用，干式切削加工会在加工瞬间产生大量热量，这些热量主要集中在切屑中，会影响切屑的成形，过热的高温环境会导致形成带状和缠结状切屑并缠绕在刀具上，影响后续切削，加剧刀具磨损；③由于摩擦，工件和刀具的温度升高，导致刀具磨损加快，工件产生残余应力，刀具和工件发生热变形，表面质量降低；④无润滑作用会使刀具分屑困难，切屑堵塞容屑槽，还可能损坏已加工的工件表面；⑤对于机床本身，如果不及时将热量从机床的主体结构中排出，由于不能保持热平衡，机床的床身、立柱等构件也会因温度变化而产生细小但不容忽视的变形，影响加工精度和降低工件表面质量；⑥切屑如果不及时排除，残留切屑可能导致夹紧误差、损坏机床导轨等。而在工艺相同的情况下，高速切削加工存在以下优势：①随着切削速度的提高，单位时间内的材料切除率（切削速度、进给量和背吃刀量的乘积）增加，切削加工时间减少，从而可大幅度提高加工效率，降低加工成本；②在高速切削加工范围内，切削力随着切削速度的提高而减小，根据切削速度的提高幅度，切削力平均可减小30%以上，有利于对刚性较差的零件和薄壁零件的切削加工；③高速切削加工时，切屑以很高的速度排出，可带走大量切削热，切削速度越高，带走的热量越多（90%以上），传给工件的热量大幅度减少，有利于减小工件的内应力和热变形，提高加工精度；④从动力学的角度看，在高速切削加工过程中，切削力随切削速度的提高而降低，而切削力正是切削过程中产生振动的主要激励源，转速的提高使切削系统的工作频率远离机床的低阶固有频率，而工件的加工表面粗糙度对低阶固有频率最敏感，因此，高速切削加工可大大降低加工表面粗糙度。以上的优点正好弥补了干式切削的不足，二者结合形成高速干式切削加工。

高速干式切削有如下几个特点：首先，由于省去了油屑分离过程，无冷却润滑油箱和油屑分离装置以及相应的电气设备，因此，机床结构非常紧凑；其次，这种方法极大地改善了加工环境；另外，加工费用也大大降低，这是由于它省去了冷却润滑油剂的配制和回收费用，省去了工件的清洗费用和油屑分离费用。这种方法能够降低成本的更主要的原因是机床的加工速度提高，准备时间相对减少，有效时间相对增加，切削效率也就提高了。

2. 低温冷风切削

低温冷风切削技术是近年来国际上较为流行的一种加工方式，是一种用低温空气代替切削液来改善冷却条件的新办法。通过低温冷风切削技术，可以减少切削液污染、改善加工环境、提高切削效率、延长复杂工况下的刀具使用寿命、降低加工成本。这是国际公认的一种先进绿色切削技术，现已在欧、美、日、俄等工业发达国家和地区较大范围推广应用，具有较好的应用前景。

低温冷风切削技术的基本原理是将具有一定压力的压缩空气通过各种形式的制冷设备冷却，再直接通过喷射管道作用于刀具前后切削刃上。冷却空气需要经尘埃分离器清除微离子，再经空气干燥器下降至低露点，方可进入空气冷却装置冷却。作用于切削刃上的空气使切屑、工件和刀具切削刃得到快速冷却，从而达到降温、减小切削过程中的摩擦力和切屑快速脱离工件的效果。

低温冷风切削技术使用效果的好坏，除和设备本身的性能、质量密切相关外，还与正确、合理使用设备和参数选择有关。根据近年来对冷风设备的调查和研究，在低温冷风切削过程中，下列几点应予以重视。

1）使用前的准备。首先要检查风源质量。一般工厂使用的压缩空气风源是由压缩空气总站通过管道输送到各使用车间的。由于常年使用，管内生锈，风源中混入杂质、油污、积水等常会使管道风口堵塞，导致工作风量和压力显著下降，造成加工点得不到充分的冷却。因此在使用前，必须开机一段时间来检查风源的质量，若发现风源质量不好，则应立即采取疏通管道或增加过滤器等措施处理。其次，检查保温管的密封和长度是否合理。连接冷风机和压缩空气出口处的保温管是确保能长久低温供气的重要环节。保温管安装好后，要检查确保两端无泄漏现象。为了避免管内温度升高和确保气压的稳定，保温管不宜过长，只要能满足正常工作要求就行，也不要因进气管卷曲影响供气质量。第三，要检查冷风机主要零件的连接质量和设备的排风口前不要有任何屏障。因为设备在发货运输过程中的颠簸和装配中的不慎，常会出现连接件的松动（包括电器和机械零件），所以，在开机前必须予以检查。排风口若有屏障，会造成设备排气不畅，从而使设备温度升高，不能长时间地正常工作。

2）冷风喷嘴与安装位置的确定。在加工过程中，为使刀具得到良好、充分的冷却，宜用两个喷嘴同时将冷风喷射在工件和刀具的表面。安装喷嘴时，应将其分别夹持在经改装过的百分表磁力座上，然后将其固定在机床的床身或刀架上。工作时，让上下两个喷嘴同时对准工件和刀具的前后面进行喷射冷却。

3）冷风冷却温度的优选。使用冷风切削设备时冷风温度的优选至关重要。一般来说，冷风温度低一点好。例如在磨削加工时，如果选用 −25 ～ −10℃ 这一段温度区间，则由于冷风在保温输送系统等中间环节的损耗过大，喷出的气体实际温度相对较高，此时，由于磨削点得不到充分的冷却，会影响到冷风切削的效果。但是，如果长时间选取设备最低（−50℃ 以下）温度区间，则将对制冷系统（低温冷风射流机）的使用寿命造成不良影响。经长时间摸索和探讨实践发现，磨削时优选冷风温度控制在 −45 ～ −40℃ 最为合理。

4）应用低温冷风切削时，前后工序所使用的机床一般也都不使用切削液，而切屑的飞溅会对操作工人的健康产生不利影响，为此，我们在这些机床上安装了防护罩。为了便于操作工人观察切削情况，防护罩根据机床结构用透明有机玻璃弯曲成形制成，可自由移动，同时还配备了吸尘器。

经过实际加工调研和理论验证，低温冷风切削的主要优点如下：

1）加工效率可成倍提高（低温冷风车削可以提高效率 1 倍，低温冷风磨削可以提高效率 3 ~ 4 倍，低温冷风内冷钻削方式可以提高效率 20 倍左右）。

2）几乎无污染，改善生产条件。

3）节约切削液采购费，降低生产成本。

4）切屑可以直接回收，增加经济效益。

5）有利于自动加工、检测和监控。

6）工件尺寸受加工温度影响很小，质量稳定。

7）刀具寿命成倍延长，降低刀具成本，缩短机床准备时间。

8）有利于钛、镁、镍、铬合金等难切削材料的加工。

9）有利于企业 ISO 14000 和 ISO 16000 标准的认证。

尽管低温冷风具有较好的冷却效果，还是有以下几个方面有待改善：

1）冷风喷嘴在频繁换刀时的同步位移问题。与湿式切削不同，冷风切削是依靠低温气体作为冷却介质的，为了保证获得最佳冷却效果，要求冷风喷嘴离切削点的距离要近，一般保持 20 ~ 40mm 为好，而现有带刀库的机床自动换刀频率很高，切削点与喷嘴的位置关系会不停地变化。因此必须解决高效机床使用低温冷风切削技术时冷风喷嘴与刀具切削点的同步位移问题。

2）冷风输送系统与复杂机床的衔接问题。需要保温是冷风输送通道与切削液输送通道的最大区别。在开发新型清洁加工机床时，必须系统地研究冷风输送系统与机床的衔接问题。

3）最佳切削参数的选配问题。由于冷却条件的变化，在低温冷风切削的过程中，如果仍选用传统切削时所习惯的切削参数，就可能难以实现切削效率的最佳化。因此有必要结合不同的机床条件、加工材料，对刀具材料、刀具角度以及切削参数等做出相应的调整和研究。

▶ 3. 静电冷却干式切削

静电冷却干式切削技术是一种将压缩空气高压电离后得到含有大量带电粒子和臭氧的电离气体通过喷嘴吹到切削区域，带电粒子和臭氧易进入切削区而被刀屑接触表面所吸收并同其化学键结合形成边界薄膜，从而起到润滑作用，并最终得到符合加工要求工件的特殊金属切削工艺。日本是最先对静电冷却技术进行深入研究的国家。在此之后，苏联、英国、美国也开始重视该技术的研究。英国和美国主要侧重理论和试验研究，苏联则更重视静电冷却技术的工业应用价值。目前，罗土技术有限公司已经开发出在许多国家获得专利的生态型静电冷却干式切削技术。该技术可以在很多情况下代替切削液，适用于多种材料的车削、铣削、滚齿、钻孔等多种加工场合，可提高刀具使用寿命和加工表面质量，并且易于在工件表层产生压应力。

静电冷却干式切削的实质在于向切削区域输送经过放电处理的空气。空气经过空气压缩装置加压后以合适的速度通过静电冷却装置，使空气离子化、臭氧化，然后通过传输系统把电离空气送到切削区，在切削刃周围形成特殊气体氛围，既能降低切削区的温度，又能在刀具与切屑、刀具与工件接触面上形成起润滑作用的氧化薄膜，并使被加工表面呈压应力。静电冷却装置由供电电源装置、空气压缩装置、静电场装置、电离空气的传输系统、喷嘴等组成。

离子化气体对切削区的冷却作用主要是通过在切削区发生物理化学变化，促进工件表面晶格结构的改变，导致晶格缺陷进一步扩大，影响工件表面边界层分布，通过改变边界层提高周围气体热导率，致使工件所需的切削力降低，离子化气体中的臭氧及其他粒子在工件与刀具之间形成薄膜，减少摩擦产生的热量，离子化气体中的部分带电粒子也对切削过程起到润滑作用。具体的作用机理如下：

1）列宾捷尔效应。1937年，苏联科学家列宾捷尔提出了列宾捷尔假说。该假说认为，进行磨削时，使用具有活性的助磨剂，助磨剂颗粒会附着在工件表面，降低其表面的晶体内聚力和表面张力。如果工件表面存在裂缝，具有表面活性的助磨剂会渗入裂缝内，并在裂缝内形成吸附层，导致裂缝扩大并使裂缝内物体颗粒硬度和强度降低，最终导致物体颗粒更易碎裂。具有表面活性的润滑剂吸附在金属表面时，会与金属表面的氧化膜反应，降低金属的表面能和表面强度。如果活性物质渗入金属表面的微裂缝内，则会促进晶格间隙和内部微裂缝的进一步扩张。正是由于以上原因，当需加工金属表面附有活性的润滑剂时，可以降低工件的屈服应力，使变形更加容易。

根据列宾捷尔假说，我们知道在金属干式切削过程中，提供给切削区域的气体中含有臭氧、正离子和电子等活性物质，不但可以润滑工件表面，而且会吸附在工件表面，降低工件表面张力，使材料脆化。这些活性物质还会渗入工件表面缝隙，减小缝隙处的晶格内应力，促使晶格向表面滑移，减小了所需切削力，使切削过程更易进行。切削力的减小和离子及臭氧的润滑作用，使得切削过程中的摩擦减小，产生的热量也减少，进一步保护了刀具，保证了工件表面的加工质量。

2）活性离子提高切削过程中的热导率。离子风可以被送至物体表面来实现局部冷却效果。由场发射电子或者电晕放电产生的空气离子被静电场驱动，这些离子与空气中的中性分子互换动能引起空气流动。当整体流动出现时，离子风扭曲了边界层，提高了热导率。试验证明，离子风有能力充分地降低介质温度，相应地使局部热导率提高两倍多。离子风的多重物理学仿真描述了离子风的整体扭曲边界层的能力，确定了离子风有提高热导率的倾向。

近年来的研究指出，电晕放电的电极间距减少到 $10\mu m$ 或者更少时，电子不再是自然碰撞而是通过阴极附近的细小隧道进入大气中。在这些案例中，在充分的动能条件下，在加速电子和中性分子之间的碰撞过程中，分子失去电子变成离子。这些离子在电极附近由于电场的作用而加速，与中性分子碰撞，交换动量，最后产生离子风。离子风是在已经存在的气体风之外存在的另一股风，引起流体加速，通过改变速度和热传导边界层来加强冷却效果，提高热导率，加强了散热的速度和效率。

在切削过程中，离子风对切削区的冷却作用主要是通过在被切削工件表面发生物理化学变化，改变工件表面的晶格结构，促进工件表面晶格缺陷扩大，影响边界层分布，导致切削所需要的切削力减小，并且在工件与刀具间形成薄膜，减少了切削过程中摩擦产生的热量。

3）臭氧的润滑及表面钝化作用。气体电离过程中会产生大量的臭氧、氧和各种成分的带电离子，这些离子在金属切削过程中与切削区表面的化学键相结合生成一层薄薄的边界薄膜，厚度为几百到几千纳米。这层薄膜在切削过程中起润滑作用，其抗剪强度远远低于金属，但是高于流体动力润滑油。

表面钝化是气体放电产生的等离子体发生物理化学反应导致的。大量等离子体喷射到切削区后，进行高温转化，并且伴有外激电子发射和高剪切应力。

因为放电产生的等离子体浓度很高，所以表面钝化进行得非常迅速。气体放电过程中产生的各类带电粒子的渗透性高于切削液。另外，放电过程中空气中产生的电势差促进了带电离子向塑性变形区扩散。

常规切削加工中，切削液的作用有：冷却作用、润滑作用、清洗作用和防锈作用。静电冷却技术也具有基本相同的功能，即冷却作用、润滑作用、表面钝化、清洁作用、切屑断裂和导出等。

1）冷却作用。由于存在带电离子，经过放电处理的空气的冷却作用远高于普通空气。向切削区输送空气的温度为 – 20 ～ – 10℃，当空气流直接冷却和被加工材料遭受破坏所需要能量减少时，产生温度下降。在温度下降时会出现列宾捷尔效应。

2）润滑作用。润滑作用主要取决于切削过程中臭氧和离子被摩擦表面所吸收并同其化学键结合而形成的边界薄膜。薄膜厚度介于几百到几千纳米之间，其抗剪强度略高于流体动力润滑油，但远低于金属。

3）表面钝化。它是由于物理—化学等离子体活性组分发生反应的结果，而切削区的物理—化学等离子体是在高温分解转化过程中，在伴随有氧气以及存在高剪切应力和外激电子发射条件下出现的。因为臭氧、氧和各种成分的带电离子有足够高的浓度，钝化过程可以更高速度进行。

4）清洁作用。清洁作用是指清除工件被加工表面和刀具切削区碎屑、碳化物和非金属夹杂物的能力。静电冷却的清洁作用相当显著。

5）切屑断裂和导出。使用干式静电冷却装置进行加工时对切屑形成过程的控制，不仅可通过改变切削参数和刀具几何角度来实现，也可通过改变干式静电冷却装置的工作规范和该装置喷嘴相对于刀具和工件的位置来实现。在许多情况下，干式静电冷却装置的空气流能够控制切屑导出过程，但是也有一些方案即相对于加工区布置喷嘴的位置达到刀具寿命的最佳效果，但却不能控制切屑的导出。

4.2 机床微量润滑技术

微量润滑（MQL）也称为准干式切削，它是将压缩气体（空气、氮气、二氧化碳等）与极微量的润滑油混合汽化后，形成微米级的液滴，喷射到加工区进行有效润滑的一种切削加工方法。MQL 融合了干式切削与传统湿式切削两者的优点：一方面，MQL 将切削液的用量降低到极微量的程度（一般为 0.03 ～ 0.2L/h），不仅显著降低切削液的使用成本，而且通过使用自然降解性高的合成酯类作为润滑剂，最大限度地降低了切削液对环境和人体的危害；另一方面，与干式切削相比，MQL 由于引入了冷却润滑介质，使得切削过程的冷却润滑条件大大改善，刀具、工件和切屑之间的磨损显著减小，有助于减小切削力、降低切削温度和刀具的磨损。MQL 技术在 21 世纪以绿色环保为主题的影响下有着很大前景。

MQL 技术作为一种新型的绿色冷却润滑方式，近年来逐渐受到科学界和产业界的重视。国内外学者在微量润滑切削加工工艺方面进行了大量的试验研究，针对传统车削、铣削、钻削和磨削工艺的绿色化改造，面向钛合金、高温合金、不锈钢、铝合金、镁合金、合金钢等典型材料，甚至 CFRP 复合材料，以切削力、表面完整性、刀具磨损、切屑形态等为指标，优化了 MQL 工艺参数，实现在试验条件下 MQL 技术超过了传统方法的切削性能。

MQL 技术主要分为外冷式微量润滑和内冷式微量润滑。外冷式微量润滑是将切削液送入喷射冷却系统里与气体混合，再利用高压将雾化为毫米、微米级的气雾通过一个多头喷嘴不断喷射到刀具和工件表面，实现对刀具的冷却和润滑。内冷式微量润滑方式是直接将冷却气雾通过主轴和刀具送入切削区域，对其进行冷却和润滑。根据加工需要，可将两种方式配合使用，冷却润滑效果会更佳。目前，MQL 技术的研究主要集中在以下几个方面：

1）MQL 的切削机理。由于对 MQL 的切削机理研究有待深入，目前研究手段以试验为主，针对不同的材料和切削条件得到不同的结论。

2）MQL 供给方式和润滑油用量的优化。目前制约该项技术推广应用、限制其发挥工艺效能的最大障碍是未研究出性能稳定、可靠，适用于不同加工方法的 MQL 装备。

3）用于 MQL 中的润滑油的开发。由于润滑油环保效果和雾粒安全性还不到位，在实际应用中需要开发出环保的润滑油并严格控制雾粒的大小和浓度，甚至采用必要的防护措施。

4）MQL 技术的应用范围。随着新型材料的出现，与之相适应出现了一些新型刀具，要逐步将 MQL 与新型刀具结合，实现难加工材料的高速高效加工。

▷▷ 4.2.1 微量润滑基础理论知识

在切削加工过程中，微量润滑系统以气体为载体输送微量油滴，渗透进入刀具与工件界面，起到润滑作用。以润滑油雾化为起点，油滴依次穿越空气流场、在毛细管内流动、受热汽化，最终渗透吸附形成边界膜，涉及喷雾学、边界层、流体力学等基础理论。

▷▷ 1. 喷雾学理论

一般用射流稳定曲线描述射流破碎过程特性，即射流连续部分长度随射流速度变化的特性曲线。射流连续部分长度与液体物理性质和流出速度、环境状况及喷嘴结构等因素有关。

如图 4-1 所示，当流量小于 Q_j 时，平均孔速很低，会在孔口直接形成液滴。液滴表面张力与重力平衡决定了液滴大小。当流量大于 Q_j 时形成射流，对应的 A 点称为下临界点。ABC 段可看作是层流射流，该段内射流长度基本随流量呈线性变化，对称性挠动是造成射流破碎的原因。当流量大于 C 上临界点对应的 Q_m 时，射流运动状态和破碎机理发生改变，随着流量增大而射流长度减小。当流量大于 E 点对应的 Q_a 时，射流开始出现雾化。由于雾化位置濒临孔口，因此射流连续长度几乎为零。

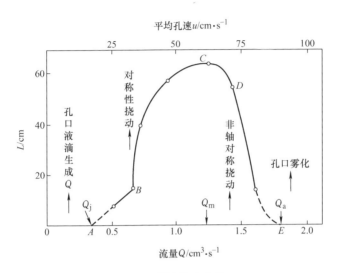

平均孔速 $u/\mathrm{cm \cdot s^{-1}}$

图 4-1　射流稳定曲线

设喷嘴直径为 d_0，射流波长为 λ，则形成液滴的直径 d_e 为

$$d_e = (1.5\lambda/d_0)^{1/3} d_0 \tag{4-1}$$

射流连续部分长度为

$$L = d_0 \ln \frac{d_0}{a_0} \sqrt{W_e}\,(1 + 3N_z) \tag{4-2}$$

式中，L 是射流连续部分长度；W_e 是韦伯数；N_z 是奥内索尔格数；a_0 是射流起始波长。

▶ **2. 边界层理论**

对于黏性很小的流体，黏性对流动的影响实际上仅限于贴近固体表面的一个薄层。受到黏性显著影响的这一薄层，称为边界层。在边界层外，黏性完全可以忽略。从边界层厚度很小这个前提出发，可建立简化的黏性流体运动方程。图 4-2 所示为沿平板流动示意图，来流速度为 u_∞，它在平板上游的速度分布是均匀的。紧靠平板表面的是速度显著变化的边界层，其厚度沿流动方向逐渐增大。在边界层外，速度分布几乎也是均匀的，这一区域按理想流体处理。

从不可压缩黏性流体定常平面流动的基本方程出发，不考虑重力作用时，基本方程为

$$\begin{cases} u\dfrac{\partial u}{\partial x} + \nu\dfrac{\partial u}{\partial y} = -\dfrac{1}{\rho}\dfrac{\partial p}{\partial x} + \nu\left(\dfrac{\partial^2 u}{\partial x^2} + \dfrac{\partial^2 u}{\partial y^2}\right) \\[2mm] u\dfrac{\partial \nu}{\partial x} + \nu\dfrac{\partial \nu}{\partial y} = -\dfrac{1}{\rho}\dfrac{\partial p}{\partial y} + \nu\left(\dfrac{\partial^2 \nu}{\partial x^2} + \dfrac{\partial^2 \nu}{\partial y^2}\right) \\[2mm] \dfrac{\partial u}{\partial x} + \dfrac{\partial \nu}{\partial y} = 0 \end{cases} \tag{4-3}$$

3. 流体力学理论

流体运动时，表征运动特性的物理量或运动参数一般都随时间和空间位置而变化，常用拉格朗日法和欧拉法描述流体的运动。拉格朗日法以研究流体个别质点运动为基础，通过对每个流体质点运动的研究来获得整个流体运动。欧拉法着眼于流场中空间点的流体质点运动要素或物理量的变化规律。

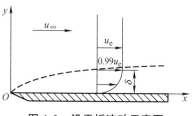

图 4-2　沿平板流动示意图

用欧拉法描述流体运动，各物理量可表示为空间坐标和时间变量的连续函数。用欧拉法来研究流体运动问题，可归结为研究含有时间 t 为参变量的流场中各物理量的变化规律，包括矢量场（速度场等）和标量场（压强场、密度场和温度场等）。流体力学的基本方程包括连续性方程、能量方程等，见式（4-4）和式（4-5）。

$$\frac{\partial u_x}{\partial x} + \frac{\partial u_y}{\partial y} + \frac{\partial u_z}{\partial z} = 0 \tag{4-4}$$

$$\rho\frac{\mathrm{d}e}{\mathrm{d}t} = -p\frac{\partial u_i}{\partial x_i} + \frac{\partial}{\partial x_i}\left(k\frac{\partial T}{\partial x_i}\right) + \rho g \tag{4-5}$$

4.2.2　微量润滑作业机理

微量润滑技术是一种利用高压气体将微量切削液雾化，形成细小的颗粒，并喷射到切削加工区，对其进行冷却润滑的加工方式。微量润滑技术分为外冷式微量润滑和内冷式微量润滑两种类型，如图 4-3 所示。

外冷式微量润滑需要自带一个微量润滑雾化系统，通过雾化系统将微量切削液和高压气体混合雾化后，经喷嘴喷射到切削加工区，在切削加工区形成一层润滑膜，可以减小刀具与工件之间的摩擦力；同时对切削加工区进行冷却，从而改善加工条件。内冷式微量润滑通过高压气体将微量切削液雾化后，经主

轴和刀具内部切削液通道，最终从内冷孔喷嘴口喷出，喷射到切削加工区。高速切削过程中，雾化后的颗粒更容易进入切削加工区，使得切削加工区的温度能够得到有效降低，减少刀具的磨损，提高切削性能，从而达到冷却润滑作用。

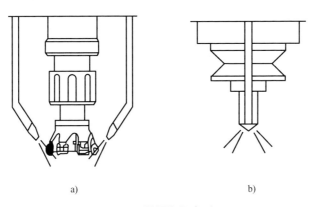

图 4-3 微量润滑类型
a）外冷式微量润滑　b）内冷式微量润滑

》1. 微量润滑雾滴渗透机理

雾化后颗粒的渗透能力直接决定其冷却润滑性能，即在切削过程中切削液颗粒如果能高效地进入切削加工区，就能极大地降低切削温度以及减小切削力。相对于传统湿式切削，微量润滑切削中切削液颗粒更易渗入切削加工区。传统湿式切削液颗粒尺寸过大，很难渗透进刀具与工件加工挤压的交界面。微量润滑切削中细小的切削液颗粒在高压气体作用下以较快速度进入切削加工区。渗透能力更强，并在进入切削加工区后形成厚度均匀的切削液薄膜，其渗透能力与具体的切削参数、颗粒的密度、颗粒的尺寸以及颗粒速度等多种因素有关。当气体压力过小、切削液颗粒速度过低时，切削液颗粒容易受刀具周围气流的影响无法到达切削加工区，其冷却润滑效果变差；反之，如果气体压力过大、切削液颗粒速度过高，细小的雾状颗粒冲击切削加工区又会因为动能过大或在切削处反弹，造成切削液薄膜形态不稳定。因此需要综合考虑上述多种因素，使颗粒能够更好地渗透并吸附在切削加工区域，形成稳定的切削液润滑膜。

》2. 微量润滑冷却润滑机理

在传统铣削加工过程中，通过浇注方式对刀具进行冷却，切削过程中产生的切削热主要是通过刀具、工件、切屑以及切削液来传递的，热量散失较慢，且由于切削液表面的张力，会在切削加工区形成一层液态薄膜，阻止其他切削液进入，即切削液不能有效进入切削加工区，导致其冷却作用大幅度降低。以内冷式微量润滑装置为例，内冷式微量润滑通过高压气体将微量切削液雾化后，经刀具内冷孔，喷射到切削加工区，对其进行冷却润滑的一种绿色加工技术。内冷式微量润滑切削过程中，雾滴颗粒在高速条件下更容易进入切削加工区，其冷却润滑效果达到甚至超过湿式切削。

3. 微量润滑排屑机理

微量润滑切削加工过程中，通过压缩空气对切削液进行雾化最终喷向切削加工区。高压气体可以起到排屑作用：①从内冷孔喷出的高压气体可加快切屑的卷曲和断裂；②内冷孔喷出的高压气体会及时将切削加工产生的切屑吹走，防止切屑对加工表面的二次划擦，减少工件与切屑之间的摩擦，提高了工件表面质量，延长了刀具的使用寿命。

4.2.3　智能微量润滑系统设计

传统的微量润滑装置能够提供润滑油和高压气体的混合，没有实现油量、水量和气压等微量润滑系统参数的定量化。微量润滑系统参数没有定量化就无法建立微量润滑切削模型，不能针对不同的机床、工况和材料等实际加工情况采用合适的润滑油量、水量和气压等微量润滑系统参数达到最好的加工效果。基于 Arduino 的智能微量润滑可以实现油量、水量和气压的定量化。智能微量润滑装置原理如图 4-4 所示。

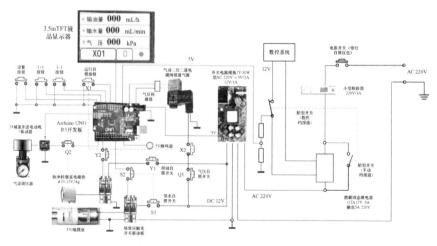

图 4-4　智能微量润滑装置原理

智能微量润滑装置主要由供水系统、供油系统、气压控制系统、温度控制系统、喷嘴和报警系统等组成。

◈ 1. 供水与供油系统

供水系统由1000mL的储水箱、供水步进电动机、供水步进电动机驱动器和蠕动泵组成。冷却水储存在1000mL的储水箱中，供水系统由供水步进电动机提供动力，供水步进电动机由供水步进电动机驱动器控制。供水步进电动机驱动蠕动泵进行水的供给，水的流量可以直接在显示屏上读出，其中输水管道上可以放置单向阀。冷却水在供水步进电动机的驱动下通过管道经过温度控制系统的蒸发器，由蒸发器制冷后进入气动接头，在喷嘴和高压气体相遇，冷却水被高压气体细化后形成射流离开喷嘴。操作者可以利用Arduino调节步进电动机蠕动泵收到的脉冲频率，从而改变步进电动机蠕动泵的转速调节冷却水的流量，在显示屏上可观察到水的流量值。

供油系统由1000mL储油箱、蠕动泵、供油步进电动机和供油步进电动机驱动器组成。润滑油储存在1000mL的储油箱中，润滑油由供油步进电动机提供动力，供油步进电动机由Arduino和供油步进电动机驱动器控制。当供油步进电动机驱动器收到Arduino的脉冲频率后，将脉冲频率细分然后发送给供油步进电动机，供油步进电动机带动蠕动泵工作，不同的脉冲频率对应不同的步进电动机转速和润滑油流量，润滑油的流量可以直接在显示屏上读出。润滑油在蠕动泵的驱动下先经过温度控制系统中的蒸发器，然后进入喷嘴和高压气体相遇，在高压气体的作用下形成微米级润滑液滴，微米级的润滑液滴渗透到刀具表面，形成有效的润滑油膜，减小切削力。

◈ 2. 气压控制系统

气压控制系统由电磁阀、调压阀、步进电动机驱动器、步进电动机和气压传感器组成。高压气体进入管道后，先经过电磁阀和调压阀，通过程序可以控制电磁阀通断，气压控制系统的调压阀旋钮与步进电动机连接，步进电动机的转速和方向由Arduino板发出的脉冲调节。当气体进入气压传感器时，Arduino板将气压传感器的信号转换成气压值，同时在显示屏上显示压力读数。当气体经过蒸发器时，在蒸发器中降温，最后气体进入喷嘴。

◈ 3. 温度控制系统

智能微量润滑采用单级制冷压缩循环，如图4-5所示。制冷剂蒸气在压缩机中等熵（绝热）压缩，制冷剂蒸气压力升高后进入冷凝器，在冷凝器中与制冷介质水发生热量交换，制冷剂蒸气发生相变变为制冷剂液体。当制冷剂液体经过节流阀时，流速变快，温度和压力下降，理想的情况为等焓节流。当低温低压的制冷剂液滴经过蒸发器时，吸收高压空气、水和润滑油的热量变为制冷剂蒸气。利用温度控制系统对高压空气进行降温，其温度调节范围为 −45~25℃。

温度控制系统放置在微量润滑箱体外，其电路独立于其他系统，温度读数转换成信号后在显示屏上显示。

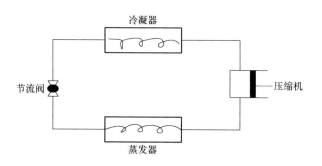

图 4-5　温度控制系统

▶▶ 4. 报警系统

在储油箱和储水箱中均放有磁铁和霍尔式传感器，当油量或水量充足时磁铁和浮子一起漂浮在储油箱或储水箱上方，霍尔式传感器不会收到磁铁信号。当油量或水量不足时，水位下降，磁铁和浮子一起沿着固定的路径下降，霍尔式传感器收到磁铁信号后，向 Arduino 板发送电压信号，Arduino 板根据程序设计触发蜂鸣器报警。气压传感器会将气压大小转换成不同的电压信号传递给 Arduino 板，当气压过高或过低时，会触发蜂鸣器报警。

▶▶ 5. 管道系统

智能微量润滑管道连接如图 4-6 所示。高压气体通过调压阀后，进入气压传感器和蒸发器。气压传感器会将气压信号传递到 Arduino 板，经过程序处理自动调节压力大小和显示压力值，高压气体在蒸发器中冷却后进入喷嘴。储油箱里的润滑油在步进电动机蠕动泵的驱动下，通过管道和蒸发器气动接头进入喷嘴。储水箱里的水首先经过步进电动机蠕动泵，然后经过蒸发器冷却后进入气动接头和喷嘴。微量润滑在实际运用中，为了防止工件对气流的遮挡，通常同时采用几个不同的喷嘴同时加工。气动接头可以将润滑油和水分成几个支路，然后将几个支路流体输送到几个不同的喷嘴上。

▶▶ 6. 喷嘴系统

为了适应不同的加工条件，智能微量润滑装置需要不同类型的雾化喷嘴。雾化喷嘴根据雾化方式和工作介质分成许多不同类型，而不同类型的喷嘴具有相应的雾化原理。

机械和介质雾化式是利用液体工质和空气的速度差，将液柱、液膜或"气泡"破碎成雾滴。主要的喷嘴类型如图 4-7 所示。

一般，机械雾化是液体在较高压力下通过小孔或旋流器和喷口高速喷出而

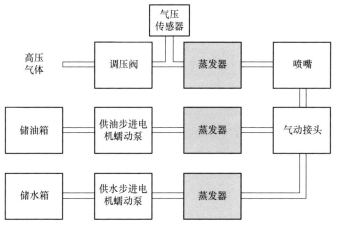

图 4-6 智能微量润滑管道连接

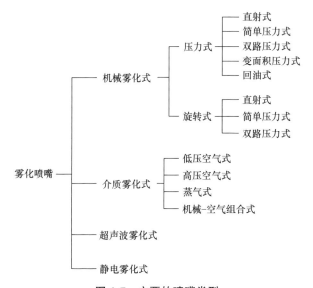

图 4-7 主要的喷嘴类型

雾化，而外界气流处于低速。介质雾化喷嘴的外加空气或蒸气的流速高于液体流速。因此，上述两大类喷嘴的结构是有差别的，设计方法也不相同。超声波雾化和静电雾化式不同于其他种类，属于特殊雾化方式，多用于液态工质雾化。

7. 电路系统

智能微量润滑装置电路系统如图 4-8 所示。外部电源接通后可以通过开关电源变压器将 220V 电源转为 12V 或者 5V，开关电源变压器首先与断路器连接，断路器可以保护系统电路。电路系统分为 4 个支路：①润滑油支路：由供油步进电动机驱动器 A 和供油步进电动机蠕动泵 A 构成；②冷却水支路：供水步进电动机蠕动泵 B 和供水步进电动机驱动器 B；③气压支路：包括气压传感器、芯片驱动器和步进电动机 C；④预警支路：包括霍尔式传感器和蜂鸣器。

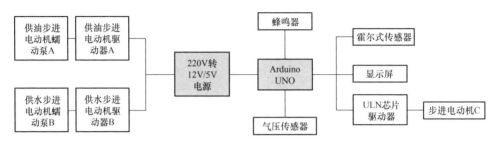

图 4-8　智能微量润滑装置电路系统

4.2.4　油水气三相节能微量润滑装置

1. 油水气三相微量润滑原理

油水气三相微量润滑技术采用压缩空气带动装置中的精密润滑泵运转，以持续稳定供给油和水。油水气三相微量润滑切削加工的射流流场不但是能量的传递和转换过程，而且其热力特性随空间位置的不同也发生着改变。油水气三相微量润滑切削加工过程中，通过压缩气体会形成油包水液滴，其最初在液体混合腔内形成，然后通过输送管道到达喷嘴出口。此外，其中一路压缩空气在射离喷嘴时因受到 Coanda 效应的影响而改变前进方向，并将油包水液滴包裹，进而形成气包油颗粒，最终气包油颗粒被高速射流至切削加工区，从而对刀-屑接触区、刀-工件接触区等加工区进行润滑和冷却。根据射流路径和射流作用对象，三相微量润滑切削加工的射流全过程可以分成喷嘴内部绝热膨胀过程、喷嘴出口射流介质形成过程、近切削加工区自由膨胀过程、切削加工区强渗透过程四个阶段性过程，如图 4-9 所示。

油水气三相微量润滑射流的第 I 阶段（图 4-10），车间用压缩空气经过除水等干燥技术处理后接入微量润滑设备中，压缩空气通过油水气三相微量润滑设备中的一条管道驱动供油装置中的自然可降解植物油进入混合腔，并同时通过油水气三相微量润滑设备中的另一条管道驱动供水装置中的低浓度水溶性切削液进入混合腔。压力作用促使自然可降解植物油和低浓度水溶性切削液在喷嘴内部雾化，形成微细颗粒。植物油分子的亲水特性使其能够吸附在水滴表面，从而在混合腔内形成了具有一层薄壁油膜的微小油包水液滴。由于喷嘴内部与出口处存在较大的压力差，从而使得油包水液滴被射流至喷嘴出口。

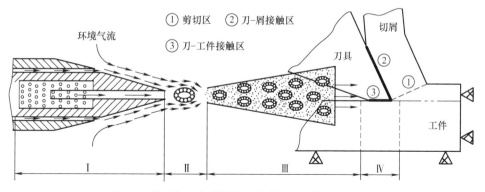

① 剪切区　② 刀-屑接触区

③ 刀-工件接触区

环境气流

切屑

刀具

工件

Ⅰ　Ⅱ　Ⅲ　Ⅳ

图 4-9　油水气三相微量润滑切削加工的射流全过程

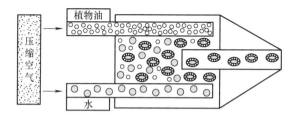

植物油

压缩空气

水

图 4-10　第 Ⅰ 阶段射流的框图模型

油水气三相微量润滑射流的第Ⅱ阶段（图 4-11）主要是切削射流介质（气包油雾滴）的形成过程。油包水液滴在第Ⅰ阶段射流时经过射流通道喷射至喷嘴出口，同时第三路压缩空气从圆锥形喷嘴头部的环形缝隙中流出，由于圆锥形喷嘴从圆柱面变成倾斜面，压缩空气受到 Coanda 效应的影响而不再沿着圆柱形表面流动，改为沿着圆锥形倾斜面流动。在喷嘴出口附近，自射流通道喷射的油包水液滴和因 Coanda 效应改变方向的压缩空气汇聚在一起，从而将其油包水液滴包裹成气包油雾滴形成切削射流介质，同时高速流动的压缩空气吸卷喷嘴周围的空气并作用于切削射流介质上，进一步提供了切削射流介质的射流动力。

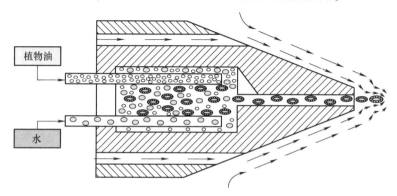

植物油

水

图 4-11　第 Ⅱ 阶段射流的框图模型

油水气三相微量润滑射流的第Ⅲ阶段（图 4-12）主要是气包油射流介质在近切削加工区的自由膨胀过程。由于惯性作用，第Ⅱ阶段射流形成的气包油雾滴将继续向前喷射。在第Ⅲ阶段的初始阶段，介质的射流速度较快，受近切削加工区环境流体阻尼作用影响，射流介质的射流速度有所下降，但绝大部分射流介质仍然以较高的速度到达切削加工区。在此过程中，射流介质的流通面积变大并呈现出自由膨胀的状态。

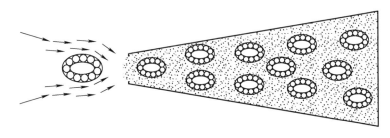

图 4-12 第Ⅲ阶段射流的框图模型

在第Ⅳ阶段射流过程中，微小雾滴到达切削加工区后，表面油膜具有的扩张性使得喷射到工件和刀具表面的雾滴破裂。从微小雾滴破裂而出的水滴吸收切削热后迅速汽化并发生相变而成为蒸汽，进而带走大量的热量以加快散热，以达到冷却目的。同时，油膜将进入刀-屑接触区和刀-工件接触区并形成润滑膜，有效减小塑性变形区和第二变形区的摩擦力，以达到润滑及减少摩擦热的作用。高速雾化射流形成的冲击力还能够起到断屑与排屑的作用。

▶ 2. 微量润滑加工性能试验

为降低传统浇注式冷却润滑带来的环境、工人健康危害，同时也为降低传统切削液使用的高额成本，利用微量润滑技术替代传统浇注式冷却润滑在中小汽车齿轮加工中的使用，获得了良好的经济、环境、社会效益。

微量润滑技术替代传统的滚齿加工工艺，可基于传统湿切滚齿机床进行改造，用微量润滑设备替换滚齿机床的切削液供给系统。利用上海金兆节能科技有限公司发明生产的油水气三相复合微量润滑装置及油品进行微量润滑滚齿切削工艺性能试验，如图 4-13 所示。

滚齿具备的多刃断续切削特性使得微量润滑技术能够很好地应用在该领域。通过对比传统滚齿工艺与微量润滑滚齿工艺（图 4-14），微量润滑技术显示出了优异的切削性能。

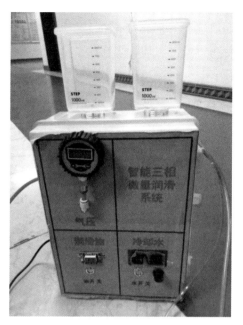

图 4-13 微量润滑装置

a)   b)

图 4-14 传统滚齿工艺与微量润滑滚齿工艺对比试验

a) 传统滚齿工艺   b) 微量润滑滚齿工艺

（1）刀具寿命及其成本方面 传统浇注式切削使得切削液难以大量进入切削加工区，而少量渗透到达切削加工区的切削液遇到高温薄壁产生层状汽化，进而分离冷却介质与被加热表面，这种仅以热对流和热传导进行散热的方式大大降低了切削液的冷却润滑效果。油水气三相微量润滑切削采用特制喷嘴形成高速射流，冷却润滑介质的渗透性能得以提升，使得微小雾滴容易渗透到切削加工区，既可充分发挥润滑作用又能有效降温，冷却与润滑效果得到明显改善。传统滚齿工艺与微量润滑滚齿工艺滚刀寿命及其成本对比见表4-1。与传统滚齿工艺相比，微量润滑技术可使滚刀加工工件数量增加19%。

表4-1 传统滚齿工艺与微量润滑滚齿工艺滚刀寿命及其成本对比

| 加工方式 | 购买费用（元） | 刃磨 | | | | | 单件费用（元） | 单件节省费用（元） | 年预计产量（件） | 单台年节省费用（元） |
		单次刃磨加工件数（件）	刃磨次数（次）	刃磨费（元/次）	刃磨总费用（元）	加工总件数（件）				
油冷	3500	1300	10	60	600	4100	0.32	0.06	185390	11123
微量润滑	3500	1547	10	60	600	4100	0.27			

（2）切削液及冷却电动机耗电成本方面 传统滚齿工艺与微量润滑滚齿工艺切削液及耗电成本对比见表4-2。与传统滚齿工艺相比，微量润滑滚齿工艺在切削液消耗方面的成本降低了69%，冷却电动机耗电成本降低了98%。

表4-2 传统滚齿工艺与微量润滑滚齿工艺切削液及耗电成本对比

润滑方式	切削液月度费用（元）	冷却电动机功率/kW	年度费用（元）	年度节省费用（元）
油冷	884	1.1	13768	10428
微量润滑	274	0.02	3340	

（3）工件质量 与传统滚齿工艺相比，微量润滑滚齿工艺能够保证工件的精度。由于微量润滑技术能够抑制切削加工区切削热的产生，因此能够较好地改善加工工件的表面残余应力分布情况，同时微量润滑滚齿加工工件表面质量较干切滚齿加工工件表面质量好。图4-15所示为传统湿切、干切和微量润滑对比。

同时，油水气三相微量润滑所使用的切削液是可自然降解植物油，大大减少了传统切削液的后续废液处理成本。渗透至切削加工区的微量油膜在起到润滑作用的同时还能对工件起到防锈作用，而包裹切屑的油剂会自然分解，使油水气三相微量润滑切削加工具有更加清洁舒适的工作环境。

▷▷4.2.5 环保微量润滑切削液

▷▷1. 环保微量润滑切削液的要求

微量润滑技术作为一种综合考虑环境影响和资源利用效率的现代制造技术，

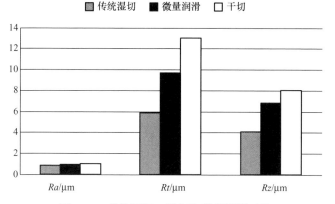

图 4-15 传统湿切、干切和微量润滑对比

其所使用的切削液除了应具备传统切削液所具有的冷却、润滑、清洗、防锈等功能外，还应具备无毒、对操作者无害、不污染环境以及不容易腐败变质等特性，其具体特性应体现在生物降解性、氧化安定性、储存稳定性、经济性等方面。微量润滑切削液的选择流程如图 4-16 所示。

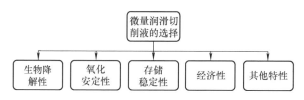

图 4-16 微量润滑切削液的选择流程

现将润滑切削液特性的定义列举如下：

（1）生物降解性 生物降解性是切削液的生物降解能力的重要指标，即切削液被活性微生物分解的能力，其反映了切削液被微生物吸收以及被新陈代谢的趋势。它通常是以一定条件下一定时间内切削液被微生物降解百分率来衡量。可知植物油具有较好的生物降解性，合成酯的波动范围较大，最难降解的是矿物质油。

（2）氧化安定性 切削液的氧化安定性直接影响其性能和使用寿命。在相同条件下，氧化程度越高的，切削液的使用性能越低，寿命也会越短。测量切削液的氧化安定性的方法是，取 20mL 切削液样品暴露在 70℃空气中放置 168h 后，采用碘价法对暴露前后的切削液分子量中碘的价位进行测量，根据测量的结果，碘的价位下降越少，该切削液的氧化安定性就越好。

（3）储存稳定性 切削液通常储存在机床底部开放式的储油槽中，直接对空气开放，同时储存温度较高。而微量润滑切削加工中切削液消耗量较少，购买一次可以使用较长时间，所以必须要保证其储存稳定性。因此要求研究切削液的储存稳定性，即切削液是否易变质、挥发及燃烧。测量方法是，将50mL切削液样品放在100mL的瓶子中，将盖密封，在70℃空气中暴露4周，对其黏度和总酸值进行测量，黏度和总酸值变化越小，说明其储存稳定性越好。

（4）经济性　虽然微量润滑技术使用的润滑油是微量的，但是其润滑油的价格也是一个重要参考因素。目前绿色润滑油主要有植物油、合成酯、聚乙二醇三大类。我国是植物油生产大国，产量位于世界第三，植物油在待选切削液中价格最低。作为绿色切削液的合成酯通常由醇和脂肪酸酯化而成，价格昂贵，而聚乙二醇价格则居于上述两者之间。

（5）其他特性　运动黏度是影响低温微量润滑加工性能较为明显的润滑油参数。一般采用黏度较高的润滑油，刀具和工件间可形成更高承载能力的润滑油膜，润滑效果更好，从而获得更长的刀具寿命。润滑油用量也是重要影响因素。刀具寿命随着润滑油用量的增大而延长，但是在加工过程中存在饱和现象，在保证低温微量润滑切削性能的前提下尽量减小润滑油的用量。因此，低温微量润滑切削时润滑油的选择要综合考虑润滑油在低温时的特性，如黏度、表面张力、倾点等，选择合适的润滑油及其用量对低温切削至关重要。其专用润滑油的主要特性如下：

1）运动黏度（40℃）：$16.5 \sim 21.2 \mathrm{mm}^2/\mathrm{s}$。

2）引火点（COC）：大于250℃。

3）流动点：低于 -45℃。

4）生物降解性（CEC）：100%。

5）毒性：绿色无毒。

6）倾点：不高于45℃。

7）动植物生态：绿色切削液不仅要有良好的生物降解性而且本身及降解产物的毒性也必须小，对动植物影响小，并且毒性累积小。对动物毒性影响的评价方法有 TM 试验方法和 Rainbow Trout Bio-assay 方法，对植物影响的评价方法有植物-毒性试验方法。毒性的大小通常以半致死量 LD^{50}（Lethal Dose，mg/kg）和半致死浓度 LC^{50}（Lethal Concentration，mg/L）来表示，是由动物试验所得的数据经统计处理而得。环境兼容的切削液是易生物降解和 LC^{50} 值大于100mg/L，如果生物毒性累积很低，在水生类中，$LC^{50} = 10 \sim 100 \mathrm{mg/L}$ 也可以接受。

◈ 2. 常用微量润滑切削液的组成

基础油对切削液的生态效应起决定性的作用，为了满足切削液的工况要求，添加剂必不可少。添加剂在基础油中的响应性和对生态环境的影响也是必须考虑的因素。作为微量润滑切削加工用切削液，其基础油有合成酯、植物油、聚

α-烯烃（PAO）和聚乙二醇等。

（1）合成酯　合成酯作为高性能切削液的基础油在航空领域已得到广泛的应用，近年来也被应用于内燃机润滑油领域以弥补矿物油在某些性能上的缺陷。酯是有机酸和醇的反应产物，结构非常稳定，热稳定性及低温性能突出，黏度指数高，具有优良的摩擦学性能，可生物降解，低毒性，但是水解稳定性较差，而且价格很高。

单元酯是一元酸和一元醇的反应产物，具有价格便宜、黏度低、黏度指数高、生物降解性高等优点，但低温流动性差，所以单独作为基础油使用并不多见，大多用作润滑性能改进剂。双元酸酯也称为双酯，可由二元酸和一元醇反应制得，也可由一元酸和二元醇反应得到。多元醇酯由一元酸和多元醇反应制得。多元醇酯由于酯基多，所以极性强，蒸发损失低，润滑性好。多元醇酯有优异的热氧化安定性和低蒸发性，很好的高温油膜强度，可在比双酯高 50 ~ 100℃ 的工作温度下使用。

（2）植物油　植物油最早被用作切削液的基础油，但由于其氧化安定性很差，所以逐步被矿物油所代替。近年来由于保护生态环境的需求，植物油又被重新作为可生物降解润滑油而受到关注。植物油具有良好的润滑性能，黏度指数高，无毒和易生物降解，而且可以再生，但其热氧化安定性、水解稳定性和低温流动差，价格较高。

植物油主要指菜籽油、棉籽油、米糠油、棕榈油和蓖麻油等。大多数植物油来自植物的种子或果实，由压榨或溶剂抽提法制得，各有特点。植物油的主要成分是甘油和脂肪酸形成的甘油酯。这种类型的基础油是可生物降解的，而且与矿物油相比，显现出优异的摩擦学性能（低摩擦系数，优的防磨损性能），其应用范围受到热氧化安定性和水解稳定性较低、部分地受冷流动性能较差的限制。这些性能可用添加剂或者用选种、种植遗传改性的新型植物逐渐加以改进。

（3）聚 α-烯烃　聚 α-烯烃是由高支链、全饱和、无环状烃组成，可得到很多黏度级别，具有很好的低温流动性，倾点低，挥发性低，加氧化抑制剂时有高的氧化安定性和热稳定性，具有很好的黏温特性，较好的摩擦特性，但不如酯类油，可与矿物油和酯类油无限混溶，还具有良好的水稳定性和良好的耐蚀性，不含芳烃。但其抗擦伤和抗磨性不如矿物油、聚醚和酯类油，对极压和抗磨添加剂的溶解度一般。

聚 α-烯烃基础油的生物降解性与其黏度间存在一定的关系，高黏度的基础油不能快速生物降解，但低黏度的基础油（40℃ 运动黏度为 2 ~ 4mm²/s）容易生物降解。CEC L-33-T82 试验表明 PAO-2 和 PAO-4 在 21 天后即分解了 90%；PAO-6 生物降解性则较差，测定仅有 ≤20% 的聚 α-烯烃被消耗掉。

聚 α-烯烃对水生物无毒性影响，同时对哺乳动物也是无毒和无刺激作用的，所以低黏度的油可用作环境友好切削液的基础油。

（4）聚乙二醇　聚乙二醇生态毒性小，生物降解快，其生物降解性随着分子量的增大而减小，对于分子量小于 600 的聚乙二醇，其 21 天的生物降解率可高于 80%。因此低分子量的聚乙二醇可作为环境友好切削液的基础组分。聚乙二醇主要缺点是与矿物油或酯不互溶，但可以溶于水。

（5）添加剂　为了使切削液能够满足实际工况要求，需要添加各类添加剂，对于环境兼容切削液也不例外。环境兼容切削液要求添加剂低毒性、低污染、可生物降解或至少不妨碍基础油的生物降解性，这就限制了可以使用的添加剂种类。不同基础油对添加剂的感受性不一样，二者的生物降解性也没有加合性，因此选择合适的基础油和添加剂非常重要。选择环境兼容切削液添加剂必须考虑下列因素：①低毒性；②不含有机氯和亚硝酸盐化合物；③至少具有 >70% 的生物降解性；④水污染基准 ≤1；⑤添加剂浓度 ≤5%。各类常用添加剂的水污染等级和生物降解率见表 4-3。硫化脂肪是天然的可生物降解的极压抗磨添加剂，琥珀酸衍生物的生物降解率为 80%。而且不同的添加剂对切削液的生物降解性有不同的影响。因此须仔细选择添加剂，以免造成切削液的生物降解性大幅度下降。

表 4-3　各类常用添加剂的水污染等级和生物降解率

添加剂	化学成分	水污染等级	生物降解率（%）	方法
极压抗磨剂	硫化脂肪（10%S）	0	80	CEC L-33-T82
	硫化脂肪（18%S）	0	60	CEC L-33-T82
防腐剂	二烷基苯磺酸盐	1	50	CEC L-33-T82
	琥珀酸衍生物	1	80	CEC L-33-T82
	丁二酸衍生物	1	70	OECD 302B
	苯三唑衍生物	1	28 天后为 17	MITI11
抗氧剂	BHT	1	35 天后为 24	—
	烷基二苯胺	1	9	OECD 301D

▶ 3. 切削液的选用方法

选择用油基切削液还是用水基切削液，首先要根据企业的实际情况来决定。如果更多地强调防火和安全性，就应考虑选择水基切削液。选择水基切削液，则要求企业具备相关废液处理的设施。其次要根据机床来进行选择，一些机床在设计时规定使用油基切削液，就不要轻易改用水基切削液，以免影响机床的使用性能。通过权衡这几个条件后，便可确定选用油基切削液还是水基切削液。

在确定切削液的类型后，可根据加工方法、要求加工的精度、表面粗糙度等条件和切削液的特征来进行第二步选择，然后对选定切削液能否达到预期的要求进行鉴定，最后做出明确的选择结论。

（1）根据机床要求进行选择　随着加工工业的迅猛发展，高、精、尖的数控机床越来越多，因此，对切削液的品质要求也相应提高。在选用切削液时，必须考虑到机床的结构设计是否适应此类切削液。若选择不当，则会导致机床有关零件的腐蚀、磨损，最终导致机床精度下降，影响工件的精度。

从机床保养的角度来看，应尽量选择防锈性能良好的切削液。有些机床在设计时仍然考虑使用传统油基切削液，没有特殊的装置来保护机床内部机构免受外界水、汽的侵袭。因此，对于那些没有考虑使用水基切削液的机床，要转用水基切削液时必须慎重，必要时要做适当的改装。

从机床的精密程度来看，精密程度不太高的普通机床应根据刀具材料、加工参数、工件材料的需要进行选择。而如果是精度和自动化程度很高、价格昂贵的机床，宜采用油基切削液，工艺要求采用水基切削液时，则应选用防锈性极好的水基切削液。

从密封程度来看，有些机床的冷却润滑系统、液压系统密封性不好，常常出现所谓的"串油"现象，油类之间发生交叉乱窜，这样既影响机床本身的液压、润滑性能，又影响切削液的加工性能。在这种情况下，应采用多效能切削液，既同时具备切削液的加工性能，又兼备液压油的使用性能，防止交叉污染问题。

（2）根据刀具材料进行选择　我国切削加工中，应用最多的是高速钢刀具，其次是硬质合金钢，而陶瓷、立方氮化硼和金刚石制成的刀具运用比较少。不同的刀具材料对切削液的要求也不一样。

1）工具钢刀具的耐热温度为 $200 \sim 300℃$，要求切削液的冷却效果好。

2）高速钢（如 W18Cr4V、W6Mo5Cr4V2、W6Mo5Cr4V3 等）的耐热性明显比工具钢好，允许的最高温度可达 600℃，可用于各种刀具，特别是形状较为复杂的刀具，如钻头、铣刀、拉刀、齿轮刀具、丝锥、板牙、刨刀等。在高速切削时，刀具磨损主要是热磨损造成的，由于发热量大，这时应以冷却为主，采用含极压抗磨剂的水基切削液为宜。

3）硬质合金刀具是由碳化钨（WC）和碳化钛，以钴为黏结剂通过粉末冶金工艺制成的，其硬度为 $74 \sim 82HRC$，比高速钢的硬度（$62 \sim 70HRC$）高，允许最高工作温度可达 1000℃。在开始切削之前，最好预先用切削液连续、充分地浇淋。切削时，要用大流量切削液喷淋切削区，以免造成刀具受热不均匀产生崩刃。针对硬质合金刀具选用切削液要慎重，选择合适而且能明显提高刀具寿命的，否则，效果相反。

4）制作刀具的陶瓷材料分为矿物陶瓷和金属陶瓷两种。前者是以氧化铝（Al_2O_3）为原料冷压烧结而成的，后者是在氧化铝基体中加入高温碳化物和金属添加剂制成的。对于冷压陶瓷刀具不能使用切削液，而对于热压陶瓷刀具虽然可用切削液，但是不能直接冲击刀片。陶瓷刀具使用适当，生产率可比常规硬质合金刀具提高几倍。因此，陶瓷是很有发展潜力的刀具材料。

（3）根据工件材料进行选择 对于不同的材料，进行切削加工的难易程度也有所不同，这与材料的力学性能以及导热性和化学稳定性有关。切削加工中工件材料的种类很多，常见的工件材料有黑色金属（主要是各种钢及铸铁）和有色金属（主要是铜、铝及其合金）。

按材料加工难易程度可分为以下几类：

1）铜、铝、镁合金的切削。铜、铝、镁合金强度低、硬度低、导热性好、加工时切削力小、切削温度低，刀具不易磨损，因此可以选择干切。但是，在切削用量比较大的情况下，为了提高刀具寿命或者精加工时为了保证工件表面质量，一般使用切削液。其中加工铝合金时应使用中性或弱酸性的水基切削液，这是由铝的化学活泼性决定的；加工黄铜时可使用稍加菜籽油的油基切削液或高浓度不含硫的乳化液以增强润滑效果。

2）铸铁的切削。铸铁属于脆性材料，加工时可不使用切削液。因为铸铁成分中含有一定量的石墨，石墨是一种固体润滑剂，因此加工过程中自身能起到一定的润滑作用。在切削过程中，铸铁材料塑性变形小，摩擦系数小，温度不高。当磨削铸铁和用宽刃刨刀刨削铸铁平面时，通常用煤油或加硫化矿物油的混合液进行润滑冷却。

3）中、低碳素结构钢及合金钢的切削。碳素结构钢及合金钢是机器的主要结构材料。由于机械零件的工作条件千变万化，相应的钢种也相当多，并且每一种钢的热处理方式又不尽相同，因此，钢的性能也各不相同。例如碳的质量分数在0.25%以下的为低碳钢和低碳合金钢，其塑性和韧性较高，而强度和硬度较低。这类材料的滚削、插削、剃削一般选用黏度较高的活性型切削液。而碳的质量分数在0.25% ~0.6%的钢称为中碳钢及中碳合金钢。这类材料的强度和硬度较低碳钢高，而塑性及韧性较低碳钢低，可选用极压型乳化油或活性型切削油。

4）高温合金的切削。高温合金又称为耐热合金或热强合金，具有优良的高温强度、热稳定性及抗热疲劳性等，其可加工性很差。因此，选用的切削液要求具有良好的润滑、冷却功能。

以上分析说明了根据工件材料来选用切削液的复杂性，影响因素非常多，选择切削液要综合考虑。

（4）根据加工方法进行选择 切削加工是一个复杂过程，尽管是切削一种材料，但当工艺参数改变或零件型号改变时，切削液显示的效果就完全不同，因此，选择切削液时要结合加工工艺和加工工序的特点来综合考虑。对于不同切削加工类型，金属的切除特性是不一样的，难度较高的切削加工对切削液要求也较高。切削过程的难易程度，按从难到易的次序排列如下：内拉削—外拉削—攻螺纹—螺纹加工—滚齿—深孔钻—镗孔—用成形刀具切削螺纹—高速低进给切削螺纹—铣削—钻孔—刨削—车削（单刃刀具）—锯削—磨削。

上述排列顺序并不是绝对的，因为，刀具材料的变化、刀具形状的变化或者工件材料的变化对加工的难易程度也有不同程度的影响。

按加工要求不同，金属切削一般分为粗加工和精加工，这两种加工的性质对切削液的要求也有所不同。

1) 粗加工。粗加工时切削速度较高，对工件表面质量的要求不太高，加工余量和切削用量较大，这是粗加工的特点。粗加工时使用切削液的目的主要是减小切削力和降低切削温度。因此，切削液一般选用以冷却为主的水基切削液，如乳化液、合成液和微乳液。因为水溶液的热容量大、流动性好、热导率大，因此冷却性能优良。

2) 精加工。精加工对工件的精度和表面质量要求很高。此时，应根据刀具和工件材料以及切削用量的变化来选择切削液。

用高速钢刀具进行加工时，应选用具有良好润滑性和冷却性的切削液。在较低切削速度（<10m/min）下，切削区的温度不高，刀具磨损主要是机械磨损，因此切削液的润滑性要好。在中等切削速度（10~30m/min）下，热量相对增加，此时切削液的润滑性和冷却性同样重要，应选用流动快、渗透性好、黏度低的切削液。在更高的切削速度下，刀具的磨损形式为热磨损，此时切削液的冷却性显得尤为重要，一般采用极压型合成切削液或微乳液。总之，在精加工时，无论是选用水基切削液还是油基切削液，是活性型的还是非活性型的切削液，除根据加工方式、材质、切削用量选择外，还要通过实际应用经验而定。

4.3 机床干式切削技术

高速干式切削技术是在20世纪80年代高速切削技术实现了突破并实现推广应用后才得到各国科研工作者和学者的大力研究和发展的，相较于高速切削，除了效率较高外，还具有更加绿色环保的特性。基于日益高涨的环保要求和高速切削技术的成熟，到20世纪90年代中期，各国已经将主要精力投入到高速干式切削技术的研究中。其中，德国和日本率先开发出了采用高速干式切削技术的数控加工机床。随后，美国、英国、加拿大等工业发达国家也进行了高速干式切削加工技术的研究，部分发展中国家同样积极鼓励和支持制造业展开高速干式切削技术的研究。高速干式切削技术作为一种绿色高效的加工技术，满足全球绿色生态发展的要求，必然成为整个切削加工领域的发展趋势。滚齿加工是关键传动零部件——齿轮的主要成形工艺，因此对高速干切滚齿机床的探索具有重要意义。下面将以高速干切滚齿机床为例，对其工艺原理及参数体系、切削热分析和热平衡分析进行详细介绍。

4.3.1 高速干切滚齿工艺原理及参数体系

1. 高速干切滚齿工艺原理

滚齿工艺是根据交错轴斜齿轮啮合原理来完成加工的，高速干切滚齿工艺成形原理与传统滚齿工艺类似。图 4-17 所示为高速干切滚齿工艺示意图。由图 4-17a 所示的滚切运动关系分析可知，为加工出齿轮齿形，主要包括：主运动——滚刀的高速旋转运动；为形成包络齿形，工件和滚刀配合旋转形成的展成运动；为切出全齿宽上的牙齿，滚刀还须沿工件轴线方向做轴向进给运动。在加工斜齿轮时，还需要工件附加转动（即差动传动链）。

高速干切齿轮滚刀加工齿轮类似于一对交错轴斜齿轮副的啮合过程，滚刀实际上是一个螺旋角很大的斜齿轮，呈蜗杆状。滚齿时，滚刀切削刃在齿轮横截面内相当于齿条平移，因此切出的渐开线齿形是齿条运动轨迹的包络线。图 4-17b、c 所示分别为通过数字仿真和计算得到的滚刀切削刃空间轨迹曲面簇和齿形包络示意图；图 4-17d 所示为通过三维 CAD 仿真软件仿真得到的单个刀齿切除工件材料的切屑成形过程。

可以发现，高速干切滚齿工艺中齿形通过展成运动形成包络曲线簇，齿轮工件成形原理较为复杂。但是同一模数的齿轮滚刀可以加工出相同模数和压力角，但齿数、变位系数和螺旋角不同的各种圆柱齿轮，且滚齿加工效率较高，质量较好，应用非常广泛。

2. 高速干切滚齿工艺参数体系

高速干切滚齿工艺是一个复杂的齿轮加工过程，在高速、无切削液条件下加工，且长时间处于连续工作状态，机床内部传动和运动关系非常复杂。能够影响高速干切滚齿工艺效果的因素很多，主要包括高速干切机床性能、刀具性能、加工参数等。为较为全面地分析，建立如图 4-18 所示的高速干切滚齿工艺参数体系。

由图 4-18 可以发现高速干切滚齿工艺相关工艺参数较多，计算较为复杂。高速干切滚齿工艺参数包括齿轮工件的几何参数，高速干切滚刀的几何参数，高速干切机床的技术参数，进给量、切削速度、主轴转速等切削工艺参数，以及切削时间、工件误差、单件加工成本等工艺性能评价参数。工艺参数表示符

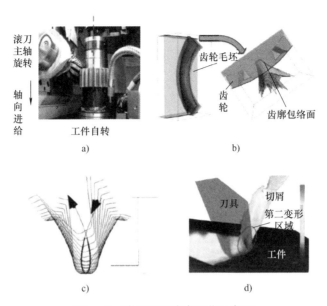

图 4-17 高速干切滚齿工艺示意图

a）滚切运动关系 b）滚刀切削刃空间轨迹曲面簇 c）齿形包络示意图 d）切屑成形仿真

号见表 4-4。这些参数都会对齿轮工件质量、加工效率、高速干切滚刀寿命产生直接的影响，进而影响工件的单件加工成本，需要进行分类分析。

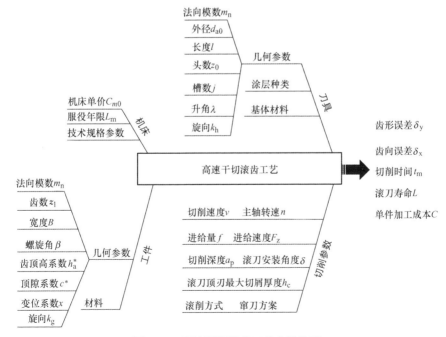

图 4-18 高速干切滚齿工艺参数体系

表 4-4　工艺参数表示符号

参数名称	符号	参数名称	符号
齿轮法向模数	m_n	滚刀法向模数	m_n
齿轮齿数	z_1	滚刀头数	z_0
齿轮旋向	k_g	滚刀外径	d_{a0}
齿轮螺旋角	β	滚刀槽数	j
齿轮压力角	α	滚刀旋向	k_h
齿轮宽度	B	切削速度	v
齿顶高系数	h_a^*	进给量	f
顶隙系数	c^*	进给速度	F_z
切削时间	t_m	主轴转速	n
单件加工成本	C	滚刀安装角度	δ
滚刀寿命	L	滚刀顶刃最大切屑厚度	h_c
齿形误差	δ_y	齿向误差	δ_x

注：齿轮和滚刀旋向取值标准，左旋：$k_g = -1$，$k_h = -1$，右旋：$k_g = 1$，$k_h = 1$。

（1）齿轮工件参数　齿轮是传递动力的重要机械零件之一。齿轮材料种类很多，规格不一，工程塑料、陶瓷、有色金属以及黑色金属均可作为齿轮材料。齿轮工况复杂，失效形式多种多样，齿轮材料的选择尤为重要。对于高速干切滚齿工艺，目前主要适用于金属材料齿轮的切削成形，常见的如汽车传动系统中的 45 钢、40Cr、20CrMnTi 齿轮等。在高速干切滚齿工艺中，齿轮材料的可加工性是影响切削参数的重要因素。表 4-5 所列为齿轮常用材料及其抗拉强度。齿轮是一种具有复杂曲面的传动件，其几何参数较为复杂，但有一定规律。表 4-6 所列为齿轮常用参数的符号及计算方法。

表 4-5　齿轮常用材料及其抗拉强度

齿轮常用材料	45 钢调质	40Cr	35SiMn	40MnB	20Cr
抗拉强度 R_m/MPa	647	700	750	735	637
齿轮常用材料	20CrMnTi	ZG45	ZG55	QT600 - 3	QT700 - 2
抗拉强度 R_m/MPa	1079	580	650	600	700

表 4-6 齿轮常用参数的符号及计算方法

参数名称	符号	计算方法
法向模数	m_n	按标准给定
齿数	z_1	设计确定
旋向	k_g	设计确定（左旋 -1，右旋 $+1$）
螺旋角	β	设计确定
分度圆法向压力角	α_n	设计确定
分度圆端面压力角	α_r	$\tan\alpha_n = \tan\alpha_r \cos\beta$
分度圆直径	d	$d = (m_n/\cos\beta)z$
齿顶圆直径	d_a	$d_a = m_n z_1/\cos\beta + 2h_a^* m_n$
宽度	B	设计确定
变位系数	x	设计确定
齿顶高系数	h_a^*	正常齿：1，短齿：0.8
顶隙系数	c^*	正常齿：0.25，短齿：0.3
材料	—	设计确定

齿轮是高速干切滚齿工艺的加工对象，其材料的可加工性是制定切削工艺参数的关键因素，需要谨慎考虑。其他几何参数是设计人员基于齿轮的使用要求而确定的，在高速干切滚齿工艺中不用优化。

（2）高速干切滚刀基本参数 齿轮滚刀是按交错轴斜齿轮啮合原理加工齿轮的。理论上，滚刀的形状应是开容屑槽、具有一定前角（可为 0°）和后角的渐开线斜齿圆柱齿轮。但由于一般齿轮滚刀的头数较少（1 ~ 4 头），螺旋角较大，其外形似开了槽的渐开线蜗杆。图 4-19 所示为普通滚刀和高速干切滚刀。从图中看出，高速干切滚刀为整体式滚刀，并且长度更长，对涂层要求也更高。高速干切滚刀几何参数与普通滚刀类似，都包括模数、压力角、头数、槽数、外径、长度、旋向、螺旋角等。表 4-7 所列为高速干切滚刀参数及计算方法。

a)   b)

图 4-19 普通滚刀和高速干切滚刀

a）普通滚刀 b）高速干切滚刀

表 4-7　高速干切滚刀参数及计算方法

参数名称	符号	计算方法
法向模数	m_n	按标准给定
法向压力角	α_n	按标准给定
头数	z_0	设计确定
槽数	j	设计确定
外径	d_{a0}	设计确定
旋向	k_h	设计确定（左旋 -1，右旋 $+1$）
升角	λ	$\lambda = k_h \arcsin\,(z_0 m/d_{a0})$
基体材料	—	PM－HSS 或 HM
涂层	—	设计确定

高速干切滚刀的几何参数对制定切削参数有一定影响。增加滚刀头数 z_0，可以增大轴向进给速度，缩短滚切加工时间，提高生产率。目前，各刀具生产商设计的高速干切滚刀普遍采用 2 或 3 头，普通滚刀主要是单头和双头的居多。

另外，由于高速干切滚齿工艺缺少切削液的润滑和散热，要求高速干切滚刀具有更高的耐热性和抗冲击性，对其基体材料和涂层的要求也相对苛刻。如何选用高速干切滚刀基体材料和涂层是实现高速干切滚齿工艺的关键技术。高速干切滚刀基体材料目前常用的是粉末冶金高速钢（PM－HSS）和硬质合金（HM）。粉末冶金高速钢滚刀可靠性好且成本较低，目前应用较为广泛。

高速干切滚刀与普通滚刀最大的区别在于其涂层技术更为先进，涂层性能更好。为减少刀具与工件间的元素扩散和化学反应，从而减缓刀具磨损并提高滚刀表面的硬度、耐磨性、耐热氧化性，进而提高刀具的切削性能，高速干切滚刀表面必须覆盖涂层。常见的高速干切滚刀涂层材料主要有 TiAlN、AlCrN 以及多元复合涂层。如图 4-20 所示，刀具涂层的发展逐步由单一涂层发展为多元复合涂层。刀具涂层技术的快速发展和成熟为高速干切滚刀提供了技术支持。高速干切滚刀涂层的厚度一般为 $2 \sim 15 \mu m$，因为比较薄的涂层在冲击载荷下经受温度变化的性能较好，薄涂层的内部应力较小，不易产生裂纹。

（3）高速干切滚齿机床参数　滚齿机是使用最广泛的齿轮加工机床，其数量约占齿轮加工机床总数的 45%。高速干切滚齿机床相比普通滚齿机床，其床身结构必须更有利于切屑的自动排出以带走切削产生的热量，另外，主轴转速要更高才能实现高速切削。高速干切滚齿机床主要技术规格参数包括最大工件直径、最大工件模数、刀架最大垂直行程、最大加工螺旋角、刀架回转角最小读数、滚刀轴向移动量、滚刀主轴锥孔锥度、允许安装滚刀的最大直径及长度、滚刀可换心轴直径、工作台直径、工作台孔径、径向电动机转矩及转速、滚刀

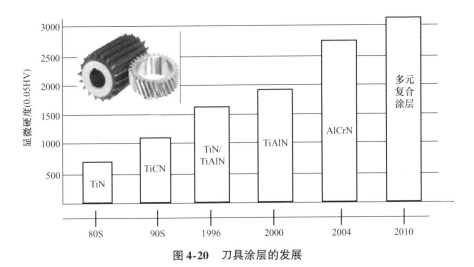

图 4-20　刀具涂层的发展

主轴转速范围、轴向电动机转矩及转速、主电动机功率、机床净重以及机床轮廓尺寸（长、宽、高）等。图 4-21 所示为立式高速干切滚齿机床的结构简图。

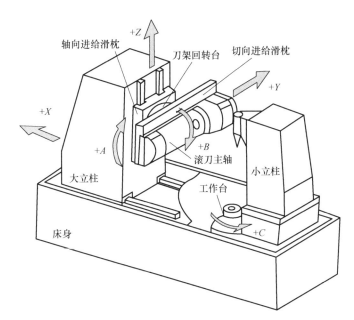

图 4-21　立式高速干切滚齿机床的结构简图

≫3. 高速干切滚齿切削工艺参数

高速干切滚齿切削工艺切削速度高且缺少切削液的冷却润滑，因而其切削参数对机床热变形误差、刀具寿命和工件质量等影响都很大。图 4-22 所示为高速干切滚齿切削工艺参数及运动关系。滚齿加工时，齿轮工件绕工作台自转，滚刀绕刀具主轴高速旋转，并向工作台轴向进给。高速干切滚齿切削参数包括切削速度 v、滚刀主轴转速 n、进给量 f、进给速度 F_z、背吃刀量 a_p 等一般工艺常见的切削参数。

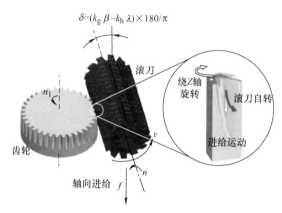

$$\delta = (k_g\beta - k_h\lambda) \times 180/\pi$$

图 4-22　高速干切滚齿切削工艺参数及运动关系

切削速度 v 是指滚刀切削工件的线速度，与机床主轴转速 n 和滚刀直径相关，其计算公式见式(4-6)。当干切滚刀选择配置后，切削速度通过高速干切滚齿机床的主轴转速进行控制，所以，高速干切滚齿机床的主轴转速必须能达到一定的值才能给干切滚刀提供所需的较高切削速度。

$$v = n\pi d_{a0}/1000 \tag{4-6}$$

进给量 f 是指工作台每转一转高速干切滚刀沿工件轴线方向进给的距离。进给量直接影响切屑的几何形态，对滚刀在滚切时的振动影响很大，进给量过大会直接对滚刀造成严重磨损或者崩刃等失效危险。进给量的选择对滚刀寿命的影响很大，需要慎重选择。

进给速度 F_z 是指滚刀沿工件轴线方向进给的速度，直接影响切削时间，其计算公式见式(4-7)。进给速度与进给量和切削速度直接相关，还与滚刀直径、齿轮齿数、滚刀头数有关。进给速度是高速干切滚齿工艺数控编程的关键参数。

$$F_z = 1000 f z_0 v(\pi d_{a0} z_1) \tag{4-7}$$

背吃刀量 a_p 是滚齿时滚刀沿工件径向切入的深度，由于在高速干切滚齿工艺中常采用一次进给，所以一般情况下 a_p 就等于齿轮齿槽深度。

在高速干式滚齿工艺中，干切滚刀的基体材料和涂层对切削参数的影响很大。表 4-8 所列为滚刀材料和涂层对应的切削参数范围。高速干切滚齿工艺参数与传统湿切参数差别很大，干切的切削速度高很多，目前对于粉末冶金高速钢滚刀切削速度一般取 160 ~ 300m/min，硬质合金滚刀切削速度更高，一般在 250 ~ 400m/min。而对于进给量，为保证加工质量和滚刀寿命，干切工艺的取值要小很多。但是由于高速干切滚齿工艺的切削速度高，即使进给量小，其进给速度也很快，加工效率相对也比较高。

表 4-8　滚刀材料和涂层对应的切削参数范围

材料	高速钢 TiN 涂层	高速钢 TiAlN 涂层	硬质合金 TiAlN 涂层
加工方式	湿切	干切	干切
线速度/(m/min)	70 ~ 150	160 ~ 300	250 ~ 400
进给量/(mm/r)	1.8 ~ 4	1.2 ~ 2.5	0.8 ~ 2

除上述普通切削加工工艺都存在的切削参数外，高速干切滚齿工艺切削参数还包括滚刀顶刃最大切屑厚度、滚刀安装方式、滚刀进给方式以及窜刀方式等特征切削参数。

（1）滚刀顶刃最大切屑厚度　切屑厚度是切屑的三维几何特征的体现，它直接影响滚切过程中刀具承受的负载以及由切屑带走切削热的多少，进而影响刀具磨损和工件质量。此外，切屑的体积是该工艺材料去除率的一个重要指标。因此，获取切屑几何特征参数对分析高速干切滚齿工艺性能具有重要意义。

德国学者 Hoffmeister 博士指出，滚刀顶刃最大切屑厚度 h_c 是影响刀具寿命的关键参数。滚刀顶刃最大切屑厚度反映的是依据齿轮工件材料的强度和滚刀切削性能而得到的滚刀不发生崩刃失效的许可值。Hoffmeister 博士开展大量试验，建立了经验公式确定最大切屑厚度与滚刀、齿轮和切削参数的关系，见式(4-8)。至今，该公式仍然在生产实践中被广泛应用于确定轴向进给量，并取得了良好的效果。

$$h_c = 4.9 m_n z_1 (9.2510^{-3}\beta - 0.542) e^{-0.015\beta} e^{-0.015x}$$

$$\left(\frac{d_{a0}}{2m_n}\right)^{-8.25 \times 10^{-3}\beta - 0.225} \left(\frac{j}{z_0}\right)^{-0.877} \left(\frac{f}{m_n}\right)^{0.511} \left(\frac{a_p}{m_n}\right)^{0.319} \tag{4-8}$$

（2）滚刀安装方式　由于齿轮的齿形曲面复杂，为加工出齿轮的螺旋槽齿形，高速干切滚齿时必须使滚刀轴线和工件轴线符合一定的轴交角，即滚刀需要按一定的安装角安装在刀架上。安装角的大小和方向由工件和滚刀的螺旋角和旋向确定，不需要进行优化。所以根据旋向区分，滚刀一共有 4 种安装方式，如图 4-23 所示。为方便计算，将齿轮和滚刀的旋向参数化，即可得到滚刀安装角计算公式，即

$$\delta = (k_g\beta - k_h\lambda) \times 180/\pi \tag{4-9}$$

式中，k_g 和 k_h 分别是齿轮和滚刀的旋向，左旋：$k_g = -1$，$k_h = -1$，右旋：$k_g = 1$，$k_h = 1$。

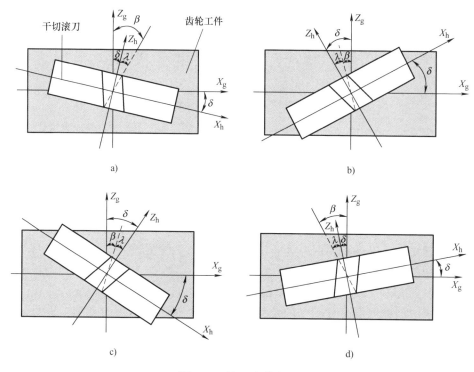

图 4-23　滚刀安装方式

a）右旋滚刀加工右旋齿轮　b）右旋滚刀加工左旋齿轮
c）左旋滚刀加工右旋齿轮　d）左旋滚刀加工左旋齿轮

（3）滚刀进给方式　高速干切滚齿工艺通常应用于中小模数齿轮的加工，在工件径向采用一次进给方式，直接切出全齿深度。如图 4-24 所示，高速干切滚齿工艺有逆铣和顺铣两种走刀方式。当滚刀的旋转方向与垂直进给方向相同时，称为逆铣；当滚刀旋转方向与垂直进给方向相反时，称为顺铣。在高速干切滚齿中多采用顺铣的进给方式。

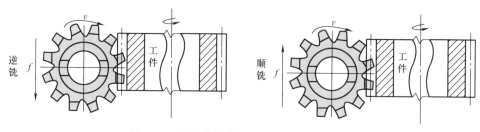

图 4-24　圆柱齿轮滚切加工中滚刀进给方式

（4）窜刀方式　滚齿时，由于切削区每个刀齿的切削量不同，各刀齿的磨损情况也不一样。与传统滚切工艺相似，为了消除少数刀齿严重磨损、多数刀齿轻微磨损的弊端，进而提高整把高速干切滚刀的寿命，并同时保证齿轮表面的精度，干切滚刀也需要进行合理窜刀。如图 4-25 所示，高速干切滚刀保持安装角不变，沿滚刀轴向（Y 向）进行窜刀。

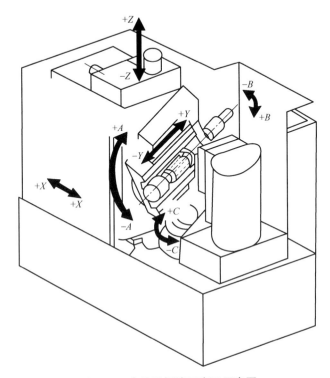

图 4-25   高速干切滚刀窜刀示意图

4.3.2   高速干切滚齿切削热分析

金属切削加工中，切削热产生后首先在切屑、刀具和工件之间传递和分配，其分配关系直接影响刀具的温升，进而影响刀具磨损。随后，切削热随切屑、刀具和工件、切削液在切削空间中耗散，部分传递至机床，导致机床热变形及加工误差等问题。剖析切削热的传递过程，揭示其传递机理，可以为探寻改善滚刀磨损、工件质量、机床热变形的方法与措施提供理论支撑。

滚齿加工是一种基于展成原理，由多切削刃断续切削包络形成工件齿形的切削工艺，即一系列分布在滚刀基本蜗杆螺旋面上的刀齿，按照展成包络原理相继切除金属材料。该工艺明显区别于车削等连续切削加工工艺：滚齿加工过程中滚刀刀齿在切削和非切削两种状态之间交替变换。尤其对于高速干切滚齿工艺，由于不使用切削液，而改用压缩空气作为冷却介质，并且高速条件下切削热的产生速度更快，也更易在滚刀上和切削空间中聚集，使得高速干切滚齿工艺切削热的传递过程及其机理呈现出较强的独特性和复杂性。因此，建立高速干切滚齿工艺切削热的传递过程模型，明确切削热的传递路径及传递机理，揭示工艺参数及几何参数等因素对高速干切滚齿工艺热传递特性的影响规律，可以为切削热调控及工艺系统温升控制策略的选择提供有效指导。

▷▷ **1. 高速干切滚齿切削热生成过程**

在滚齿加工过程中，切削热的产生与刀具切除工件材料的过程紧密关联。以一次方框逆铣式滚齿为例，滚刀切除工件材料的运动模型如图4-26a所示，滚刀起动后从原点位置以快进方式到达工件齿轮上方的切削起点，然后以工进方式逐渐切出齿轮齿部齿形并到达工件齿轮下方的切削终点，最后以快退方式回到滚刀原点。

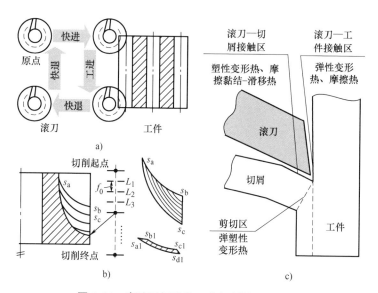

图4-26　高速干切滚齿工艺切削热的溯源图

a）滚刀一次方框逆铣运动模型　b）工进时的滚齿切削图形　c）切削热源

图4-26b所示为工进时的滚齿切削图形，它是工进时工件齿轮纵截面中滚刀切削齿槽时的运动图形。开始切削时滚刀的初始位置位于切削起点，当工件旋转一转时滚刀沿工件轴线运动 f_0，同时滚刀中心从 L_1 位置到达 L_2 位置并在齿槽中切去 $s_a s_b s_c$ 区域的金属材料。$s_a s_b s_c$ 区域是由若干刀齿切出的，其中的 $s_{a1} s_{b1} s_{c1} s_{d1}$ 区域是由某颗刀齿所切出的。

图4-26c所示为 $s_{a1} s_{b1} s_{c1} s_{d1}$ 区域形成过程中切削热的生成情况。当滚刀刀齿强制切除工件材料时，所生成的切削热来源于剪切区的弹塑性变形热、滚刀—切屑接触区的塑性变形热及摩擦黏结-滑移热、滚刀—工件接触区的弹性变形热与摩擦热。在此过程中，滚刀刀齿切除工件材料所做的功，除极少一部分

用以形成新表面和以晶格扭曲等形式形成潜藏能并成为工件和切屑所增加的内能外，绝大部分的功都转换成切削热。根据金属切削加工理论，滚刀刀齿切除工件材料所产生的切削热可表达为

$$Q_{heat} = Q_{deform} + Q_{friction} \qquad (4\text{-}10)$$

式中，Q_{heat} 是切削热（J）；Q_{deform} 是弹塑性变形产生的热量（J）；$Q_{friction}$ 是摩擦功产生的热量（J）。

图 4-26 同时表明，每个齿槽在轴向运动 f_0 的过程中有多个刀齿做功而产生切削热，在滚切形成齿轮所有齿槽的过程中，多个刀齿数次重复相似的切削过程进而产生大量的切削热。滚刀刀齿由于间断地参与材料去除过程，使得刀齿上切削热的产生过程具有非连续性，即在切削加工状态下刀齿将产生切削热而处于热量生成的阶段，在非切削加工状态下刀齿不产生热量而是将所生成的切削热传递给周围的物质，处于热量散失的阶段。

高速干切滚齿是在传统齿轮滚切工艺的基础上通过工艺技术与装备创新而发展起来的一种齿轮制造技术，在切削热产生机制方面与传统滚齿工艺相同，但是由于切削速度高，具有单位时间内切削热产生量大的特点，同时缺少切削液的润滑，刀齿与切屑和工件的摩擦生热有所增加。

▶ 2. 高速干切滚齿切削热传递过程

高速干切滚齿加工过程中切削热的间断性生成特征使得滚刀刀齿等的传热过程也具有断续性。此外，不同于主要依靠切削液进行冷却润滑并带走大部分切削热的传统滚齿技术，高速干切滚齿工艺不使用切削液而改用压缩空气。压缩空气在快速射流过程中的强制对流换热会影响切削热的传递，而且高温切屑经过机床切削空间进入集屑器的过程中将带走一部分切削热，同时由于部分高温切屑掉落在切削空间内会向机床传递热量。根据上述分析，高速干切滚齿多刃断续加工中切削热的传递过程独特而又复杂。

根据高速干切滚齿加工中切削热在切削区断续产生及传递的特征，切削热产生于切削接触界面并分配到直接接触的切屑、滚刀和工件中；然后，压缩空气射流引起切削热在滚刀和工件等之间重新分配；最后，高温切屑经过机床切削空间直至被集屑器收集而带走切削热。综合考虑切削热在切屑、滚刀、压缩空气、工件、机床切削空间等之间的传递规律，可将高速干切滚齿多刃断续加工切削热的产生与传递过程划分为三个阶段：切削接触界面传热、切削区传热、切削空间传热，如图 4-27 所示。

第一阶段传热是指切削热在切削接触界面的生成与传递：由于切屑发生剧烈形变以及滚刀刀齿与工件材料的摩擦而产生切削热，并通过切削接触界面在相互接触的切屑、滚刀刀齿、工件之间进行分配。该阶段的热传递机理可以揭示高速干切滚齿所产生的切削热以及切屑可带走的切削热。

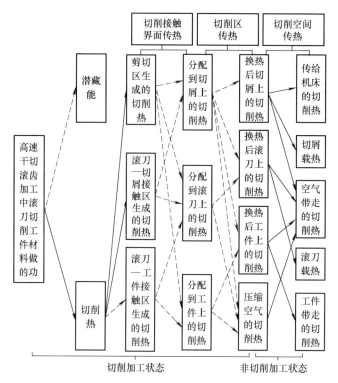

图 4-27　高速干切滚齿工艺切削热三个阶段传递过程

第二阶段传热是指切削热在切削区的传递：压缩空气射流导致切削热在滚刀、工件、切屑以及压缩空气之间重新分配。该阶段的热传递机理可以揭示高速干切滚齿切削区的热量散失及冷却效率，为滚刀温升及寿命分析提供理论支撑。

第三阶段传热是指切削热在高速干切滚齿机床切削空间的传递：工件加工完成，高温切屑在重力和排屑系统的作用下进入机床切削空间直至离开机床，切削热在机床切削空间的集聚会造成机床热变形，降低加工精度。该阶段的热传递机理是高速干切滚齿机床热变形的理论基础。

在时间域上，切削热三阶段传热过程存在交叉甚至重叠，三阶段传热过程的划分为高速干切滚齿加工中切削热的理论研究提供了一种方法。

⫸ 3. 高速干切滚齿切削热传递模型

高速干切滚齿加工中第一阶段传热时，滚刀切除金属材料做功在三个热源区产生切削热，涉及剪切区弹塑性变形热 Q_s、滚刀—切屑接触区的摩擦热 Q_r、滚刀—工件接触区的摩擦热 Q_f，如图 4-28 所示，然后切削热在切屑、工件、滚刀之间分配。其中，弹塑性变形热 Q_s 主要传递给切屑和工件，而传递给滚刀的热量较少，可忽略；滚刀—切屑接触区的摩擦热 Q_r 主要传递给滚刀和切屑；滚刀—工件接触区的摩擦热 Q_f 主要传递给滚刀和工件。因此，切屑的热量包含 Q_s 和 Q_r 所传递的热量，滚刀的热量包含 Q_r 和 Q_f 所传递的热量，工件的热量包含 Q_s 和 Q_f 所传递的热量。

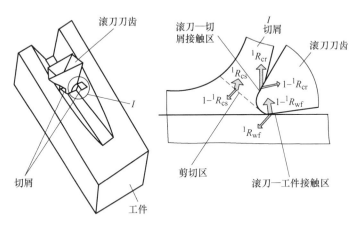

图 4-28　第一阶段传热的关系模型

假设 Q_s 中占 $^1R_{cs}$ （剪切区的切屑热量分配系数）部分的热量传递给切屑，Q_r 中占 $^1R_{cr}$ （滚刀—切屑接触区的切屑热量分配系数）部分的热量传递给切屑，Q_f 中占 $^1R_{wf}$ （滚刀—工件接触区的工件热量分配系数）部分的热量传递给工件，则第一阶段传热时，切屑、工件、滚刀的热量分别为 ^1Q_c、^1Q_w、^1Q_h，可表达为

$$\begin{cases} ^1Q_c = {}^1R_{cs}Q_{sh} + {}^1R_{cr}Q_{ra} \\ ^1Q_w = (1 - {}^1R_{cs})Q_{sh} + {}^1R_{wf}Q_{fl} \\ ^1Q_h = (1 - {}^1R_{cr})Q_{ra} + (1 - {}^1R_{wf})Q_{fl} \end{cases} \tag{4-11}$$

式中，^1Q_c 是第一阶段传热时切屑的热量（J）；^1Q_w 是第一阶段传热时工件的热量（J）；^1Q_h 是第一阶段传热时滚刀的热量（J）；$^1R_{cs}$ 是剪切区的切屑热量分配系数；$^1R_{cr}$ 是滚刀—切屑接触区的切屑热量分配系数；$^1R_{wf}$ 是滚刀—工件接触区的工件热量分配系数；Q_{sh} 是剪切区生成的切削热（J）；Q_{ra} 是滚刀—切屑接触区生成的切削热（J）；Q_{fl} 是滚刀—工件接触区生成的切削热（J）。

第二阶段传热时，由于处于切削状态，切屑与工件和滚刀刀齿接触，由于刀齿的遮挡，使得切屑与压缩空气交换的热量很少，其热量以向工件和滚刀传热为主；而工件和滚刀刀齿与压缩空气之间进行对流换热。该过程中切屑的一部分热量传递给滚刀（热量分配系数为 $^2R_{hc}$），一部分热量传递给工件（热量分配系数为 $^2R_{wc}$），一部分热量传递给压缩空气（热量分配系数为 $^2R_{ac}$），其余部分留在切屑内；滚刀的一部分热量传递给压缩空气（热量分配系数为$^2R_{ah}$），其余部分留在滚刀内；工件的一部分热量传递给压缩空气（热量分配系数为$^2R_{aw}$），其余部分留在工件内。图4-29所示为第二阶段传热的关系模型。

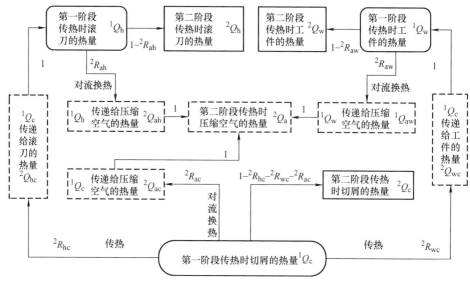

图4-29 第二阶段传热的关系模型

第二阶段传热时，切屑、滚刀、工件、压缩空气的热量分别为^2Q_c、^2Q_h、^2Q_w、^2Q_a，可表达为

$$\begin{cases} ^2Q_c = {}^1Q_c - {}^2Q_{hc} - {}^2Q_{wc} - {}^2Q_{ac} \\ ^2Q_h = {}^1Q_h + {}^2Q_{hc} - {}^2Q_{ah} \\ ^2Q_w = {}^1Q_w + {}^2Q_{wc} - {}^2Q_{aw} \\ ^2Q_a = {}^2Q_{ah} + {}^2Q_{aw} + {}^2Q_{ac} \end{cases} \quad (4\text{-}12)$$

式中，^2Q_c是第二阶段传热时切屑的热量（J）；^2Q_w是第二阶段传热时工件的热量（J）；^2Q_h是第二阶段传热时滚刀的热量（J）；^2Q_a是第二阶段传热时压缩空气的热量（J）；$^2Q_{hc}$是第二阶段传热时切屑传递给滚刀的热量（J）；$^2Q_{wc}$是第二阶段传热时切屑传递给工件的热量（J）；$^2Q_{ac}$是第二阶段传热时切屑传递给压缩空气的热量（J）；$^2Q_{ah}$是第二阶段传热时滚刀传递给压缩空气的热量（J）；$^2Q_{aw}$是第二阶段传热时工件传递给压缩空气的热量（J）。

切削热的第三阶段传热中，切屑的一部分热量传递给机床（热量分配系数为$^3R_{mc}$），一部分热量传递给压缩空气（热量分配系数为$^3R_{ac}$），剩余部分离开机床切削空间进入集屑器；滚刀的一部分热量传递给压缩空气（热量分配系数为$^3R_{ah}$），剩余部分的热量留在滚刀内；工件的一部分热量传递给压缩空气（热

量分配系数为 $^3R_{aw}$），剩余部分的热量留在工件中。图 4-30 所示为第三阶段传热的关系模型。

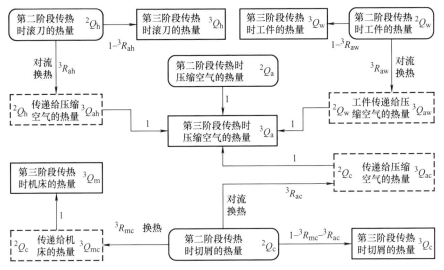

图 4-30　第三阶段传热的关系模型

第三阶段传热时，切屑、工件、滚刀、压缩空气、机床的热量分别为 ^3Q_c、^3Q_w、^3Q_h、^3Q_a、^3Q_m，可表达为

$$\begin{cases} ^3Q_c = {}^1Q_c - {}^2Q_{hc} - {}^2Q_{wc} - {}^2Q_{ac} - {}^3Q_{mc} - {}^3Q_{ac} \\ ^3Q_w = {}^1Q_w + {}^2Q_{wc} - {}^2Q_{aw} - {}^3Q_{aw} \\ ^3Q_h = {}^1Q_h + {}^2Q_{hc} - {}^2Q_{ah} - {}^3Q_{ah} \\ ^3Q_a = {}^2Q_{ah} + {}^2Q_{aw} + {}^2Q_{ac} + {}^3Q_{ah} + {}^3Q_{aw} + {}^3Q_{ac} \\ ^3Q_m = Q_s + Q_r + Q_f - {}^3Q_c - {}^3Q_w - {}^3Q_h - {}^3Q_a \end{cases} \tag{4-13}$$

式中，^3Q_c 是第三阶段传热时切屑的热量（J）；^3Q_w 是第三阶段传热时工件的热量（J）；^3Q_h 是第三阶段传热时滚刀的热量（J）；^3Q_a 是第三阶段传热时压缩空气的热量（J）；^3Q_m 是第三阶段传热时机床的热量（J）；$^3Q_{mc}$ 是第三阶段传热时切屑传递给机床的热量（J）；$^3Q_{ac}$ 是第三阶段传热时切屑传递给压缩空气的热量（J）；$^3Q_{aw}$ 是第三阶段传热时工件传递给压缩空气的热量（J）；$^3Q_{ah}$ 是第三阶段传热时滚刀传递给压缩空气的热量（J）。

根据三阶段热传递模型，切屑带走热量的行为贯穿整个热传递过程。第一阶段传热过程直接决定了切屑带走切削热的能力。传递给滚刀的切削热在第二阶段经过与压缩空气等的换热以后，成为滚刀温升的源头，是滚刀磨损的潜在影响因素。传递给工件的切削热会导致工件热变形。在第二、第三阶段的热传递过程中，低温压缩空气射流会带走部分切削热，对滚刀温升和工件热变形具有一定的抑制作用。第三阶段传热中，切屑的排出、工件的移出以及切削空间与机床外部之间的空气交换带走了部分切削热，未能带走的热量留存在切削空间并逐渐累积，成为高速干切滚齿机床运动部件热膨胀而偏离其设计位置的主要因素之一，如滚刀中心轴线和工作台轴线的位置偏移，将导致机床径向误差，从而影响齿轮的加工误差。

▷▷ 4. 高速干切滚齿切削热传递数值计算

围绕切削热在切削接触界面和切削区的传递特性，本节利用数值计算方法对其进行分析，并做以下简化假设：滚刀十分锋利，即滚刀—工件接触区所生成的切削热可忽略不计；材料的热物性参数为常数。从而，高速干切滚齿加工中切削热的三个热源区可简化成剪切区和滚刀—切屑接触区两个热源区。在切削热的分析计算中，涉及热源区切削热的生成以及热源界面上的热量分配系数，前者通过切削力做功来计算，后者通过热源法获得。根据金属切削理论，假设剪切功完全转换成热量，则剪切区上生成的切削热可表达为式(4-14)；滚刀—切屑接触区生成的切削热可表达为式(4-15)。

$$Q_{sh} = \int_0^t F_{sh} V_{sh} dt \tag{4-14}$$

$$Q_{ra} = \int_0^t F_{ra} V_{ch} dt \tag{4-15}$$

式中，F_{sh} 是剪切力（N）；V_{sh} 是剪切区上的切削速度（m/s）；F_{ra} 是前刀面上的摩擦力（N）；V_{ch} 是切屑的速度（m/s）。

对于热源界面上的热量分配系数，Loewen 等利用数学模型分别对切屑一侧剪切区的平均温度和工件一侧剪切区的平均温度进行了表达，由于上述两个温度在数值上相等，从而可获得剪切区的切屑热量分配系数（R_{cs}），其表达式为式(4-16)。本文中的 $^1R_{cs}$ 也可根据此式计算。

$$R_{cs} = \cfrac{1}{1 + 1.33 \sqrt{\cfrac{\alpha_{wp} \varepsilon}{V_c h_D}}} \tag{4-16}$$

式中，h_D 是切削厚度（m）；V_c 是切削速度（m/s）；ε 是剪切区的相对滑移，$\varepsilon = \cos\gamma_0 / [\sin\phi_{sh} / \cos(\phi_{sh} - \gamma_0)]$，$\phi_{sh}$ 是剪切角，$\phi_{sh} = \exp(0.581\gamma_0 - 1.139)$ rad；α_{wp} 是工件材料的热扩散系数（m²/s）。

对于滚刀—切屑接触区的切屑热量分配系数，Loewen 等利用数学模型分别对切屑一侧和滚刀一侧的滚刀—切屑接触面的平均温度进行了计算，考虑到上述两个温度在数值上相同，通过建立等式获得了滚刀—切屑接触区的切屑热量分配系数（R_{cr}），其表达式为式(4-17)。本文中的 $^1R_{cr}$ 也可按照此式计算。

$$R_{cr} = \frac{\dfrac{F_{ra}V_{ch}A_{ac}}{\lambda_3 b_D} - \dfrac{0.752(1-R_1)F_{sh}V_{ch}}{k_{wp}b_D}\sqrt{\dfrac{\alpha_{wp}}{Vh_D\varepsilon}} - T_{wp} + T_{to}}{\dfrac{F_{ra}V_{ch}A_{ac}}{k_{to}b_D} + \dfrac{0.752F_{ra}}{k_{ch}b_D}\sqrt{\dfrac{\alpha_{ch}V_{ch}}{l_f}}} \tag{4-17}$$

式中，b_D 是切削宽度（m）；l_f 是刀—屑接触长度（m）；A_{ac} 是面积系数，与热源面积的长宽比相关；T_{wp} 是工件的初始温度（℃）；T_{to} 是刀具的初始温度（℃）；k_{wp} 是工件材料的热导率 [W/（m·℃）]；k_{ch} 是切屑材料的热导率 [W/（m·℃）]；k_{to} 是刀具材料的热导率 [W/（m·℃）]；α_{ch} 是切屑的热扩散系数（m²/s）；R_1 是第一变形区的热量分配系数；λ_3 是第三变形区的热导率 [W/（m·℃）]。

对于热传递过程中的热对流和热辐射，热对流源于冷热流体相互掺混所导致的热量迁移，如滚刀旋转时与机床空间空气和压缩空气之间的强迫对流传热。静止滚刀、机床空间受热部组件与机床空间空气之间自然对流传热。依靠热对流所传递的热量可根据牛顿冷却定律计算，即式（4-18）。热辐射是由于物体中电子排列位置改变而造成的能量转移，如切屑向其他物体发射的辐射能就属于热辐射。依靠热辐射所传递的热量可根据传热学原理由式（4-19）计算。

$$Q_{conve} = \int_0^t h_{conve} \mid T - T_{obj} \mid A_{conve} dt \tag{4-18}$$

$$Q_{radia} = \int_0^t \varepsilon\sigma (T - T_{obj})^4 A_{radia} dt \tag{4-19}$$

式中，T 是物体的温度（℃）；T_{obj} 是换热体的温度（℃）；Q_{conve} 是对流换热的热量（J）；Q_{radia} 是辐射换热的热量（J）；A_{conve} 是对流换热面积（m²）；A_{radia} 是辐射换热面积（m²）；h_{conve} 是对流换热系数 [W/（m²·℃）]；ε 是物体黑度，绝大数工程材料可近似处理为灰体；σ 是斯特潘-玻尔兹曼常数，其值为 5.67×10^{-8} W/（m²·℃⁴）。

滚刀刀齿的三维实体模型是利用 Greo 三维建模软件建立的：通过建立刀齿前刀面的轮廓样条曲线，并结合前刀面与后刀面的空间关系，运用混合拉伸功能实现刀齿的三维实体建模。工件齿槽的三维实体模型是利用 Mathematica 软件并结合 Greo 三维建模软件建立的：利用 Mathematica 计算并提取滚刀刀齿滚切包络轨迹的点云数据，然后通过 Greo 三维建模软件的数据接口进行识别和三维反求，最终在齿坯上"滚切"去除工件材料即可获得该刀齿所对应的待成形齿槽的模型。

在网格划分方面，利用 DEFORM-3D 内置的自适应网格划分技术，采用四面体网格对滚刀和工件进行网格划分，同时结合其内置的密度控制网格方法对滚切接触区域的网格进行局部细化，以提高计算效率和精度。进行高速干切滚齿仿真分析之前，需要确定滚刀与工件的几何参数、滚刀与工件的物性参数、滚切加工参数、切削区的滚切环境等参数。当滚刀和工件选定以后，几何结构参数为已知量，物性参数可通过工程材料手册获取。滚切加工参数涉及滚刀转速、轴向进给量以及滚切方式，可根据工艺仿真需求确定取值。滚切环境是指切削区的初始温度等，可利用热电偶传感器等试验手段获取。图 4-31 所示为适应 DEFORM-3D 的高速干切滚齿仿真模型。

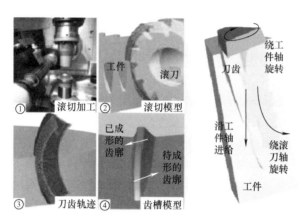

图 4-31 适应 DEFORM-3D 的高速干切滚齿仿真模型

同时，还需要确定工件材料的本构方程，以表征工件材料受到局部高温、大应变、大应变率的热软化与硬化作用时所表现出的材料流动应力变化过程。本文采用 Jhonson-Cook 模型对工件材料的上述特征进行表征，主要是因为 Jhonson-Cook 模型能够较好地描述金属材料在切削过程中表现出的热软化以及应力硬化等弹塑性变形特征。Jhonson-Cook 模型的数学表达为

$$\overline{\sigma} = (A + B\,\overline{\varepsilon}^n) \left[1 + C\ln\left(\frac{\dot{\varepsilon}}{\dot{\varepsilon}_0}\right) \right] \left(\frac{\dot{\varepsilon}}{\dot{\varepsilon}_0}\right)^\alpha \left[1 - \left(\frac{T_{\text{work}} - T_{\text{room}}}{T_{\text{metal}} - T_{\text{room}}}\right)^m \right] \quad (4\text{-}20)$$

式中，$\overline{\sigma}$ 是流动应力（MPa）；$\overline{\varepsilon}$ 是等效应变；$\dot{\varepsilon}$ 是等效应变率（s^{-1}）；$\dot{\varepsilon}_0$ 是参考应变率（s^{-1}）；T_{work} 是工件材料的温度（℃）；T_{metal} 是工件材料的熔点（℃）；T_{room} 是室温（℃）；A，B，C，m，n，α 是本构参数，其中 A、B 的单位是 MPa，C、m、n、α 的量纲是 1。

滚刀—切屑接触区具有接触应力高、温度高、易黏结等特点，对工件表面质量和滚刀磨损具有重要的影响作用。根据摩擦性质，滚刀刀齿前刀面和切屑的摩擦区可区分为黏结区和滑动区。其中，接近切削刃的部位为黏结区，属于工件材料内部的剪切滑移，与材料剪切屈服强度相关；远离切削刃的部位为滑动区，属于外摩擦，与摩擦系数、正压力相关。结合上述摩擦特性，本文采用

基于 Coulomb 摩擦定律的摩擦模型表征滚刀—切屑接触区的摩擦行为，其表达式为

$$\begin{cases} \tau_f = \tau_{s,\max} & (\text{当 } \mu_f \sigma_n > \tau_{s,\max} \text{ 时为黏结区}) \\ \tau_f = \mu_f \sigma_n & (\text{当 } \mu_f \sigma_n < \tau_{s,\max} \text{ 时为滑动区}) \end{cases} \tag{4-21}$$

式中，τ_f 是滚刀—切屑接触区的摩擦应力（MPa）；μ_f 是摩擦系数；σ_n 是正应力（MPa）；$\tau_{s,\max}$ 是工件材料的极限剪切应力（MPa）。

当受到滚刀的强制切除作用时，工件材料发生分离形成切屑和已加工表面。有限元仿真中，材料分离准则是决定切削所产生的力和温度的基本准则，通常使用的材料分离准则包括几何准则和物理准则。这两种准则各有优缺点：几何准则容易实现材料分离，但难以描述与切削过程紧密关联的力学和物理意义；物理准则考虑了工件材料在切削过程中的物理特征，更符合切削实际，但存在小变形单元不分离的风险。

除受到工件材料分离准则的约束以外，切屑成形还受到工件材料的断裂模型的影响。切削加工中，工件材料的破裂或者产生裂纹是热力耦合的弹塑性变形过程。Cockroft-Latham 断裂准则认为拉应力是材料断裂的主要影响因素，当最大拉应力-应变能达到材料的临界损伤因子时即发生断裂。目前，Cockroft-Latham 断裂准则被广泛用于高速切削加工的有限元仿真分析。结合高速干切滚齿的加工特点，该仿真采用 DEFORM-3D 改进的 Cockroft-Latham 准则作为工件材料的断裂准则，其表达式为

$$\int_0^{\varepsilon_f} \sigma^* \, \mathrm{d}\bar{\varepsilon} = C_{\text{threshold}} \tag{4-22}$$

式中，ε_f 是断裂应变；σ^* 是最大主应力（MPa），最大拉应力 $\sigma_1 > 0$ 时 $\sigma^* = \sigma_1$，$\sigma_1 \leqslant 0$ 时 $\sigma^* = 0$；$C_{\text{threshold}}$ 是断裂阈值。

4.3.3 高速干切滚齿机床热平衡分析

在传统湿切加工中，浇注式切削液冷却方式使切屑、刀具及工件的温度接近切削液的温度，且温度变化较小。在高速干切滚齿加工中，使用压缩空气对切削区进行冷却。压缩空气经过切削区吸热后温度升高，进而会与机床的其他部件产生热交换，使其他部件的温度升高。因此在持续加工时，上述问题会导致高速干切滚齿机床的热变形误差大。本书主要介绍高速干切滚齿机床热平衡影响因素以及热变形误差分析和补偿。

1. 高速干切滚齿机床热平衡影响因素

湿切滚齿加工采用浇注式冷却方式，由于切削液的流量及比热容较大，通过对流换热的方式吸收了切削区产生的大量切削热，因此滚刀、工件及切屑的温度与切削液的温度相近，且变化较小。

高速干切滚齿加工不使用切削液及其相关设备，而是使用压缩空气冷却切削区并辅助排屑，切削区产生的切削热主要由切屑及压缩空气带走。由于压缩空气的比热容较小，因此在持续加工中，滚刀、工件及切屑的温度易受压缩空气参数、环境温度等因素影响而产生变化，且变化量与湿切滚齿加工相比较高。累积在滚刀、工件、切屑中的热能在持续加工过程中会传递至机床内空间空气、滚刀主轴、工件夹具、机床床身等部件。由于压缩空气从切削区吸收切削热后温度升高，且高速干切滚齿机床内的空气流通性差，因此温度升高后的压缩空气会与机床的其他部件产生热交换。高速干切滚齿机床内的热交换过程比较复杂且过程缓慢。

根据热力学第一定律，在一个时间段内，储存在控制容积中的热能和机械能增大的值，必定等于进入控制容积的热能和机械能减去离开控制容积的热能和机械能，再加上控制容积内产生的热能。总能量 E 由动能 E_k、势能 E_p 及内能 U 组成，其中机械能的定义是动能与势能之和，内能由显能、潜能、化学能及核能组成。对于高速干切滚齿机床，其内能的变化主要为显能（热能）的变化引起的。因此，对于高速干切滚齿机床，有

$$\Delta E = \Delta E_k + \Delta E_p + \Delta U \tag{4-23}$$

式中，ΔE 是高速干切滚齿机床的总能量变化量（kJ）；ΔE_k 是高速干切滚齿机床的动能变化量（kJ）；ΔE_p 是高速干切滚齿机床的势能变化量（kJ）；ΔU 是高速干切滚齿机床的显能（热能）变化量（kJ）。

输入高速干切滚齿机床的能量最终转化为热能及用以形成新表面和改变晶格等储存在工件材料中的应变能。在高速干切滚齿加工中，热能的产生主要由切削及机床部件的运动引起，切削及部件的运动由电动机驱动，因此将输入高速干切滚齿机床电动机的电能作为机床的能量输入。用于高速干切滚齿机床电子控制元件及照明元件等电子元件的电能所占的比例很小，因此将此部分电能忽略不计。引起高速干切滚齿机床的热能变化的主要因素有排屑、已加工工件的移出、压缩空气与机床对流换热、气流、润滑油与机床对流换热、电动机冷却液与机床对流换热、液压油与机床对流换热、机床外表面与外部环境的对流换热及辐射等。因此，高速干切滚齿机床的热平衡模型可由式(4-24) 得到，即

$$E_T - \Delta E_L - \Delta E_{Mc} - \Delta E_H - \Delta E_A - \Delta E_C - E_R - \Delta E_{Wp} - \Delta E_{Ch} = \Delta E_k + \Delta E_p + \Delta U$$

$$\tag{4-24}$$

式中，E_T 是高速干切滚齿机床中产生的热量（kJ）；ΔE_L 是润滑油与机床对流换热造成的热量变化量（kJ）；ΔE_{Mc} 是电动机冷却液与机床对流换热造成的热量变化量（kJ）；ΔE_H 是液压油与机床对流换热造成的热量变化量（kJ）；ΔE_A 是压缩空气及机床与外部环境的空气流动造成的热量变化量（kJ）；ΔE_C 是机床外表面与外部环境的对流换热造成的热量变化量（kJ）；E_R 是辐射造成的热量变

化量（kJ）；ΔE_{Wp} 是当已加工工件被移出机床时工件热量变化量（kJ）；ΔE_{Ch} 是切屑被移出机床时切屑热量变化量（kJ）。

高速干切滚齿机床在加工前需对其加工精度进行调整，并且需要对主轴系统进行预热。因此，将主轴系统预热完成的时刻作为高速干切滚齿机床热能累积开始的时刻。高速干切滚齿机床的热流图如图 4-32 所示。

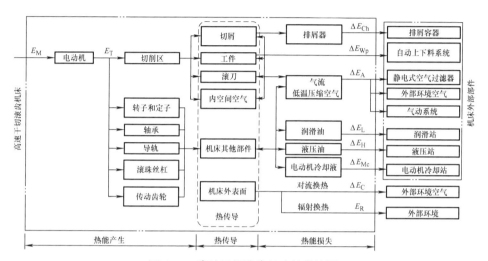

图 4-32　高速干切滚齿机床的热流图

2. 高速干切滚齿机床及工件热变形误差分析

机床的热变形误差是指机床工作过程中由于电动机、部件运动发热、切削热传导、环境温度变化等原因，导致机床零部件产生热变形，从而影响机床加工精度的现象。机床热变形误差补偿是指通过检测手段对机床工作时影响机床热变形误差的温度变量值进行测量，并通过模糊聚类等方法优化出关键温度变量，然后建立机床热变形误差与关键温度变量之间的关系模型，最后在机床加工时根据误差补偿模型计算出实时热变形误差，通过机床数控系统实现热变形误差在线补偿。

现有热变形误差补偿的主要方式为：使用温度传感器和位移传感器分别对加工时关键点温度和机床热变形误差进行测量；使用计算机进行建模分析，建立热变形误差补偿模型；然后将补偿模型通过二次开发集成到数控系统中，在加工时根据关键点温度实时计算补偿值，进行误差补偿。

对机床精度造成影响的误差主要分为以下几个方面：

1）几何误差和运动误差。

2）机床热变形误差。

3）切削力导致的误差。

4）刀具磨损、装备精度、颤振等导致的误差。

在湿切滚齿加工中，机床热变形误差占总误差的 40% ~ 70%，是造成工件径向误差的主要原因之一。在干切滚齿加工中，切削区的冷却效果比湿切滚齿加工差，且存在工件热变形误差，因此热变形造成的误差占总误差的比例比湿切滚齿加工的比例要大。对于立式干切滚齿加工，机床在 Y 方向的运动主要用于窜刀，滚切过程中 Y 方向无运动，因此机床在 Y 方向的热变形对齿轮加工精度的影响较小，可以忽略。而滚刀在 Z 方向的运动主要用于切出全齿宽，实际加工时在 Z 方向的位置精度并无很高要求。因此，立式滚齿机床在 X 方向的热变形是影响加工精度的关键因素。

高速干切滚齿机床加工时的切削热及轴承、导轨、滚珠丝杠的运动产热导致了机床零部件的温度上升，从而形成了不均匀的温度分布。温度梯度导致了机床床身、立柱等部件的变形，使滚刀中心线和工件中心线相对位置发生变化。高速干切滚齿机床的热变形造成了滚刀中心线和工件中心线相对位置在 X 方向的误差，从而影响工件径向的精度，其 X 方向的相对位置误差即为高速干切滚齿机床 X 方向的热变形量 δ_M，如图 4-33 所示。机床热变形误差补偿的实现方式为在 X 方向赋予刀架一个附加运动（其值等于 X 方向热变形误差的补偿值）。

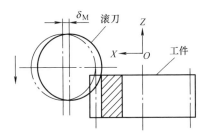

图 4-33　高速干切滚齿机床 X 方向的热变形示意图

试验建模法是最常用的热误差建模方法，其原理是通过试验测得机床热敏感点（测温点）的温度值以及机床热变形误差数据，并使用最小二乘理论、多变量回归分析理论、模糊系统理论、神经网络理论等方法对温度值及机床热变形误差数据进行拟合建模。本章使用多元线性回归-最小二乘法进行热变形误差建模，即 δ_M 可用式（4-25）表示，即

$$\delta_M = a_0 + a_1 \Delta T_1 + \cdots + a_p \Delta T_p + \xi \tag{4-25}$$

式中，ΔT_1、$\cdots$、ΔT_p 是机床热敏感点（测温点）温度值的变化量（℃）；a_0、$\cdots$、a_p 是参数 ΔT_1、$\cdots$、ΔT_p 的回归系数；ξ 是残差。

高速干切滚齿机床不使用切削液，具有绿色环保的特点，但存在以下问题：传统湿切滚齿加工采用浇注式冷却方式，因此加工完后的工件温度受环境温度、切削参数等因素影响较小，已加工工件的温度与切削液温度较接近，且一致性较好，而高速干切滚齿加工由于使用压缩空气对切削区进行冷却，易造成高速干切滚齿已加工工件温度变化较大，且其受环境温度、切削参数等影响，一致性差，导致工件冷却至设计温度的过程中尺寸发生变化，工件尺寸精度及尺寸一致性难以控制。

在通常情况下，高速干切滚齿已加工工件温度 T_a 高于工件设计温度 T_b，齿轮冷却后齿形会产生变化。因此需要建立刚加工完的工件温度 T_a 与工件热变形误差补偿量 δ_T 之间的关系。其中，δ_T 是为了补偿工件热变形误差而通过机床数控系统在工件径向附加的坐标偏移量。滚齿加工为粗加工或半精加工工序，工件热变形造成工件的齿形、齿顶圆直径、齿根圆直径等发生变化。滚齿加工后要进行铣齿、磨齿等精加工，若工件热变形量较大，会造成齿厚达不到后续精加工要求，而精加工完成后的工件齿形部分在后续使用过程中用于传动啮合，对齿形精度要求较高，对齿顶圆直径、齿根圆直径精度要求较低。因此工件热变形误差补偿主要为针对工件热变形造成的齿厚变化进行补偿，即工件冷却至设计温度 T_b 时的齿厚不小于下道工序要求的相同直径的圆处取下极限偏差的齿厚，工件的热变形误差补偿也可通过在 X 方向的附加补偿运动实现。因此，总补偿值 δ 可以分为两部分：机床热变形误差补偿值 δ_M 及工件热变形误差补偿值 δ_T。

假设已加工工件温度均匀，且将已加工工件径向上取的合适数量的点的平均温度作为已加工工件的平均温度 T_a。为了实现高速干切滚齿工件的热误差补偿建模，需要建立已加工工件温度 T_a 的预测模型，并建立 T_a 与工件热变形误差补偿值 δ_T 的关系模型。在本节中，令 $T_b = 20\,℃$，则有

$$\Delta T_w = T_a - T_b \tag{4-26}$$

式中，ΔT_w 是已加工工件冷却至设计温度时的温度变化量（℃）。

图 4-34 所示为工件在三种状态下的齿形，其中 S_1 为设计状态，S_2 为进行补偿后刚加工完的状态，S_3 为冷却到工件设计温度 T_b 的状态。

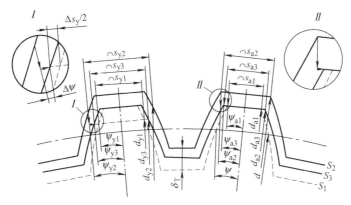

图 4-34　工件在 S_1、S_2、S_3 三种状态下的齿形

工件热变形误差补偿使工件的齿形由 S_1 变化为 S_2，齿形的变位系数 x 由式(4-27)计算，即

$$x = \frac{\delta_T}{m} \tag{4-27}$$

式中，m 是工件模数（mm）。

所加工工件的齿顶圆直径由滚齿加工之前的工序决定，不受滚齿工序的影响，于是有

$$d_{a3} = d_{a1} \tag{4-28}$$

式中，d_{a3} 是工件在 S_3 状态下的齿顶圆直径（mm）；d_{a1} 是工件在 S_1 状态下的齿顶圆直径（mm）。

工件在 S_2 状态下的齿顶圆直径 d_{a2} 可通过式(4-29) 计算，即

$$d_{a2} = (1 + \Delta T_w \lambda) d_{a1} \tag{4-29}$$

在 S_1 状态下，工件在直径为 d_{y1} 的圆上齿厚半角 ψ_{y1} 可通过式(4-30) 计算，即

$$\psi_{y1} = \psi_1 + \mathrm{inv}\alpha - \mathrm{inv}\alpha_{y1} \tag{4-30}$$

因此，在 S_1 状态下，工件在直径为 d_{y1} 的圆上的齿厚 s_{y1} 可由式(4-31) 计算，即

$$\begin{aligned} s_{y1} = d_{y1}\psi_{y1} &= d_{y1}(\psi_1 + \mathrm{inv}\alpha - \mathrm{inv}\alpha_{y1}) \\ &= d_{y1}\left[\frac{\pi}{2z} + \mathrm{inv}\alpha - \mathrm{invarccos}\left(\frac{r}{r_{y1}}\cos\alpha\right)\right] \end{aligned} \tag{4-31}$$

式中，ψ_1 是在 S_1 状态下分度圆上的齿厚半角（rad）；α 是在 S_1 状态下的分度圆压力角（rad）；α_{y1} 是在 S_1 状态下直径为 d_{y1} 的圆上的压力角（rad）；r 是工件在 S_1 状态下的分度圆半径（mm）。

因此，在 S_2 状态下，工件在分度圆上的齿厚半角 ψ_2 可通过式(4-32) 计算，即

$$\psi_2 = \frac{\pi}{2z} + \frac{2\tan\alpha}{mz}\delta_T \tag{4-32}$$

在 S_2 状态下，工件在直径为 d_{y2} 的圆上的齿厚 s_{y2} 可由式(4-33) 计算，即

$$\begin{aligned} s_{y2} = d_{y2}\psi_{y2} &= d_{y2}[\psi_2 + \mathrm{inv}\alpha - \mathrm{inv}\alpha_{y2}] \\ &= d_{y2}\left[\frac{\pi}{2z} + \frac{2\tan\alpha}{mz}\delta_T + \mathrm{inv}\alpha - \mathrm{invarccos}\left(\frac{r}{r_{y2}}\cos\alpha\right)\right] \end{aligned} \tag{4-33}$$

式中，ψ_{y2} 是工件在 S_2 状态下直径为 d_{y2} 的圆上的齿厚半角（rad）；α_{y2} 是工件在 S_2 状态下直径为 d_{y2} 的圆上的压力角（rad）。

工件冷却使工件齿形从 S_2 变为 S_3，如图 4-34 所示。对于在 S_2 状态下的某 Y 点，冷却后其在 S_3 上的位置变化分为两个方向：齿厚方向和径向。因此当工

件冷却到温度 T_b 时，Y 点所在的圆的直径 d_{y3} 由式(4-34) 计算，即

$$d_{y3} = (1 - \Delta T_w \lambda) d_{y2} \tag{4-34}$$

则 Y 点处的齿厚半角变化由式(4-35) 计算，即

$$\Delta \psi = \frac{\Delta T_w \lambda s_{y2}}{(1 - \Delta T_w \lambda) d_{y2}} = \frac{\Delta T_w \lambda}{(1 - \Delta T_w \lambda)} \psi_{y2} \tag{4-35}$$

在 S_3 状态下，Y 点所处圆处的齿厚半角 ψ_{y3} 由式(4-36) 计算。

$$\psi_{y3} = \psi_{y2} - \Delta \psi = \frac{1 - 2\Delta T_w \lambda}{1 - \Delta T_w \lambda} \psi_{y2} \tag{4-36}$$

因此，在 S_3 状态下，Y 点所处位置齿厚 s_{y3} 可由式(4-37) 计算，即

$$s_{y3} = d_{y3} \psi_{y3} = (1 - \Delta T_w \lambda) d_{y2} \frac{1 - 2\Delta T_w \lambda}{1 - \Delta T_w \lambda} \psi_{y2} = (1 - 2\Delta T_w \lambda) s_{y2} \tag{4-37}$$

式中，ΔT_w 是冷却至设计温度 T_b 时的温度变化量（℃）；λ 是热膨胀系数（℃$^{-1}$）。

在 $d_{y1} = d_{y3}$ 的情况下，s_{y3} 与 s_{y1} 的差值 Δs_y 由式(4-38) 计算，即

$$\Delta s_y = s_{y3} - s_{y1} = (1 - \Delta T_w \lambda) d_{y2} \left[\frac{\pi}{2z} + \frac{2\tan\alpha}{mz} \delta_T + \text{inv}\alpha - \text{invarccos}\left(\frac{r}{r_{y2}} \cos\alpha \right) \right] -$$

$$(1 - \Delta T_w \lambda) d_{y2} \left[\frac{\pi}{2z} + \text{inv}\alpha - \text{invarccos}\left(\frac{r}{(1 - \Delta T_w \lambda) r_{y2}} \cos\alpha \right) \right] \tag{4-38}$$

为了使补偿后工件的齿厚达到要求，则须使 $\Delta s_y > 0$，且式(4-38) 中 Δs_y 和 d_{y2} 为正相关，即须满足式(4-39) 的条件，即

$$s_{a3} - s_{a2} = 0 \tag{4-39}$$

式中，s_{a3} 是 S_3 状态下工件的齿顶厚（mm）；s_{a2} 是 S_2 状态下工件的齿顶厚（mm），其由式(4-40) 计算。

$$s_{a2} = d_{a2} \psi_{a2}$$

$$= (1 + \Delta T_w \lambda) d_{a1} \left[\frac{\pi}{2z} + \frac{2\tan\alpha}{mz} \delta_T + \text{inv}\alpha - \text{invarccos}\left(\frac{r}{(1 + \Delta T_w \lambda) r_{a1}} \cos\alpha \right) \right] \tag{4-40}$$

式中，d_{a2} 是 S_2 状态下工件的齿顶圆直径（mm）；ψ_{a2} 是 S_2 状态下工件在齿顶圆上的齿厚半角（rad）；d_{a1} 是 S_1 状态下工件的齿顶圆直径（mm）；r_{a1} 是 S_1 状态下工件的齿顶圆半径（mm）。

则 S_3 状态下工件的齿顶厚 s_{a3} 可由式(4-41) 计算，即

$$s_{a3} = (1 - 2\Delta T_w \lambda) s_{a2}$$

$$= (1 - 2\Delta T_w \lambda)(1 + \Delta T_w \lambda) d_{a1} \left[\frac{\pi}{2z} + \frac{2\tan\alpha}{mz} \delta_T + \text{inv}\alpha - \text{invarccos}\left(\frac{r}{(1 + \Delta T_w \lambda) r_{a1}} \cos\alpha \right) \right] \tag{4-41}$$

S_1 状态下工件的齿顶厚 s_{a1} 可由式(4-42) 计算，即

$$s_{a1} = d_{a1}\psi_{a1} = d_{a1}\left[\frac{\pi}{2z} + inv\alpha - invarccos\left(\frac{r}{r_{a1}}\cos\alpha\right)\right] \tag{4-42}$$

δ_T 可通过式(4-40) ~式(4-42) 计算得到：

$$\delta_T = \frac{m}{2\tan\alpha}\left[\frac{\pi + 2zinv\alpha - 2invarccos\left(\frac{r}{r_{a1}}\cos\alpha\right)}{2(1-2\Delta T_w\lambda)(1+\Delta T_w\lambda)} - \frac{\pi}{2} - \right.$$
$$\left. zinv\alpha + zinvarccos\left(\frac{r}{(1+\Delta T_w\lambda)r_{a1}}\cos\alpha\right)\right] \tag{4-43}$$

式中，α 是工件的设计分度圆压力角（rad）；z 是工件齿数；r 是工件的设计分度圆半径（mm）；r_{a1} 是工件在设定温度下的齿顶圆半径（mm）。

于是，由式(4-26) 和式(4-43) 可知，δ_T 可由 T_a 计算得到，即

$$\delta_T = F(T_a) \tag{4-44}$$

综上所述，即可建立工件热变形误差补偿量 δ_T 与温度变量 T_a 之间的关系模型。

⟫ 3. 高速干切滚齿机床及工件热变形误差补偿模型

本节以某型号高速干切滚齿机床为例。在加工过程中，机床的主轴转速为 900r/min，所加工工件为乘用车渐开线外齿轮，其模数为 2.5mm，一次进给完成加工。滚刀和工件参数分别见表 4-9 和表 4-10。

表 4-9 滚刀参数

序号	参数名	参数值
1	头数 z	3
2	直径 D	70mm
3	内孔直径 d	32mm
4	长度 L	160mm

表 4-10 工件参数

序号	参数名	参数值
1	模数 m	2.5mm
2	齿数 z	36
3	压力角 α_f	20°

结合高速干切滚齿机床的结构特征以及加工时高速干切滚齿机床的红外热像图，确定高速干切滚齿机床的热敏感点，在热敏感点处及外部环境布置共 14 个热电偶。T_1、T_2、$\cdots$、T_{14} 为温度变量，表示所布置的 14 个温度传感器测量的温度值。热电偶布置点编号与温度变量编号相对应，"T#1" 热电偶悬置于机床外用于测量外部环境温度，"T#2" 热电偶粘贴于机床床身部位用于测量机床床

身温度。热电偶布置位置如表4-11和图4-35所示，其位置接近以下机床主要热源：①切削区；②电动机；③机床内空间气体；④液压油、润滑油；⑤轴承；⑥导轨；⑦外环境。

表 4-11　热电偶布置位置

热电偶编号	位置
T#1	外部环境
T#2	机床床身
T#3	滚刀主轴前端盖
T#4	滚刀主轴侧面
T#5	主轴电动机端盖
T#6	窜刀轴端盖
T#7	滚刀主轴后端盖
T#8	小立柱
T#9	机床内空间
T#10	润滑油进油管
T#11	润滑油回油管
T#12	液压油进油管
T#13	液压油回油管
T#14	工件夹紧液压缸

高速干切滚齿机床及工件热变形误差补偿模型的建模流程如图4-36所示。温度变量的数量对误差补偿模型的精度有关键性影响，过多的数量会增加计算量及成本，并且温度变量之间的相互影响会导致模型的精度及鲁棒性较低，因此，建模前须对温度变量的数量进行优化。

在本节中，通过计算各温度变量之间的相似性系数，使用模糊聚类法对温度变量进行分组。根据机床热变形误差与温度变量之间的相关系数，从每一组温度变量中选出一个特征温度变量用于机床热变形误差补偿模型建模。根据工件温度与温度变量之间的相关系数，从每一组温度变量中选出一个特征温度变量用于工件温度预测模型及工件热变形误差补偿模型建模。使用多元线性回归-最小二乘法，结合特征温度变量样本数据及对应的机床热变形误差样本数据，得到机床热变形误差补偿模型。使用多元线性回归-最小二乘法，结合特征温度变量样本数据及对应的工件温度样本数据，得到工件温度预测模型。进而结合工件热变形误差补偿量计算模型，得到工件热变形误差补偿模型。

由于高速干切滚齿机床上各热源之间存在交互作用，因此须采用模糊聚类法对温度变量进行分类优选，以提高已加工工件温度预测模型的精度和鲁棒性。

根据聚类分析的基本原理，使用试验数据结合式(4-45) 计算各温度变量 $T_i(i=1，2，\cdots，14)$ 与 $T_j(j=1，2，\cdots，14)$ 之间的相关系数 $r_{\mathrm{TT}\,ij}$，即

$$r_{\mathrm{TT}\,ij} = \frac{\sum_{k=1}^{n}(T_{ik}-\overline{T}_i)(T_{jk}-\overline{T}_j)}{\sqrt{\sum_{k=1}^{n}(T_{ik}-\overline{T}_i)^2}\sqrt{\sum_{k=1}^{n}(T_{jk}-\overline{T}_j)^2}} \tag{4-45}$$

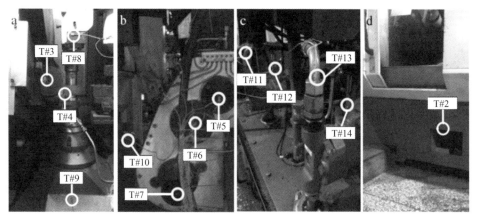

图 4-35 热电偶布置位置

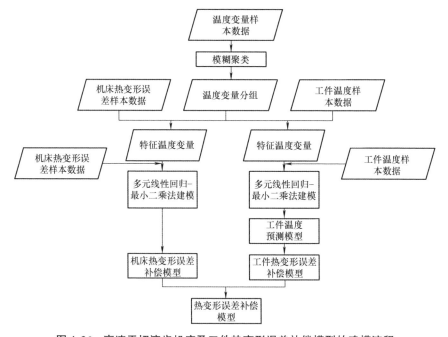

图 4-36 高速干切滚齿机床及工件热变形误差补偿模型的建模流程

式中，$r_{\text{TT} ij}$ 是温度变量 T_i 与 T_j 间的相关系数值；n 是样本数量；T_{ik} 是温度变量 T_i 的第 k 个样本值（℃）；T_{jk} 是温度变量 T_j 的第 k 个样本值（℃）；$\overline{T}_i$ 是温度变量 T_i 的样本平均值（℃）；$\overline{T}_j$ 是温度变量 T_j 的样本平均值（℃）。

$\overline{T}_i$、$\overline{T}_j$ 的计算见式(4-46) 和式(4-47)。

$$\overline{T}_i = \frac{n}{2} \sum_{k=1}^{n} T_{ik} \tag{4-46}$$

$$\overline{T}_j = \frac{n}{2} \sum_{k=1}^{n} T_{jk} \tag{4-47}$$

由试验数据计算可得到温度变量的相似性矩阵和树状聚类图。根据相似性矩阵及树状聚类图可对温度变量进行分类。

通过安装在机床上的位移传感器测量机床滚刀主轴与工件的中心距变化量 δ_{M}，然后计算各温度变量 T_i 与机床热变形误差 δ_{M} 之间的相关系数 $r_{\text{T}\delta\text{M},i}$，从温度变量分类的每一类中选取一个 $r_{\text{T}\delta\text{M},i}$ 值最大的温度变量作为该类的特征温度变量。$r_{\text{T}\delta\text{M},i}$ 由式(4-48) 计算，即

$$r_{\text{T}\delta\text{M},i} = \frac{\displaystyle\sum_{k=1}^{n} (T_{ik} - \overline{T}_i)(\delta_{\text{M}k} - \overline{\delta}_{\text{M}})}{\sqrt{\displaystyle\sum_{k=1}^{n} (T_{ik} - \overline{T}_i)^2} \sqrt{\displaystyle\sum_{k=1}^{n} (\delta_{\text{M}k} - \overline{\delta}_{\text{M}})^2}} \tag{4-48}$$

式中，$\delta_{\text{M}k}$ 是机床热变形误差 δ_{M} 的第 k 个样本值（mm）；$\overline{\delta}_{\text{M}}$ 是机床热变形误差 δ_{M} 的样本平均值（mm）。

$\overline{\delta}_{\text{M}}$ 的计算见式(4-49)。

$$\overline{\delta}_{\text{M}} = \frac{1}{n} \sum_{k=1}^{n} \delta_{\text{M}k} \tag{4-49}$$

计算得到 $r_{\text{T}\delta\text{M},i}$ 的值，结合计算结果从温度变量分类的每一类中选取一个使 $r_{\text{T}\delta\text{M},i}$ 值最大的温度变量作为该类的代表，组成一个特征温度变量组。

使用多元线性回归-最小二乘法建立的机床热变形误差与温度变量的数学模型，见式(4-50)。

$$\begin{cases} \boldsymbol{\delta} = \Delta \boldsymbol{TA} + \boldsymbol{\xi} \\ \boldsymbol{\xi} \sim N(0, \sigma^2 \boldsymbol{I}) \end{cases} \tag{4-50}$$

式中，$\boldsymbol{I}$ 是单位矩阵，且有

$$\boldsymbol{A} = \begin{bmatrix} a_0 & a_1 & \cdots & a_6 \end{bmatrix}^{\text{T}}$$

$$\boldsymbol{\delta} = \begin{bmatrix} \delta_{\text{M0}} & \delta_{\text{M1}} & \cdots & \delta_{\text{M}n} \end{bmatrix}^{\text{T}}$$

$$\boldsymbol{\xi} = \begin{bmatrix} \xi_0 & \xi_1 & \cdots & \xi_6 \end{bmatrix}^{\text{T}}$$

$$\Delta T = \begin{bmatrix} 1 & \Delta T_{11} & \cdots & \Delta T_{113} & \Delta T_{114} \\ 1 & \Delta T_{21} & \cdots & \Delta T_{213} & \Delta T_{214} \\ \vdots & \vdots & & \vdots & \vdots \\ 1 & \Delta T_{n1} & \cdots & \Delta T_{n13} & \Delta T_{n14} \end{bmatrix}$$

由最小二乘法原理可知，A 的最小二乘估计使全部观测值 $\delta_{\mathrm{M}k}$ 的残差平方和 $S_{\mathrm{E}}^2(A)$ 达到最小，即

$$\begin{cases} \hat{\boldsymbol{\delta}} = \Delta \hat{\boldsymbol{T}} \cdot \hat{\boldsymbol{A}} \\ \dfrac{\partial}{\partial \boldsymbol{A}} S_{\mathrm{E}}^2(\boldsymbol{A}) = 0 \end{cases}$$

式中，$\hat{A}$ 是 A 的估计量，且 $\hat{A} = \begin{bmatrix} a_0 & a_1 & \cdots & a_6 \end{bmatrix}^{\mathrm{T}}$。

于是可得，$\hat{A}$ 可通过式(4-51) 计算，即

$$\hat{\boldsymbol{A}} = (\Delta \hat{\boldsymbol{T}}^{\mathrm{T}} \Delta \hat{\boldsymbol{T}})^{-1} \Delta \hat{\boldsymbol{T}}^{\mathrm{T}} \hat{\delta} \tag{4-51}$$

最后将试验得到的机床热变形误差与温度变量样本值代入公式。建立工件热变形误差补偿模型，首先需要建立已加工完工件温度的预测模型。由于机床加工前通常需要先加工试件调整机床精度，因此机床的热变形误差建模中使用的是温度变化量的值，而已加工工件的温度受开始加工时的环境温度等因素影响，因此建立已加工工件温度的预测模型时，使用的是温度量的值。

计算各温度变量 T_i 与 T_{a} 之间的相关系数 $r_{\mathrm{TTa},i}$，从温度变量分类的每一类中选取一个 $r_{\mathrm{TTa},i}$ 值最大的温度变量作为该类的特征温度变量。$r_{\mathrm{TTa},i}$ 由式(4-52) 计算，即

$$r_{\mathrm{TTa},i} = \frac{\displaystyle\sum_{k=1}^n (T_{ik} - \overline{T}_i)(T_{\mathrm{a}k} - \overline{T}_{\mathrm{a}})}{\sqrt{\displaystyle\sum_{k=1}^n (T_{ik} - \overline{T}_i)^2} \sqrt{\displaystyle\sum_{k=1}^n (T_{\mathrm{a}k} - \overline{T}_{\mathrm{a}})^2}} \tag{4-52}$$

式中，$T_{\mathrm{a}k}$ 是工件温度变量 $\boldsymbol{T}_{\mathrm{a}}$ 的第 k 个样本值（℃）；$\overline{T}_{\mathrm{a}}$ 是工件温度变量 $\boldsymbol{T}_{\mathrm{a}}$ 的样本平均值（℃）。

$\overline{T}_{\mathrm{a}}$ 的计算式见式(4-53)。

$$\overline{T}_{\mathrm{a}} = \frac{1}{n} \sum_{k=1}^n T_{\mathrm{a}k} \tag{4-53}$$

使用试验得到的 T_i 与 $\boldsymbol{T}_{\mathrm{a}}$ 的样本值计算得到的 $r_{\mathrm{TTa},i}$ 的值。从温度变量分类的每一类中选取一个使 $r_{\mathrm{TTa},i}$ 值最大的温度变量作为该类的代表，组成一个特征温度变量组。

使用多元线性回归−最小二乘法建立的 $\boldsymbol{T}_{\mathrm{a}}$ 与温度变量的数学模型，见式(4-54)。

$$\begin{cases} \boldsymbol{T}_a = \boldsymbol{TB} + \boldsymbol{\xi} \\ \boldsymbol{\xi} \sim \boldsymbol{N}(0, \sigma^2 \boldsymbol{I}) \end{cases} \qquad (4\text{-}54)$$

式中，$\boldsymbol{I}$ 是单位矩阵，且有

$$\boldsymbol{B} = \begin{bmatrix} b_0 & b_1 & \cdots & b_6 \end{bmatrix}^T$$

$$\boldsymbol{T}_a = \begin{bmatrix} T_{a0} & T_{a1} & \cdots & T_{an} \end{bmatrix}^T$$

$$\boldsymbol{\xi} = \begin{bmatrix} \xi_0 & \xi_1 & \cdots & \xi_n \end{bmatrix}^T$$

$$\boldsymbol{T} = \begin{bmatrix} 1 & T_{11} & \cdots & T_{113} & T_{114} \\ 1 & T_{21} & \cdots & T_{213} & T_{214} \\ \vdots & \vdots & & \vdots & \vdots \\ 1 & T_{n1} & \cdots & T_{n13} & T_{n14} \end{bmatrix}$$

由最小二乘法原理可知，$\boldsymbol{B}$ 的最小二乘估计使全部观测值 T_{ak} 的残差平方和 $S_E^2(\boldsymbol{B})$ 达到最小，即

$$\begin{cases} \hat{\boldsymbol{T}}_a = \hat{\boldsymbol{T}} \cdot \hat{\boldsymbol{B}} \\ \dfrac{\partial}{\partial \boldsymbol{B}} S_E^2(\hat{\boldsymbol{B}}) = 0 \end{cases}$$

式中，$\hat{\boldsymbol{B}}$ 为 $\boldsymbol{B}$ 的估计量，$\hat{\boldsymbol{B}} = \begin{bmatrix} b_0 & b_1 & \cdots & b_6 \end{bmatrix}^T$。

于是，$\hat{\boldsymbol{B}}$ 可通过式（4-55）计算，即

$$\hat{\boldsymbol{B}} = (\Delta \hat{\boldsymbol{T}}^T \Delta \hat{\boldsymbol{T}})^{-1} \Delta \hat{\boldsymbol{T}}^T \hat{\boldsymbol{\delta}} \qquad (4\text{-}55)$$

将试验得到的 $\boldsymbol{T}_a$ 的值与温度变量样本值代入式（4-54），即可得到 $\hat{\boldsymbol{B}}$ 的值。将 $\boldsymbol{T}_a$ 的值代入式（4-50）即可得机床热变形误差 δ_T 的补偿模型，见式（4-56）。

$$\delta_T = F(G(T_i)) \qquad (4\text{-}56)$$

式中，T_i 为特征温度变量组。

参 考 文 献

[1] HALIM N H A, HARON C H C, GHANI J A, et al. Tool wear and chip morphology in high-speed milling of hardened inconel 718 under dry and cryogenic CO_2 conditions [J]. Wear, 2019, 426-427：1683-1690.

[2] 李长河，侯亚丽. 高速切削关键技术 [J]. 汽车工艺与材料，2009 (10)：45-48；56.

[3] 柳青. 干切削加工关键技术的研究 [J]. 装备制造技术，2010 (6)：159-160.

[4] 魏成双，顾祖慰，张昌义，等. 干式冷风切削技术在磨削中的应用 [J]. 金属加工（冷加工），2008 (14)：27-29.

[5] 贺静. 低温冷风加工难切削材料的实验研究 [D]. 重庆：重庆大学，2006.

［6］甘建水．低温冷风切削加工实验研究［D］．成都：西南交通大学，2010．

［7］龚荣昌，王建禄．浅析静电冷却干式切削技术［J］．装备制造技术，2014（9）：267-268．

［8］周成军．静电冷却干式切削实验研究［D］．大连：大连理工大学，2009．

［9］李新龙．基于低温氮气和微量润滑技术的钛合金高速铣削技术研究［D］．南京：南京航空航天大学，2004．

［10］袁松梅，刘思，严鲁涛，等．低温微量润滑技术在几种典型难加工材料加工中的应用［J］．航空制造技术，2011（14）：45-47．

［11］袁松梅，朱光远，王莉，等．绿色切削微量润滑技术润滑剂特性研究进展［J］．机械工程学报，2017，53（17）：131-140．

［12］严鲁涛，袁松梅，刘强，等．绿色切削中的微量润滑技术［J］．制造技术与机床，2008（4）：91-93．

［13］袁松梅，韩文亮，朱光远，等．绿色切削微量润滑增效技术研究进展［J］．机械工程学报，2019，55（5）：175-185．

［14］林建斌，吕涛，黄水泉，等．基于静电微量润滑技术的磨削加工性能试验研究［J］．中国机械工程，2018，29（23）：2783-2791；2798．

［15］SILVA L R, CORREA, E C S, BRANDAO J R, et al. Environmentally friendly manufacturing: Behavior analysis of minimum quantity of lubricant-MQL in grinding process［J］. Journal of Cleaner Production, 2013（1）：256.

［16］SEN B, MIA, M, KROLCZYK, G M, et al. Eco-Friendly Cutting Fluids in Minimum Quantity Lubrication Assisted Machining: A Review on the Perception of Sustainable Manufacturing［J］. International Journal of Precision Engineering and Manufacturing-Green Technology, 2019, 8（1）：249-280.

［17］上海金兆节能科技有限公司．油水气三相节能微量润滑系统：201410012609.0［P］.2014-04-15.

［18］李吉林．低温冷风微量润滑技术在钛合金车削加工中的应用研究［D］．西安：西安石油大学，2014．

［19］横田秀雄，吴敏镜．MQL切削的现状和发展［J］．航空精密制造技术，2004（1）：24-26．

［20］裴宏杰，张金煜，张春燕，等．MQL加工中切削液的作用及性能［J］．工具技术，2007（6）：44-48．

［21］HEINEMANN R, HINDUJA S, BARROW G, et al. Effect of MQL on the tool life of small twist drills in deep-hole drilling［J］. International Journal of Machine Tools & Manufacture, 2006, 46（1）：1-6.

［22］SEFRIN H, KIECHLE A, WALKER G, et al. Determining and evaluating the emissions from metal cutting and machining with minimal quantity lubrication［J］. Gefahrstoffe Reinhaltung Der Luft, 2003, 63（10）：417-424.

［23］侯世香，刘献礼，文东辉，等．干式切削技术发展现状［J］．现代制造工程，2000（7）：37-38．

［24］丁丰梅，骆军军．基于绿色制造的干式切削技术的研究与应用［J］．机械设计与制造，

2011（1）：109-111.

［25］周力，曹华军，陈永鹏，等．基于 Deform3D 的齿轮高速干式滚切过程模型及性能分析［J］.中国机械工程，2015，26（20）：2705-2710.

［26］侯红玲．斜齿轮及斜齿变位齿轮的参数化建模［J］.机械设计与制造，2015（8）：214-217.

［27］陈俊．基于 AWE 的滚齿机床身结构刚度优化设计［D］.南京：南京信息工程大学，2008.

［28］黄强．YE3120CNC7 高速干切滚齿机的研发与应用［J］.世界制造技术与装备市场，2014（6）：95-98.

［29］陈永鹏，曹华军，李先广，等．高速干切滚齿机床热变形误差模型及试验研究［J］.机械工程学报，2013，49（7）：36-42.

［30］张幼桢．金属切削理论［M］.北京：航空工业出版社，1988.

［31］LOEWEN E G, SHAW M C. On the analysis of cutting tool temperatures［J］. ASME, 1954, 76（2）：217-231.

［32］SIMA M, ÖZEL T. Modified material constitutive models for serrated chip formation simulations and experimental validation inmachining of titanium alloy Ti‐6Al‐4V［J］. International Journal of Machine Tools & Manufacture, 2010, 50（11）：943-960.

［33］JOHNSON G R, COOK W H. Fracture characteristics of three metals subjected to various strains, strain rates, temperatures and pressures［J］. Engineering fracture mechanics, 1985, 21（1）：31-48.

［34］ÖZEL T, ALTAN T. Determination of workpiece flow stress and friction at the chip-tool contact for high‐speed cutting［J］. International Journal of Machine Tools and Manufacture, 2000, 40（1）：133-152.

［35］吴红兵，贾志欣，刘刚，等．航空钛合金高速切削有限元建模［J］.浙江大学学报（工学版），2010，44（5）：982-987.

［36］COCKROFT M G, LATHAM D J. Ductility and workability of metals［J］. Journal of the Institute of Metals, 1968, 96：33-39.

［37］LOTFI M, FARID A A, Soleimanimehr H. The effect of chip breaker geometry on chip shape, bending moment, and cutting force：FE analysis and experimental study［J］. International Journal of Advanced Manufacturing Technology, 2015, 78（5-8）：917-925.

［38］CAO H J, ZHU L B, LI X G, et al. Thermal error compensation of dry hobbing machine tool considering workpiece thermal deformation［J］. International Journal of Advanced Manufacturing Technology, 2016, 86（5-8）：1739-1751.

［39］SCHINDLER S, ZIMMERMANN M, AURICH J C, et al. Thermo-elastic deformations of the workpiece when dry turning aluminum alloys-A finite element model to predict thermal effects in the workpiece［J］. Cirp Journal of Manufacturing Science & Technology, 2014, 7（3）：233-245.

［40］HAN J, WANG L, WANG H. A new thermal error modeling method for CNC machine tools［J］. The International Journal of Advanced Manufacturing Technology, 2012, 62（1）：205-212.

257

[41] WU C W, TANG C H. Thermal error compensation method for machine center [J]. The International Journal of Advanced Manufacturing Technology, 2012, 59 (5): 681-689.

[42] INCROPERA F P, DE WITT D P, BERGMAN T L, et al. Fundamentals of heat and mass transfer [M]. 6th ed. New York: J. Wiley, 2007.

[43] RAMESH R, MANNAN M A, POO A N. Error compensation in machine tools—a review: Part I: geometric, cutting-force induced and fixture-dependent errors [J]. International Journal of Machine Tools & Manufacture, 2000, 40 (9): 1235-1256.

[44] BACHRATHY D, INSPERGER T, STÉPÁN G. Surface properties of the machined workpiece for helical mills [J]. Machining Science & Technology, 2009, 13 (2): 227-245.

[45] MANCISIDOR I, ZATARAIN M, MUNOA J, et al. Fixed boundaries receptance coupling substructure analysis for tool point dynamics prediction [J]. Advanced Materials Research, 2011, 223: 622-631.

第 5 章

——

机床再制造技术

5.1　机床再制造的概念及内涵

再制造是维修工程和表面工程发展的高级阶段，是废旧产品高技术修复、改造的产业化。再制造主要有两大领域：一是零部件再制造，主要以汽车零部件（汽车发动机的缸体、缸盖、曲轴、连杆等）、打印机墨盒等为代表，这些零部件经过再制造后主要进入备件市场；二是产品再制造，主要以机床等产品为代表，废旧产品经过再制造后直接进入终端消费市场，可提供完整的产品质量保证及售后服务。再制造的特征是产品的质量和性能不低于新品，成本只是新品的50%左右，可节能60%、节材70%，对环境的不良影响与新品制造相比显著降低。

首先，机床属于资源消耗型产品，质量大，80%以上为铸铁或钢材，再制造资源循环利用率高，特别是床身、立柱、横梁、底座等铸件，时效越长，内应力越小，适合于循环再制造，再制造后的机床性能稳定，可靠性好。其次，机床结构稳定，采用现代数控系统、自动化系统、轴承及液压元器件等进行直接替换，可实现机床系统的自动化程度、控制精度以及能效水平的综合提升，功能和性能可超越其原有新品，满足现代生产需要。可见，机床是一种极具回收再制造价值的典型机电产品，且不受任何政策限制，再制造潜力巨大。

机床再制造属于典型的产品型再制造模式，其技术特征表现为：①以废旧机床及零部件为主要原材料；②废旧机床要经过完全拆卸、可再制造性及剩余寿命评估等过程，按严格工艺流程进行修复、再加工制造、再装配，达到新机床及零部件的技术要求；③采用现代数控系统、自动化系统、信息技术以及轴承和液压元器件等对废旧机床进行技术升级和综合提升，整机可完全超越原产品技术水平；④可向客户提供完整、透明的产品质量保障和售后服务。

综上所述，可以将机床再制造定义为一种基于废旧机床资源循环利用的机床制造模式，它运用现代先进的制造、信息、数控及自动化等技术对废旧机床进行可再制造性测试评估、拆卸以及创新性再设计、再加工、再装配，制造出功能和性能均得到恢复或提升且符合绿色制造要求的新机床。

机床再制造不同于传统的机床维修或数控化改造，机床再制造强调机床的"新产品"特征，实现"以旧造新"，可保证再制造机床功能更强、性能指标更优，而且有完善的质量保障及售后服务，并赋予其全新的生命周期，可实现机床产品理想化的多生命周期过程，并使得再制造机床成为原产品的更高级形式，实现机床的"与时俱进"，使机床的多生命周期发展具有明显的螺旋式升阶循环特点，可实现批量化生产；而机床维修或数控化改造仅仅是对原废旧产品的性能恢复或部分功能升级，仅仅是原生命周期的延续，仍为"以旧造旧"，且大多属于单件式服务。

与新机床制造模式相比，机床再制造是一种基于废旧机床资源的机床制造过程，强调资源循环重用，机床再制造的"毛坯"（及再制造系统的输入）是废旧机床或零部件。特别是废旧机床在服役期间的工况不同、退役原因不同、失效形式不同，使其具有个体性、随机性及不确定性，使得机床再制造过程的工艺设计及生产组织更为复杂。再制造过程是一个包括拆卸、清洗、检测与分类、再设计、再加工、再装配等工艺过程的更为复杂的系统工程，最终再制造出的是含有大量重用件的性能相当的新机床，可节约大量的资源和能源，成本仅为新机床制造的 40% ~ 60%。机床再制造所采用的加工工艺及设备与机床制造过程具有相似性，如机床大多零部件可采用与新零部件制造过程相同的机械加工方法进行再加工修复。但由于机床再制造过程的不确定性，需要形成机床再制造的专门成套集成技术，以实现机床再制造过程的优化，包括废旧机床综合测试与评价技术、机床再制造方案设计、可再制造性评估技术、零部件绿色修复与再加工工艺、节能性提升技术、信息化提升技术、环境友好性改进技术、机床再制造过程质量控制技术等。因此，从产业化发展的需要实施机床再制造是一项相对复杂的系统工程。

5.2 机床再制造的关键技术体系

机床再制造与综合提升技术涉及内容非常广泛，涵盖了机床设计与制造技术、先进制造技术、绿色制造技术、维修及表面工程技术、管理科学与工程等多种学科的技术及研究成果。通过集成各种相关技术，可建立机床再制造与综合提升技术框架，主要包括机床再制造设计与评价方法、机床再制造工艺技术、机床再制造性能综合提升技术（包括机床绿色化提升技术、机床节能性提升技术、机床信息化提升技术等）、机床再制造质量控制技术以及其他支撑技术等关键技术，如图 5-1 所示。

5.2.1 机床再制造设计与评价方法

1. 机床可再制造性评价方法

实施机床再制造，需要了解废旧机床的性能状态并确定其可再制造性。为此，建立机床零部件性能检测与寿命评估的方法与准则，获取机床零部件的性能状态信息，为机床装备可再制造性评价以及后续的再制造工艺实施提供数据支撑。可再制造性可简单定义为废旧机床及零部件达到满足再制造要求的再制造机床整机及合格零部件的可行性，一般应综合考虑技术可行性、经济可行性以及资源环境性等多个方面。

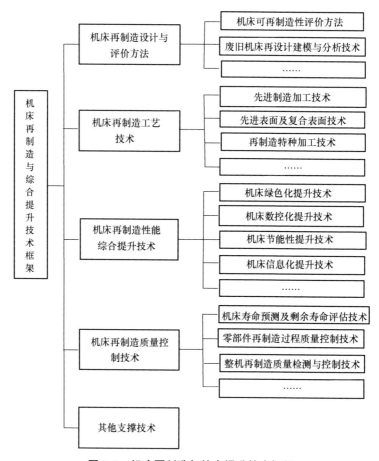

图 5-1 机床再制造与综合提升技术框架

机床属于一种极具回收再利用价值的机电产品，对其进行再制造具有显著的经济及社会效益，而对其实施再制造首先需要考虑清楚废旧机床是否适合再制造，要对其可再制造性进行综合分析。废旧机床产品的可再制造性评价是一个综合的系统工程。不同类型的废旧机床的可再制造性一般不同，而即使是同一种型号的废旧机床也会由于其退役前的服役工况、车间环境、操作者、报废原因（报废方式多种多样，有些机床是达到了其使用寿命，部分机床可能由于技术进步而不能满足客户需求而技术性淘汰，也有可能是由于各类偶然原因导致机床报废）等的不同而使得可再制造性千差万别。对废旧机床可再制造性的评定需要采集大量影响机床再制造的技术性、经济性、资源环境性等方面的信息，并采用定性与定量相结合的方法确定废旧机床再制造的技术、经济、资源环境的评价指标，建立完善的废旧机床可再制造性评价模型。

在对机床再制造过程模型进行分析的基础上，建立了一种基于专家经验知识的废旧机床可再制造性综合评价模型，如图 5-2 所示。

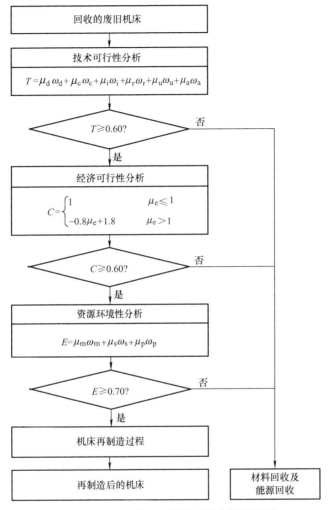

图 5-2　废旧机床可再制造性综合评价模型

1）考虑到由于回收的废旧机床的损坏程度、质量磨损严重，机床再制造过程较为困难而难以实施，我们对废旧机床再制造的技术可行性进行分析，以确保该机床可以通过运用现代先进的制造、信息、数控及自动化等技术实现其功能恢复以及性能提升，如果该机床再制造的技术可行性较差，那么只能对其进行材料回收及能源回收。

2）需要对具有较好技术可行性的废旧机床的再制造成本进行核算与评定，因为再制造商最为关心的是提供机床再制造业务是否能为企业带来利润，因此需要判定该机床再制造是否可使得再制造商获利。如果不能够获利，那么再制造商将采取材料回收等方式对废旧机床进行处理。

3）从材料节约、能源节省、环境排放减少等角度来分析机床再制造的资源环境效益。机床再制造的过程也要涉及资源的消耗以及环境污染物的排放。实施机床再制造的目的是通过废旧资源的回收与再利用实现节省资源（能源）、减少排放，而如果机床再制造过程导致二次污染更为严重，那么再制造将不是对废旧机床回收处理的最佳形式，应该对其进行材料回收及能源回收。

4）具备较好可再制造性的废旧机床进入拆卸、清洗、检测与分类、再加工、再装配等再制造工艺过程，通过精度恢复、功能恢复、性能提升等措施达到新机床产品的性能水平，而可再制造性较差的废旧机床通过材料回收等方式进行资源化处理。

在对面向再制造过程的废旧机床可再制造性评价流程进行分析的基础上可知，要分析废旧机床的可再制造性必须从机床整机、部件、零件等产品层次以及从机床回收、拆卸、清洗、检测与分类、再加工、性能升级、再装配及再制造机床使用等生命周期过程进行综合考虑。要对废旧机床的可再制造性进行评定，首先需要解决的问题是确定可再制造性评价指标体系。在对机床再制造行业调研分析获取的数据、案例进行综合的基础上，可得出废旧机床可再制造性评价主要从技术可行性、经济可行性、资源环境性三个方面来考虑。废旧机床可再制造性评价指标体系见表5-1。准则层主要由技术可行性、经济可行性、资源环境性三部分组成，各个准则又可细分为多个指标。

表5-1 废旧机床可再制造性评价指标体系

准则层	指标层	符号
技术可行性	拆卸简易性	μ_d
	清洗可行性	μ_c
	检测与分类可行性	μ_i
	零部件再加工可行性	μ_r
	整机性能升级可行性	μ_u
	再装配简易性	μ_a
经济可行性	经济可行性	μ_e
资源环境性	材料节约	μ_m
	能源节约	μ_s
	排放减少	μ_p

2. 机床再制造设计过程及方法

机床再制造设计不是传统的正向设计过程，在机械结构、零部件材料、工艺方案选择等设计决策方面，设计参数不能任意变化，而要受到废旧机床原有结构的限制，需要实现新技术与废旧机床本体之间的匹配。

1）多目标性。机床本身是一个复杂的机器单元，再设计过程中需要考虑的因素众多，且不是仅实现单一目标。废旧机床再设计的过程是一个要综合考虑多个目标的优化过程，不仅要考虑再制造机床的工作精度、自动化程度、可靠性等性能指标，还要考虑机床再制造的成本以及再制造机床的绿色性能、能效指标等，并且要考虑机床再制造所实现的资源重用率。废旧机床的再设计方案有多种，从不同目标来考虑将选用不同的方案。

2）不确定性。废旧机床服役多年，而服役过程中机床运行情况不可知，各个零部件材料内部变化不可知，这导致回收的废旧机床质量等信息具有不确定性，而这种设计系统的实物信息输入的不确定性使得设计过程以及设计结果均具有不确定性。设计过程受到这种具有不确定性的原机床结构、材料、性能等方面的约束，而最终设计方案由于机床再制造工艺过程的不确定性反馈可导致其具有不确定性，这给设计者带来较大难度。

3）继承性。再设计的继承性是指废旧机床原有设计信息、损伤信息或其他信息在再设计过程中能被再利用的能力，对于提高废旧机床再设计的效率、可维护性以及标准化起重要的作用。再设计过程的继承性主要是指废旧机床的几何形状信息、精度信息、材料信息以及概念设计信息等在再设计过程中的重用。其中概念设计信息主要包括废旧机床原有的设计原理、设计的需求信息、功能信息、设计知识和设计经验等，这些信息对于机床的再设计具有较高的重用价值，但同时也形成一种设计约束。

4）并行化。机床的再制造过程是一个具有高度不确定性的过程，针对同一类零部件，由于损伤情况的差异性，再制造工艺可能有所不同，而零部件再制造过程中也可能出现由于零部件损伤程度较大而无法实施再加工的情况。从再设计到再加工需要经历多个过程，而这个过程中可能出现信息交流的偏差与误解。针对这种问题，废旧机床的再设计过程强调再设计、再制造过程的一体化与并行化，强调再设计信息到再制造信息的顺畅传递以及迅速反馈。再设计必须将机床零部件的可再制造度纳入设计过程中，需要并行考虑废旧机床的已有结构约束以及其再制造、再装配等过程。

5）定制化。废旧机床再制造过程不仅要与新品一样低成本地满足客户多样化、个性化的要求，也受到来自再制造机床的设计和工艺本身的个性化、多样化需求的影响，因此机床再制造过程属于典型的定制化生产。机床再设计过程中强调客户参与再设计过程，以使得再制造机床能最大限度地满足客户的需求，取得最大的客户满意度。

6）范畴扩展化。传统的设计过程主要侧重于机床的产品设计，而再设计方法将再制造机床设计的范畴向前扩展到再制造机床规划、再制造机床功能分析，直至客户需求分析，从设计的源头上实施优化设计，向后扩展到机床再制造工艺规划，再制造工艺规划综合考虑设计需求、功能特性等，使得再制造机床产品规划、产品设计、工艺设计形成一个整体。再设计过程强调从市场调研、客户要求，到再制造产品规划、产品设计、工艺设计、再制造过程、质量控制、再制造成本核算、销售、包装运输、售后服务、维修保养以及再制造机床的报废处理、再次回收再利用等产品全生命周期的综合最优化。

在对废旧机床破损情况以及零部件残缺信息分析建模的基础上，根据客户要求、库存信息以及市场需求等信息，以最优化重用原有废旧机床资源为目标，对废旧机床及零部件进行结构再设计以及再制造工艺设计，称为机床的再制造方案设计，简称为再设计。机床的再制造方案设计作为机床再制造的关键过程之一，是机床再制造的依据与基础，但它不同于新机床的设计过程，因为再设计要受到原废旧机床结构、功能以及零部件材料、性能等约束限制；再设计的过程也不同于基于反求工程的再设计，因为它是以废旧资源最优化重用为目标，在原有废旧零部件结构基础上进行的创新性再设计，以期获得相同功能的零部件或机床甚至不同功能的零部件或机床，而不仅仅是还原模仿设计成原有机床或零部件的几何模型。机床再设计流程如图5-3所示。

机床再设计是面向机床制造/再制造生命周期过程的，要充分考虑废旧机床的生产、使用、报废情况，废旧机床的拆卸、清洗、检测与分类、再加工、再装配等再制造工艺过程以及再制造机床的使用等生命周期过程，要对机床再制造的各个工艺过程进行设计与分析。机床再设计流程主要包括客户需求分析、再制造机床功能分析、再制造机床主要技术指标参数的确定、机床再制造总体方案设计、机床再制造设计方案的评价优选及修改、详细设计、再制造机床整机仿真及评测过程。

1）客户需求分析。客户需求是指市场和客户对再制造机床的要求。它包括消费者对再制造机床的性能、用途等方面的要求以及内部客户（指产品制造、销售、售后服务等部门）对再制造机床的成本、质量等方面的要求，同时还包括提高再制造机床的竞争力、产品创新等方面的要求。

2）再制造机床功能分析。完成客户需求分析后，需要将客户需求转换（映射）为产品的功能要求，此过程称为再制造机床的功能分析过程。功能是对再制造机床所能完成任务的抽象描述，是满足客户需求的一系列再制造机床功能要求和约束的集合，反映了再制造机床所具有的用途和特性。重用废旧机床产品的功能可以更为有效地重用其附加值，是可重用再设计的较高层次。功能特性规划的过程包括对废旧机床原有功能和通过再制造希望实现

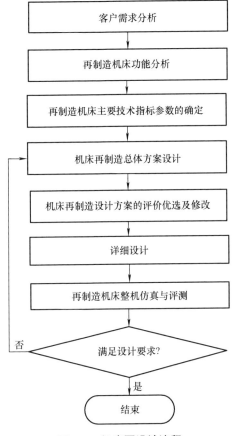

图 5-3　机床再设计流程

的功能的分析。功能分析过程主要对再制造机床的主轴变速方式、数控系统、润滑方式、刀架结构、夹紧装置、防护等功能进行确定与分析。功能分析是一个具有综合性和创新性的过程，需要综合考虑各方面（技术、经济、环境、可靠性等）因素。在功能分析过程中，通过质量功能配置（Quality Function Deployment，QFD）控制整个再设计过程，设计人员可以通过 QFD 的质量屋将客户需求及需求的重要度映射为机床产品功能及功能的重要度。此时，质量屋的输入部分为客户需求及其重要度，质量屋的产品工程特性部分用各个功能项代替，关系矩阵可以是知识库中存储的内容也可以由设计人员输入，经过矩阵计算得出各个功能的重要度，设计人员可以根据重要度（或功能与需求的连接权重）进行以后的设计。机床再制造功能分析质量屋的结构如图 5-4 所示。

　　3）再制造机床主要技术指标参数的确定。在客户需求分析以及约束分析、

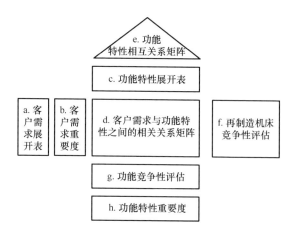

图5-4 机床再制造功能分析质量屋的结构

功能分解的基础上，对再制造机床产品的主要技术指标参数进行确定。

技术指标参数包括主要规格尺寸、主轴转速、进给系统参数（包括进给速度范围、快移速度、运动分辨率、定位精度和螺距范围等）、刀具系统参数（包括刀架工位数、工具孔直径、刀杆尺寸、换刀时间、重复定位精度等）、电气系统参数（包括主电动机、伺服电动机规格型号和功率等）、冷却系统参数（包括冷却箱容量、冷却泵输出量等）、外形尺寸（长×宽×高）以及质量等。

由于再制造机床的类型及型号各有不同，技术指标参数也有所不同。如针对车床再制造，需要确定最大加工直径、主轴转速、进给速度范围、主电动机功率、外形尺寸（长×宽×高）等再制造车床的技术指标参数。

4）机床再制造总体方案设计。机床再制造总体方案设计主要包括机械零部件的修复与再制造工艺设计、数控及电气系统的升级改造设计以及信息化提升、节能性提升、环境友好性改进等功能性提升方案设计等。

5）机床再制造设计方案的评价优选及修改。在综合分析影响机床再制造设计方案的技术性、经济性、资源性、环境性因素的基础上，对机床再制造设计方案的综合评价指标体系进行全面描述，对机床再制造总体方案进行综合评价及选择。

6）详细设计。它包括零件图设计、再制造机床装配图设计、各种分析计算及优化、编制技术文档等。

7）再制造机床整机仿真与评测。通过采用ADAMS等仿真软件对设计好的再制造机床进行运动和动力学仿真，动态表现再制造机床的性能，以更加直观地发现设计存在的问题，更直观有效地进行评测。

▶5.2.2 机床再制造工艺技术

▶ **1. 机械部分修复与再制造工艺方案设计**

机床零部件主要通过机械再加工技术、先进表面技术和复合表面技术、再制造特种加工技术、修复与再制造热处理技术等工艺技术进行修复与再加工，并遵守国家标准 GB/T 28615—2012《绿色制造 金属切削机床再制造技术导则》。下面对机床各主要零部件的修复与再制造工艺进行分析。

（1）主轴部件 主轴部件是机床的关键部件，主要用于安装刀具或工件，而机床主轴的回转精度直接影响着被加工零件的加工精度及表面粗糙度。所有轴都要进行缺陷检查：有缺陷但能进行再制造的轴，要进行再制造重用；对于有较大缺陷且不能再制造的轴使用更新件。主轴部件修复的主要内容包括主轴精度的检验、主轴的修复、轴承的选配和预紧、轴套的配磨等。

下面以某车床主轴为例说明主轴的再制造工艺。某车床主轴再制造工艺流程：清洗→除油→冷态重熔焊补（修复凸凹槽或磨损面）→刷镀（轴承位、内锥部位）→磨（精磨轴承位）→磨（上磨床，精磨轴承位、外锥、端面、内锥）。

（2）机床床身、箱体等结构件 床身、底座、箱体等结构件表面有裂纹、刻痕等缺陷，在不影响机床的强度、刚度和精度条件下，可通过表面处理或机械加工等方法进行修复而不必更换。

箱体上有配合关系的孔或者安装滚动轴承的孔，精度不满足要求时，孔径应进行修复。

（3）孔 孔径部位如有磨损，主要采用恢复原尺寸和修配两种方式修复。

1）镗大镶套、堆焊、刷镀、粘补等工艺，恢复到原来孔的尺寸大小并校正。

2）镗孔或磨孔，达到修配尺寸，满足原来的技术和性能要求。

（4）齿轮副 齿轮副主要集中于机床的主轴箱与变速箱中。所有齿轮都要经过检测，首先进行肉眼检查，然后进行探伤检测，对有缺陷的齿轮可通过机械加工、堆焊法、镶齿法、刷镀等工艺进行修复。无法修复的齿轮要用同等或更优性能的齿轮更换。

（5）导轨面 导轨面应经过修复以满足机床的几何精度、性能、寿命等要求，通过磨削、铣削、刨削或人工刮削等机械加工方法以及焊补、黏结、刷镀等表面工程技术使导轨面修复到原来的精度，并消除缺口、沟槽、刻痕等缺陷。

（6）滚珠丝杠 滚珠丝杠应经过检测，并重新研磨修复到满足原新品的技术要求或者更换为更新件。

（7）润滑系统 目前机床基本上都是采用集中润滑系统，由一个油泵提供一定排量、一定压力的润滑油，为系统中所有的主、次油路上的分流器供油，而由分流器将油按所需油量分配到各润滑点；同时，由控制器完成润滑时间、次数的监控和故障报警以及停机等功能，以达到自动润滑的目的。集中润滑系统的特点是定时、定量、准确、效率高，使用方便可靠，有利于提高机器寿命，保障使用性能。由于原废旧机床大多使用年限较长而润滑系统大多损坏严重，再制造机床的润滑系统一般应改装或更换；润滑油泵应拆卸、改造或者用同等或更优性能的泵更换；软管和过滤器元件应更换；油箱应经过彻底清理、清洗。

（8）冷却系统　冷却泵应拆卸、清洗、改造或更换；冷却系统的蓄水池和通道应进行彻底清理；刚性冷却线应经过清理冲洗，如果损坏或者有缺陷则应更换；软管、关闭阀、喷嘴和过滤器应更换；再制造机床的冷却系统应保证冷却充分、可靠。

（9）液压系统　液压系统应拆卸、清洗、改造或更换；电磁阀、挡圈、O形密封圈、软管及过滤器等零部件应更换；损坏的或有缺陷的管路或配件应更换。再制造机床的液压系统应符合 GB/T 23572—2009 的规定。

（10）气动系统　应对气动系统中的零件进行拆卸、冲洗、清理和检测；破损或破坏的零件应更换；软管和有缺陷的管路系统应更换；空气减压阀应更换新的气动薄膜并重新装配；气缸应经过拆卸并检测磨损、刮伤等，若有缺陷应更换；再制造机床的气动系统应符合 GB/T 7932—2017 的相关规定。

（11）易损件　为保证再制造机床的精度、稳定性以及可靠性，废旧机床中的易损件大多应更换。密封圈应更换，垫圈若有磨损应更换；螺栓、螺柱、螺钉、螺母、销等紧固件应全部更换；有刮伤、毁坏、褪色或功能失效的刻度盘、标尺等应重新校准或更换；有缺陷的带轮都要进行修理或更换为性能等同于或高于原带轮的更新件；制动器和离合器应更换。

▶ 2. 数控及电气部分再制造方案设计

数控化是机床的发展趋势，再制造机床应根据机床的状态、工艺要求以及客户需求来选择数控及电气系统。

（1）主轴驱动系统的再设计　目前机床的主运动通常有以下几种类型：

1）机械有级手动或半自动变速型。目前，机械有级手动变速型已很少应用，而机械有级半自动变速型主要用于中小型机床的数控化改造与再制造。

2）变频无级自动变速型。这种形式价格适中，性价比较高，缺点是低速时主轴输出转矩较小，不适于低速重载荷切削。目前的再制造机床大多采用这种形式。

3）交流主轴伺服无级自动变速型。同变频无级自动变速型相比，其低速特性好，恒功率范围广，但价格较高。这种形式是数控机床最理想的配置，但由于机床再制造过程注重成本，而这种方式价格较高，很少应用于再制造机床。

在选择机床主运动类型的同时，应选择合适的主电动机。随着机床产品数控化率的提高，变频调速电动机已越来越多地作为主电动机用于数控车床、数控铣床、数控钻床、数控镗床、加工中心、数控滚齿机等机床产品上。变频调速电动机具有较好的调速性能，可使机床主轴箱的齿轮数量大大减少，不仅降低制造成本，还可提高生产率。由于异步电动机转矩输出窄、变速段窄，一般不能满足再制造机床的变速要求，因此，机床再制造大多采用更换原电动机为变频调速电动机的方案。如果客户要求继续采用原电动机并要实现无级调速，可采用异步电动机加变频器的方案。

（2）进给电气部分的再设计　包括控制方式的确定、数控系统的选定、进给伺服系统的设计等。

1）控制方式的确定。

① 开环控制系统。采用步进电动机作为驱动部件，没有位置和速度反馈器件，所以控制简单，价格低廉，但负载能力小，位置控制精度较差，进给速度较低，主要应用于经济型数控装置。现在大多数再制造机床已不采用这种方式。

② 半闭环和全闭环位置控制系统。采用直流或交流伺服电动机作为驱动部件，可以采用装于电动机内的脉冲编码器、旋转变压器作为位置/速度检测器件来构成半闭环位置控制系统，也可以采用直接安装在工作台上的光栅或感应同步器作为位置检测器件来构成高精度的全闭环位置控制系统。为控制再制造成本，再制造机床大多采用半闭环位置控制系统。

2）数控系统的选定。目前，世界上生产数控系统的厂家很多，比较典型的数控系统制造商，国外有德国 SIEMENS 公司、日本 FANUC 公司和三菱公司等；国内有广州数控设备有限公司、武汉华中数控股份有限公司等。其中，SIEMENS、FANUC 是专门从事数控系统开发、设计和生产的专业公司，品种齐全，性能可靠，应用最普遍，具有较高的性价比。我国从事数控系统开发、设计和生产的公司起步较晚，国产数控系统功能较简单、性能较稳定、价格便宜，一般用于经济型的数控机床。

在选择数控系统方面，应充分考虑客户使用要求以及数控系统的特点、功能及性价比，做到既能满足再制造机床的全部功能要求又不提高标准，并弄清所选厂家的维修服务情况，尽量向国内厂家的型号系列靠拢，以有利于维修、管理以及备件的购买。

数控系统的安装方式通常有悬挂式、柜式、台式等。安装方式的选定直接决定各种连接电缆的走线方式和电缆长度，也关系到操作与维修的方便性。因此，应从再制造机床的整体结构出发，充分考虑人机关系，再设计出合理的安装方式，使操作方便并美观大方。

3）进给伺服系统的设计。数控系统选定之后，设计人员应根据再制造机床的实际状况及客户需求来决定是否更换进给伺服系统。若不更换，则必须确认老进给伺服系统与数控系统是否匹配；若更换，应选用与机床数控系统相配套的、性价比较高的、满足再制造机床各项功能的进给伺服系统。下面对机床的各种进给伺服系统类型进行介绍。

① 步进伺服系统。步进伺服系统是一种用脉冲信号进行控制，并将脉冲信号转换成相应角位移的控制系统。其角位移与脉冲数呈正比，转速与脉冲频率呈正比，通过改变脉冲频率可调节电动机的转速。步进伺服系统结构简单，符合系统数字化发展需要，但精度差、能耗高、速度低且其功率越大移动速度越低。特别是步进伺服易于失步，使其主要用于对速度与精度要求不高的经济型数控机床及机床的数控化再制造，而有较高要求的再制造机床基本不选用这种方式。

② 直流伺服系统。直流伺服系统由于控制比较简单而且调速性能较为优异，在数控机床的进给驱动中曾占据着主导地位。然而，直流伺服系统存在以下不足：从实际运行考虑，直流伺服电动机引入了机械换向装置，成本高，故障多，维护困难，经常因碳刷产生的火花而影响生产，并对其他设备产生电磁干扰；机械换向器的换向能力限制了电动机的容量和速度；电动机的电枢在转子上，使得电动机效率低，散热差；为了改善换向能力，减小电枢的漏感，转子变得短粗，影响了系统的动态性能。目前，随着交流伺服系统的广泛应用，直流伺服系统已很少应用。

③ 交流伺服系统。针对直流电动机的缺陷，如果将其做"里翻外"的处理，即把电枢绕组装在定子上、转子作为永磁部分，由转子轴上的编码器测出磁极位置，就构成了永磁无刷电动机。同时矢量控制方法的实用化，使得交流伺服系统具有良好的伺服特性，其宽调速范围、高稳速精度、快速动态响应及四象限运行等良好的技术性能，使其动、静态特性已完全可与直流伺服系统相媲美；同时可实现弱磁高速控制，拓宽了系统的调速范围，适应了高性能伺服驱动的要求。目前，交流伺服已占据了机床进给伺服的主导地位，而由于其高性价比，再制造机床大多采用这种方式。

④ 直线伺服系统。直线伺服系统采用的是一种直接驱动方式(Direct Drive)，取消了电动机到工作台间的一切机械中间传动环节，即把机床进给传动链的长度缩短为零。这种"零传动"方式可达到旋转驱动方式无法达到的性能指标，如加速度可达 $3g$ 以上，为传统驱动装置的 $10 \sim 20$ 倍，进给速度是传统的 $4 \sim 5$ 倍。直线伺服是高速高精数控机床的理想驱动模式，受到机床厂家的重视，技术发展迅速。但是，由于这种方式价格较高，目前的再制造机床很少采用这种方式。

(3) 强电部分的再设计　由于再制造机床控制方式的彻底改变，电气部分需要重新设计。设计时应按标准绘制电路图；尽量使用原有的电气元件；在不影响整体布局的前提下，保持原器件的安装位置。再制造机床的强电部分设计中要特别注意的是，数控系统各接口信号的特点和形式要相配，并且在设计过程中应尽量简化强电控制线路。对于机床的外围强电电路，再制造可采取的方案主要有两种。

1）局部再制造。保留原废旧机床的部分外围电路，只对 NC、PLC 进行再制造，而新的 PLC 不参与外围电路的控制，只处理 NC 所需的指令信号。这种再制造方案的设计、调试工作量较小。在对废旧机床强电部分进行局部再制造之后，应对保留的电路进行保养和最佳化调整，以保证再制造机床有较低的故障率，如强电部分的零件更换、污染物的清洁、通风冷却装置的清洗、伺服驱动装置的最佳化调整、老化电线电缆的更新、连接件的紧固等。

2）彻底更换。在继电器逻辑较复杂、故障率较高且客户可以提供清楚逻辑图的情况下，可用数控系统自带的 PLC 将外围电路进行彻底更换，简化机床的外围电路，合理利用 PLC 的控制能力。这种方式大大简化了硬件电路，提高了电气系统的可靠性，但再制造的设计、调试工作量较大。为保证机床数控及电气系统的稳定性及可靠性，目前的再制造机床主要采用这种形式。

5.2.3 机床再制造性能综合提升技术

随着数控技术、自动化技术、信息技术的高速发展，以及客户对零部件加工的要求越来越高，机床设计、制造技术发展较快，机床的性能水平也越来越高。而废旧机床大多服役时间较长，生产年代久远，技术水平远远落后，即使恢复至原出厂性能水平也落后于现有的新机床。因此，机床再制造过程不仅要恢复机床的精度，且要对机床的能效、环境友好性、信息化等性能或功能进行提升，实现整机性能的综合提升，以满足客户较高的加工要求。

集成应用现有机床设计与制造工艺、机床性能测试与质量检测技术、机床维修与改造技术、数控化技术、变频节能技术、降噪改进技术、少无切削液加工技术、装备再制造工艺、信息化技术等关键技术，形成机床整机性能综合提升技术框架，如图 5-5 所示。

1. 废旧机床能效提升方法

机床是机械加工车间最主要的耗能设备，数量多，使用范围广，所消耗的能量是制造业能耗的主要组成部分。机床能耗较高，但真正切削工件的时间往往不到其运行时间的一半，大量的电能都在空运转、辅助准备等过程中浪费，能效不高。废旧机床由于服役时间较长，能耗大的现象更为严重，迫切需要再制造与综合提升来提高其能耗效率。

一台机床的总能耗是由机床上许多单个部件的能耗所组成的，如主电动机、

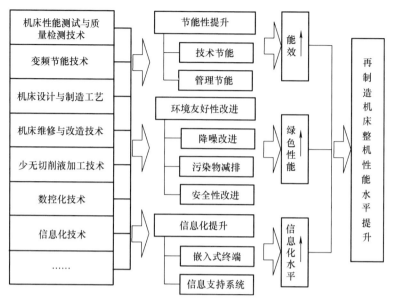

图 5-5　机床整机性能综合提升技术框架

进给驱动电动机、换刀系统的驱动装置、送料装置、冷却单元、液压装置、开关柜元件、排屑装置、吸尘与空调装置等。机床各个部件耗能所占比重各异，其中主轴、冷却系统、伺服驱动和液压系统共耗用了 88% 左右的电力，而耗用的电力中只有 25% 直接用于切削加工，其余的能量被损失了。

来自机床设备系统外部的能量（一般是电能），一部分经过电动机的电磁耦合转变为机械能，其中部分机械能用以维持机床部件的各种运动，部分机械能通过传递、耗损而到达机械加工的切削区，转变为分离金属的动能和势能；一部分转化为冷却、液压、润滑和气动等辅助装置和附属装置正常运行所需的能量；一部分通过磨损、噪声、振动和热能等表现形式损失。

通过对机床能量消耗特性进行分析可知：机床电动机系统效率低以及传动系统效率低是机床电能浪费严重的重要原因，传动系统能耗特别是空载功率导致的能耗是影响机床能量利用率的主要因素。针对机床的能耗状况，提出废旧机床再制造整机节能性提升的技术方案，如图 5-6 所示。

以某车床为例对废旧机床再制造整机节能性提升的技术方案进行介绍。该废旧车床生产年代较为久远，拖动系统是由电动机带动齿轮箱来传动和调速的。它具有恒功率性质，低速时的过载能力强，但齿轮箱传动链较长，机床能耗较大；再制造过程中一般需要保留原异步电动机以节省再制造成本。针对这种情况，引入变频器，采用变频器 + 原异步电动机的模式对该机床进行改造升级，简化传动链，可以在满足机床转速和输出有效功率的前提下，大幅度降低主传

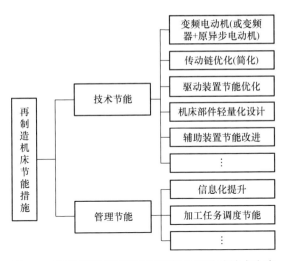

图 5-6　废旧机床再制造整机节能性提升的技术方案

动系统空载功率和能量消耗，实现节能性提升。图 5-7 所示为废旧 C616 车床与再制造后的 C2-616K 车床空载功率对比，试验过程及数据采集过程存在部分误差，但基本可表明再制造机床相比于原机床节能效果明显，可节能 20% 以上。

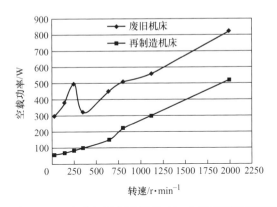

图 5-7　废旧 C616 车床与再制造后的 C2-616K 车床空载功率对比

⟫ **2. 废旧机床环境友好性改进方法**

（1）废旧机床降噪改进方法　国家标准 GB 15760—2004《金属切削机床安全防护通用技术条件》规定：应采取措施降低机床的噪声。机床使用过程中的噪声主要分为空运转噪声及切削噪声。废旧机床由于服役年限较长，零部件磨损严重，传动链较长，导致噪声较大。为降低再制造机床使用过程中产生的噪声，废旧机床再制造主要从两个方面采取措施。

机床空运转噪声主要与机床机械结构、机床传动系统有关，其来源于齿轮箱和运动回转部件。可通过改变机床传动链，改善箱体、齿轮和轴承等零部件特性以及应用各种阻尼材料等，来实现空运转噪声的控制。

切削噪声是机床在切削加工零部件过程中产生的噪声。金属的切削过程本质上是一种挤压过程，被加工的金属主要经过滑移的变形方式形成切屑，而在切屑形成过程中，刀具前面与切屑之间、刀具后面与已加工表面之间，都会作用有压力和摩擦力，产生各种噪声。降低切削噪声的措施主要包括：①选用合理的刀具，并及时更换磨损的刀具；②选用合适的夹具机构，以提高加工件的刚度；③采用一些被动降噪措施实现再制造机床噪声的降低，如防护罩的使用，可大大降低机床切削加工时产生的车间环境噪声。

以车床为例，通过采取各种降噪措施可实现对再制造车床噪声的控制。第一，通过对废旧车床结构及传动系统等进行改进与提升，实现对车床噪声的源头控制。如在对废旧车床传动链的设计过程中，除了考虑传动系统的变速要求外，还要考虑哪些方案对控制车床噪声最为有利；通过采用车床传动链优化技术，简化废旧车床传动系统，实现主传动全变频无级调速、全变频交流伺服驱动，可大大降低车床的噪声。第二，采用被动降噪措施。如给再制造车床安装全防护罩，实现了对切削噪声的降低与控制。通过采用上述降噪措施后，再制造车床相比废旧车床轻载加工时噪声平均可降低 5 ~ 10dB（加工时背景噪声为40dB），如图 5-8 所示。由图可知，经过再制造与提升之后的车床噪声相比于废旧车床，得到了显著的改善。

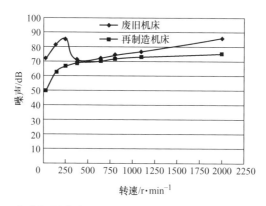

图 5-8　车床再制造前后空运转时噪声对比（背景噪声为 40dB）

（2）采用油雾处理装置净化油雾　在机械加工过程中，一般须使用乳化液或冷却油作为切削液，从而产生大量的油雾油烟，影响工厂的生产环境，不利于员工的身心健康。尤其是在高速重切条件下，加工会产生大量的油雾，对车间造成严重的环境污染。油雾对车间环境的污染以及对加工过程的影响主要体现在：①工作人员长期暴露在金属切削液油雾中会引起头痛、皮肤粗糙、慢性支气管炎、胸部不适、气道刺激、过敏性皮肤病和恶性肿瘤等疾病，并且可能造成遗传性影响，车间雾气弥漫会影响工作人员情绪，降低生产率；②油液沉积在墙面、地面、天花板和设备上，形成潜在的火险隐患；③雾状物到处蔓延，可能导致机床内部和电气系统故障；④若将雾状物排向室外，会严重破坏环境。

为解决上述问题，通过在再制造机床上加装油雾分离器可以对所排出的油雾进行净化，从而大大减少油雾对车间环境的污染，可使油雾排放减少90%以上，效果显著；同时，分离出来的油流回机床可继续使用，节省企业的切削液购置成本。

（3）采用有效的切屑回收系统分离切屑与油污　在切削加工过程中，需要消耗大量的切削液，并产生大量的切屑，这导致大量的油污被黏附在切屑中带走。由于切屑体积比较小，数量比较多，总的表面积很大，而且通常切屑形状不规则，容易吸附大量的油污，因此切屑带走的油污量很大。但在一般情况下，尤其是在老旧机床上这个问题并没有得到重视，大量油污都被混在切屑中带走，最终造成环境污染。因此，需要对切屑和油污进行分离。

再制造机床通过采用切屑回收系统，可有效分离切屑与油污，既有利于切屑的回收，又可减少切屑中废液造成的环境污染。图5-9所示为安装于YS3118数控滚齿机上的切屑回收系统。

（4）废旧机床安全性改进方法　机床是机械制造企业广泛应用的加工设备。机床运行过程中，一旦出现故障或失控，将可能导致人身事故，主要的危险体现在：①机械传动部件外露时，无可靠有效的防护装置；②机床执行部件故障，如工装夹具脱落或松动、执行部件本身的缺陷以及相关联锁装置的不可靠等；③机床的电气元器件设置不规范或出现故障；④机床运行过程中违章作业。针对这些危险，如果不加防护或防护失灵，都会造成人身伤害。因此，再制造机床须安装安全防护装置，实现机床的安全性改进。

安全防护装置应符合GB/T 8196—2018、GB/T 18831—2017的有关规定和要求。安全防护装置应性能可靠，能承受抛出零件、危险物质和辐射等；应结构简单、容易控制，不引起附加危险，不限制机床的功能，不妨碍机床的调整与维修；可移动部分应便于操作、移动灵活；经常拆卸用手搬动的安全防护装置应装拆方便；不便于用手搬动的安全防护装置，应设置吊装孔、吊环和吊钩等；防护罩若会妨碍机床加工中需要监视区域的可见度，则应采用钢化玻璃或硬塑料板等透明材料制造；隔离防护装置应能保证安全距离。

在某废旧车床再制造过程中，原车床为敞开式，无防护罩，为提高机床的安全性，通过安装全防护罩把机床密封起来，避免了加工时切屑飞出伤及操作人员，以及加工时人的身体进入加工区可能造成对人体的损伤；同时，安装防护罩也降低了车间噪声。图5-10所示为安装全防护罩的再制造CK6130数控车床。

图 5-9　安装于 YS3118 数控滚齿机上的切屑回收系统

图 5-10　安装全防护罩的再制造 CK6130 数控车床

此外，在再制造机床上安装防护罩不仅可实现操作者保护，而且可有效减少粉尘排放 85% 左右。

通过以上措施可实现废旧机床的环境友好性改进，改善车间工作环境，减小噪声，减少油雾和润滑油污染等排放或滴漏，改善工人劳动条件，降低工人劳动强度。

3. 废旧机床信息化提升技术

随着网络技术日益广泛应用，互联网已逐步进入生产车间。当前，我国制造业信息化正向深度和广度进一步发展。企业资源计划如果仅局限于设计开发或业务管理部门（人、财、物、产、供、销）等企业上层的信息化是远远不够的，车间最底层的加工设备——数控机床装备不能连成网络或信息化，已成为当前制造业信息化发展的瓶颈。废旧机床若通过数控化改造与提升后，在信息化提升方面仅限于数控程序的上传与下达，则远远不能满足机床对信息化功能的需求。因此，可通过将专用于机床的多功能信息终端系统安装在再制造机床上，实现再制造机床的信息化提升，使再制造机床实现双向、高速的联网通信，实现信息流在车间底层与上层之间的交互。专用于机床的多功能信息终端系统是由设备层信息交换终端、各种功能应用软件、配套的管理控制软件、与企业其他信息化系统的集成接口以及网络化运行模式组成的软硬件一体化系统。通过配置嵌入式信息终端，能实现再制造机床与上层管理系统的交互，传输语音、图像和文本等信息，将再制造机床与生产计划调度等联网，实时采集制造过程信息，监控机床工作状态及加工进度。

5.2.4 机床再制造质量控制及可靠性提升技术

再制造可以延长机械装备产品的生命周期，再制造产品的质量与可靠性是其再服役周期须首先考虑的关键因素之一。提高再制造机床的质量与可靠性是其取得客户认可以及再制造产业取得较大发展的首要因素。因此，须研究机床装备再制造全过程对可靠性的影响，从全生命周期的角度出发采取措施以提高再制造机床装备产品的性能和可靠性。

1. 机床再制造过程质量控制

再制造是将废旧产品制造成"如新品一样好"的再制造产品的再循环过程。一般传统消费观念认为"新品总比旧品好"，对"用过的产品"产生反感，不愿意购买"二手货"。因此，再制造产品比新制造的产品在市场上面临更大的挑战，再制造产品往往是以"物美价廉"的特质来赢得市场，换取效益。早在1984年，美国波士顿大学 Lund 教授在为世界银行资助的联合国发展纲要的资源回收项目的报告中指出：再制造者的声誉及其最终成功几乎完全取决于再制造产品的质量。所以，再制造产品的质量是发展再制造业的关键所在。再制造产品质量是制约再制造企业生存发展的重要因素，将直接影响产品的销售和经济效益。质量优异的再制造产品可以凭借较低的价格优势占领市场，实现企业的赢利，并最大化地实现资源的循环使用、提高回收率及环保性能。质量是再制造产品取得竞争优势的关键因素之一。再制造零部件的质量要受到原有废旧零部件的形状信息、材料信息以及失效信息等残缺信息的影响，而这些信息具有不确定性及不可知性，这给再制造零部件质量的保证带来一定的难度。

再制造机床的质量均要求不低于新品，而且其使用寿命、性能、安全性等指标的好坏，直接关系到客户信心和再制造业的生存问题。机床再制造全过程质量控制包括废旧机床拆前检测与整机性能评估、废旧机床拆解、废旧零部件检测与评估、机床结构设计和零部件设计、零部件加工工艺设计及再装配设计、零部件再加工及零部件自制和采购、再制造机床整机再装配、再制造机床验收，如图 5-11 所示。毛坯的质量检测主要是检测废旧零部件精度以及内部和外部的损伤特征，从技术、经济和环境等方面分析零部件的可再制造性。再制造过程的质量检测与控制主要包括再制造工序检测、再制造工艺控制、再制造后零部件检验以及再制造零部件再装配质量检验等，通过对加工过程的规范化管理、工艺参数的严格控制等，以期获得性能良好的再制造零部件产品。所有再制造机床或零部件都要经过严格的质量检测。检测方法包括无损检测、破坏性抽测等。再制造零部件的检测内容包括外形尺寸、表面粗糙度、硬度、强度、耐磨性、缺陷状况、修复层厚度、修复层与基体的结合程度等，而所有的再制造零部件都必须保证达到或超过原零部件的性能。再制造整机的质量检测按照新机床的检测标准来执行，需要对再制造机床的外观、精度、加工和装配质量、参数等内容进行检测，以确保再制造机床的质量达到新机床出厂标准。

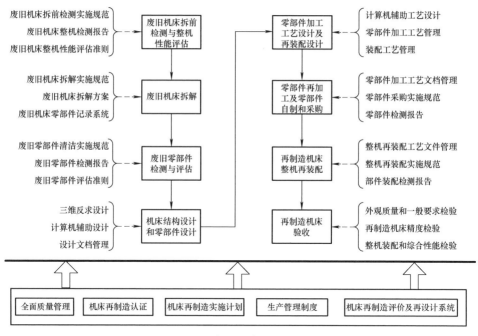

图 5-11　机床再制造质量控制流程

≫ 2. 机床再制造可靠性提升

机床再制造各个工艺过程对再制造机床可靠性都有非常重要的影响。

1）拆解过程。拆解过程应保证机床关键核心零部件不受损坏，但是在某些破坏性拆解过程中，不可避免地会损伤机床的已有机械结构，影响再制造机床可靠性。

2）清洗过程。清洗过程须保证不影响后续工艺过程，不对零部件造成磨损、化学腐蚀等影响，否则将影响再制造零部件的可靠性。

3）检测与分类。废旧零部件经历过一次服役周期，表面及内部特征已发生各种不可知的变化，这使得检测与分类可能产生不准确信息，影响再制造机床的可靠性。

4）新零部件采购。部分废旧零部件损坏严重或者不适用于再制造机床结构，需要由新零部件来替换，而采购的新零部件的质量及可靠性也将直接影响再制造机床的可靠性。

5）再装配。再装配是根据再制造机床设计的技术规定和精度要求，将构成再制造机床的各类零部件（包括直接重用零部件、再制造零部件及新零部件）结合成组件、部件，直至整个再制造机床产品的过程。再制造机床装配过程的装配精度，不仅影响再制造机床的工作性能，而且影响其可靠性及使用寿命。

此外，机床再制造工艺过程可靠性要受到系统输入（废旧机床及零部件）、工艺装备、再制造工艺方法、操作人员以及管理措施等工艺因素的影响。

1）系统输入。废旧机床及零部件已经历一次服役周期，其性能特征、功能特征均发生了不可知、不确定性变化，这将使得再制造工艺系统的工作状态、工作负荷及工作条件发生不确定性的变化，对再制造工艺系统可靠性造成直接影响。

2）工艺装备。再制造工艺装备在设计、制造、使用过程中，不可避免地存在某种缺陷，会出现零部件损坏、磨损、老化、功能衰退等各种故障，影响再制造工艺过程的可靠性。

3）再制造工艺方法。各机床零部件的损伤程度、服役寿命等质量特征具有不确定性，这使得各零部件需要采用不同的工艺方法，并具有多条工艺路线，而不同的工艺方法具有不同的可靠性。

4）操作人员。不同的操作人员，由于经验、技能水平的差异，对于工艺过程可靠性的保证水平不一；操作人员的身体及精神状态，也会影响再制造工艺过程的可靠性。

5）管理措施。再制造车间的管理包括对设备设施、操作人员、工艺文件、产品及半成品的管理。管理不当不仅影响生产进度，而且可能造成质量事故、安全危害。因此，再制造工艺系统需要保证再制造机床从设计、制造到出厂的全过程实施可靠性管理，以提高再制造机床的可靠性。

再制造机床装备结构与其工作可靠性存在必然联系。确定再制造机床装备及功能部件的故障模式及发生部位，对其故障源进行分析，可确定影响再制造机床装备可靠性的机械结构；结合再制造机床装备故障源及其可靠性增长模型，分析再制造机床装备的结构特点，对再制造机床装备的机械结构件及电气、液压、润滑、冷却系统等进行再设计与调整，通过结构再设计可实现其可靠性提升。图 5-12 所示为通过再制造机床装备结构再设计来实现其可靠性提升的技术路线。

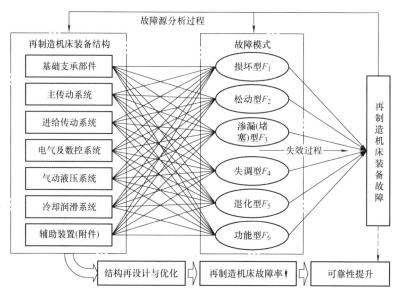

图 5-12 通过再制造机床装备结构再设计来实现其可靠性提升的技术路线

图 5-13 所示为再制造前后车床对比，机床再制造方案中对原废旧车床传动系统、防护装置、冷却润滑系统以及部分辅助装置进行了结构再设计与优化，这使得再制造机床的质量及可靠性得到了较大提升。又以机床冷却系统为例，原有冷却系统效能低下，故障率高，可靠性比较差。机床再制造方案中提出了一种结构再设计方案：YB20 冷却水泵＋带铜阀开关，如图 5-14 所示。该冷却系统可根据工况不同来调节切削液流量，可充分合理利用其冷却能力，实现了冷却能力与节能效果的双赢；大大降低了冷却系统的故障率，显著提高了再制造机床的质量及可靠性。

a)   b)

图 5-13 再制造前后车床对比

a）再制造前车床　b）再制造后车床

a)   b)

图 5-14　某再制造机床冷却系统结构再设计与优化案例

a）再制造前冷却系统　b）再制造后冷却系统

5.3　废旧机床零部件精密再制造

5.3.1　废旧机床零部件精密再制造流程框架

废旧机床零部件精密再制造流程框架如图 5-15 所示。废旧零部件清洗及表面处理后，利用扫描设备采集其表面点云数据，点云数据经过平滑、精简等预处理，生成废旧零部件损伤三角网格模型（以下称为损伤模型）。损伤模型能够直观地反映废旧零部件表面损伤的分布情况。将得到的损伤模型与原始 CAD 模型进行配准，若原始 CAD 模型已丢失，则需要根据点云数据中的残余信息，重构零部件的原始 CAD 模型。废旧零部件的修复方式，按照修复过程是在原零部件基体上添加还是去除材料，分为加式修复与减式修复。模拟加式修复时，将配准后的原始 CAD 模型与损伤模型进行布尔操作，得到缺损部位模型，根据缺损部位模型即可对激光熔敷等先进表面修复工艺的修复路径进行规划与模拟。模拟减式修复时，根据配准后两模型对应点间的距离以及安全加工余量即可确定减式修复加工余量，模拟机械加工修复过程。下面就流程框架中的关键步骤做具体说明。

1. 表面数据采集

获取物体表面点云数据的方式很多，根据测量探头是否与测量表面接触，可以分为接触式测量和非接触式测量两大类。接触式测量常用设备为三坐标测量机（CMM）；非接触式测量常用设备包括激光扫描仪、结构光扫描仪、工业 CT 机等。

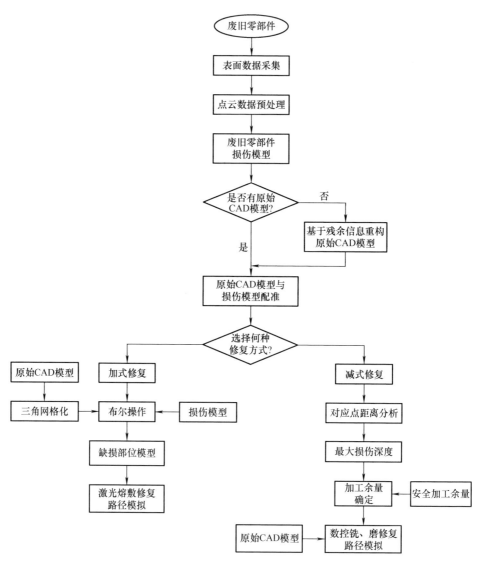

图 5-15　废旧机床零部件精密再制造流程框架

　　废旧机械零部件种类繁多，这就要求数据采集设备能够适应不同表面形状零部件的数据采集需求，除此之外，对于大型零部件，如机床床身等，则要求数据采集设备能够进行现场数据采集。本文采用 ATOS 光学三维扫描仪对废旧零部件进行数据采集，该设备机动性强，数据采集速度快，适用于各类机械零部件表面数据的采集。

⟫ 2. 加式修复

加式修复是指在废旧零部件基体上添加材料的修复方式，常见加式修复工艺有激光熔敷、热喷涂、堆焊等。激光熔敷工艺因其适用的材料体系广泛、熔覆层与基体结合强度高、基体热变形小及工艺过程易于实现自动化等特点，已越来越多地应用于再制造修复中。

在对加式修复过程进行模拟时，关键是要获取废旧零部件缺损部位模型，即废旧零部件与新件相比所缺失的部分。根据缺损部位模型可计算出熔敷材料用量，并生成激光熔敷数控路径，实现最少熔敷用量以及最少二次加工量。缺损部位模型可以由配准后的损伤模型与原始 CAD 模型经布尔运算得到。由于后续生成数控修复路径时使用的是三角网格模型，故先将零部件原始 CAD 模型三角网格化后，再与损伤模型进行布尔运算。

⟫ 3. 减式修复

减式修复是指在原零部件基体上去除材料的修复方式，即通过车、铣、磨等机械加工方式对零部件损伤表面进行再加工，直至将表面损伤完全去除。减式修复的关键是确定加工余量，即确定需要在废旧零部件损伤表面去除多少材料，才能得到新的表面。根据减式修复的加工余量及原始 CAD 模型，可以生成数控加工路径，模拟减式修复，实现减式修复的最少加工量。

减式修复加工余量的确定如下：

(1) 最大损伤深度的确定　零部件损伤模型与原始 CAD 模型配准后，两模型对应点间的距离为该点的损伤深度值，对应点间距离的最大值即为最大损伤深度 H，如图 5-16 所示，其中虚线代表零部件的原始轮廓，圆圈点表示原始轮廓上的点，实线表示零部件损伤后的轮廓，十字叉表示损伤轮廓上的点。

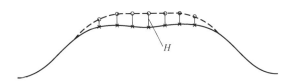

图 5-16　损伤深度示意图

(2) 减式修复加工余量的确定　减式修复加工余量应不小于最大损伤深度才能将零部件表面损伤完全去除，与此同时，由于减式修复后的零部件主体尺寸发生了变化，零部件强度随之降低，故减式修复时，需要确定最大安全加工余量。首先通过对零部件的安全校核，得出零部件的强度极限尺寸 D_{lim}，再根据零部件原始尺寸 D_{org}，得出减式修复的最大安全加工余量 Z_{max}，见式(5-1)。根据废旧零部件最大损伤深度值 H 及最大安全加工余量 Z_{max}，可以确定减式修复加工余量 Z 的可选范围，见式(5-2)。

$$Z_{max} = D_{org} - D_{lim} \tag{5-1}$$

$$H \leqslant Z \leqslant Z_{max} = D_{org} - D_{lim} \tag{5-2}$$

5.3.2 基于改进 ICP 算法的损伤零部件精确配准

1. 基于残余信息重构的废旧零部件原始 CAD 模型

废旧零部件的模拟修复过程中，可能会遇到零部件原始 CAD 文件丢失的情况，此时需要根据采集到的点云数据中的残余信息重构其原始 CAD 模型。与传统逆向建模不同，在重构废旧零部件的原始 CAD 模型时，由于采集到的点云数据中包含零部件的损伤区域，这部分点云数据与其他完好区域的点云数据不连续，不能反映零部件的原始表面形貌，故在逆向重构时应避免使用损伤区域的点云数据。

为此通过计算点云数据中各点的高斯曲率，并设定适当阈值，提取出点云数据中曲率突变的点，根据这些点构造一条近似的损伤区域边界线，并检查逆向建模中重构的特征轮廓线是否经过损伤区域，确保建模精度，其主要步骤如下：

（1）估算点云曲率　点云曲率估算的方法很多，常用的方法如抛物面拟合法、3D Shepard 曲面拟合法、Gauss-Bonnet 法等。由于抛物面拟合法对含噪声点云数据的处理较其他方法更为准确，故本文采用抛物面拟合法来估算点云网格顶点处的曲率。该方法用一个二阶的解析曲面来逼近给定点及其邻域内的点。用于拟合的二阶曲面表达式为

$$z = f(x,y) = a_0 + a_1 x + a_2 y + a_3 xy + a_4 x^2 + a_5 y^2 \tag{5-3}$$

对点云数据中的某一数据点 p_i，取该点的 k – 邻域组成局部点云，对该局部点云内所有的点 (x_j, y_j, z_j)，按式(5-3) 做最小二乘拟合，即求解

$$\min \sum_j (a_0 + a_1 x_j + a_2 y_j + a_3 x_j y_j + a_4 x_j^2 + a_5 y_j^2 - z_j)^2, j \in (0,k)$$

$$\tag{5-4}$$

求得曲面方程系数后，将曲面方程式(5-3) 改写为参数方程形式，见式(5-5)。

$$r(x,y) = \begin{cases} X(x,y) = x \\ Y(x,y) = y \\ z(x,y) = a_0 + a_1 x + a_2 y + a_3 xy + a_4 x^2 + a_5 y^2 \end{cases} \tag{5-5}$$

分别求出 r （x，y）对 x、y、xx、yy、xy 的偏微分，记为 $\boldsymbol{r}_x$、$\boldsymbol{r}_y$、$\boldsymbol{r}_{xx}$、

r_{yy}、r_{xy}，曲面的单位法向量为 $n = \dfrac{r_x \times r_y}{|\, r_x \times r_y \,|}$，则曲面的第一基本形式参数 $E = r_x \cdot r_x$，$F = r_x \cdot r_y$，$G = r_y \cdot r_y$，曲面的第二基本形式参数 $L = r_{xx} \cdot n$，$M = r_{xy} \cdot n$，$N = r_{yy} \cdot n$。代入曲面高斯曲率的计算式(5-6)，即可求出各点处的高斯曲率。

$$K = \frac{LN - M^2}{EG - F^2} \tag{5-6}$$

（2）划分损伤区域边界 根据上步计算得到的各点高斯曲率值 K_i，通过设定适当的阈值 K_e，即当 $K_i > K_e$ 时，则判断该点为曲率突变点，最后由曲率突变点拟合出损伤区域边界线，将点云数据划分为损伤区域与完好区域，如图 5-17 所示，并将损伤区域边界内的点云数据存入集合 N 中。

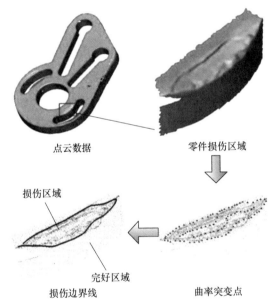

点云数据　　　　　零件损伤区域

损伤区域

完好区域

损伤边界线　　　　曲率突变点

图 5-17　损伤区域边界的划分

（3）重构原始 CAD 模型 通过"点—线—面—体"的建模思路来实现废旧零部件原始 CAD 模型的重构，如图 5-18 所示。首先采用 PCS 算法在点云模型上生成一组截面轮廓线，PCS 算法生成的截面有可能经过点云数据中的损伤区域，从而影响轮廓线的精度。通过检验各截面轮廓线上是否有集合 N 内的点，找出并删除经过点云损伤区域的截面轮廓线，最终得到点云完好区域的特征轮廓线。特征轮廓线经过拉伸、扫掠、蒙皮及裁剪等操作得到零部件的曲面模型。最后对曲面模型加厚或实体化即得到实体 CAD 模型。

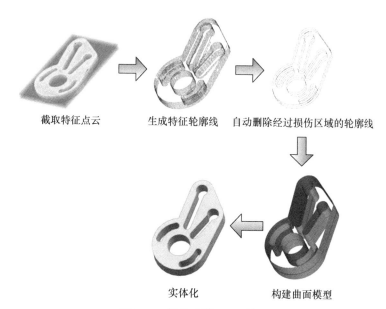

截取特征点云　　　生成特征轮廓线　　自动删除经过损伤区域的轮廓线

实体化　　　　　　构建曲面模型

图 5-18　重构原始 CAD 模型

▶▶ 2. 损伤模型与原始 CAD 模型的配准

损伤模型与原始 CAD 模型的配准是得到缺损部位模型的关键。两模型间的配准通常需要经过预配准和精确配准两个步骤。预配准是将两个模型大体调整到正确的位置，为精确配准提供良好初值，提高精确配准的效率。预配准的方法主要有主成分分析法、力矩主轴法、三点对齐法等。精确配准是在预配准的基础上进一步校正两模型的位置，使两者之间的差异最小。精确配准算法中以迭代最近点（Iterative Closest Point，ICP）算法最为成熟，该算法的实质是基于最小二乘法的最优匹配方法，算法重复"寻找对应点—对应点之间最优刚体变换"的迭代过程，直到满足设定的收敛准则，其变换关系式与收敛准则见式(5-7) 和式(5-8)。

$$Q_i = RP_i + T \tag{5-7}$$

$$\varepsilon = \sum \| q_i - (Rp_i + T) \|^2 \to \min \tag{5-8}$$

式中，P_i 和 Q_i 是 2 个模型数据点集；R 是旋转变换矩阵；T 是平移变换矩阵；p_i 是模型 P_i 中的点；q_i 是模型 Q_i 中的点；ε 最小时满足收敛准则。

但在再制造实际应用中，由于废旧零部件表面存在局部损伤，扫描得到的损伤模型与原始模型相比有一定的差异，若采用传统 ICP 算法对两模型实施最佳拟合，模型上所有的点都将参与配准运算，则损伤区域的误差会被均匀化，因而得不到缺损部位准确的模型。现通过图 5-19 来说明该问题。图 5-19a 所示为某废旧零部件原始模型（粗虚线）与损伤模型（粗实线）配准前的情况，根据该零部件的服役状况得知，零部件损伤集中在上端（圆圈区域内），其他部位则没有损伤或损伤极小；图 5-19b 所示为采用传统 ICP 算法配准的结果，由于损伤区域与原始模型上对应区域差别较大，损伤区域的误差分摊给了损伤小的区域，使得原本没有损伤或损伤极小的区域出现了误差；图 5-19c 所示则为理想的配准效果。

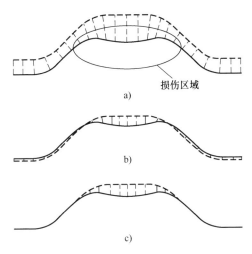

损伤区域

a)

b)

c)

图 5-19　损伤模型的配准
a）配准前的损伤模型与原始模型　b）传统 ICP 算法配准结果　c）理想配准效果

在传统 ICP 配准方法中增加对两模型对应点的筛选过程，通过检查对应点的距离及方向向量夹角是否在设定的范围内，来判断对应点是否为损伤区域的点，若判断为损伤区域的点，则剔除该组对应点并重新生成对应点集，再进行配准运算。改进后的配准算法流程如图 5-20 所示。

其主要步骤为：

1）预配准。采用三点对齐的方法，以原始模型点集 Q 为参考基准，对损伤模型点集 P 进行预配准初始变换，原始模型点集 Q 及预配准后的损伤模型点集 P_0 可表示为 $P_0 = \{p_{i0} \mid p_{i0} \in \mathbf{R}^3,\ i=1,\ 2,\ \cdots,\ n\}$，$Q_0 = \{q_{j0} \mid q_{j0} \in \mathbf{R}^3,\ j=1,\ 2,\ \cdots,\ m\}$。

2）寻找对应点。对损伤模型点集 P 中的任意一点 p_{ik}，寻找 p_{ik} 到原始模型点集 Q 中距离最近的点，记原始模型点集 Q 中与 p_{ik} 距离最近的点为 q_{ik}，组成对应点集合 $Q_k = \{q_{ik} \mid q_{ik} \in \mathbf{R}^3,\ i=1,\ 2,\ \cdots,\ n\}$，距离计算公式为 $d_{ik} = \parallel p_{ik} - q_{ik} \parallel \rightarrow \min$，$k$ 为迭代次数。

3）求解变换矩阵。对寻找得到的对应点集 P_k 与 Q_k，采用最优化解析方法计算 $\sum \parallel \boldsymbol{R}_k p_{ik} + \boldsymbol{T}_k - q_{ik} \parallel^2 \rightarrow \min$，求得第 k 次迭代时的旋转变换矩阵 $\boldsymbol{R}_k$ 和平

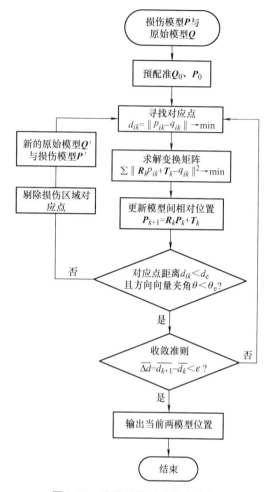

图 5-20　改进后的配准算法流程

移变换矩阵 $\boldsymbol{T}_k$。

4）更新模型间相对位置。用步骤 3）中得到的变换矩阵，对损伤模型点集 $\boldsymbol{P}$ 进行旋转与平移变换，得到损伤模型新的位置，即 $\boldsymbol{P}_{k+1} = \boldsymbol{R}_k \boldsymbol{P}_k + \boldsymbol{T}_k$。

5）检查对应点距离及方向一致性。检查对应点间距离是否小于设定的阈值 d_{e}，即 $d_{ik} < d_{\mathrm{e}}$，并计算各组对应点的方向向量，检查其夹角 θ 是否小于设定的阈值 θ_{e}，即 $\theta < \theta_{\mathrm{e}}$。

6）剔除损伤区域对应点。若对应点间距离 $d_{ik} > d_{\mathrm{e}}$ 或 $\theta_{ik} > \theta_{\mathrm{e}}$，则判断对应点为损伤区域点，将损伤区域点剔除并生成新的损伤模型点集 $\boldsymbol{P}'$ 与原始模型点集 $\boldsymbol{Q}'$。

7）迭代终止判定。对应点间平均距离小于给定的阈值，即 $\overline{\Delta d} = \overline{d_{k+1}} - \overline{d_k} < \varepsilon$，

其中$\overline{d_k} = \dfrac{1}{n} \displaystyle\sum_{i=1}^{n} d_{ik}$ ，$\varepsilon > 0$，则迭代终止。

▶▶ 5.3.3　应用案例

　　滚齿机交换齿轮架是滚齿机的关键零部件之一，用于安装差动齿轮，实现直齿加工传动链与斜齿加工传动链间的切换。交换齿轮架磨损后，将直接影响差动齿轮间的啮合，最终影响斜齿轮的加工精度。图 5-21 所示为从某废旧滚齿机上拆卸得到的交换齿轮架，交换齿轮架的弧形槽区域出现明显磨损，其他部位状况良好，现对其实施再制造模拟修复。

　　对交换齿轮架部件拆卸清洗后，在其表面喷涂白色显影剂以增强扫描效果，利用 ATOS 光学三维扫描仪采集表面点云数据，采集过程如图 5-21 所示。

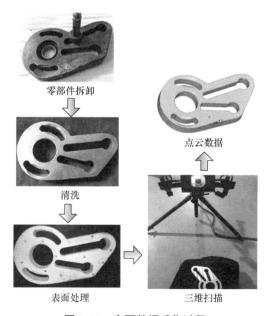

零部件拆卸

点云数据

清洗

表面处理

三维扫描

图 5-21　表面数据采集过程

　　由于交换齿轮架的原始 CAD 模型已丢失，需要根据扫描点云数据重构其原始 CAD 模型，重构过程参见图 5-17 和图 5-18。根据配准结果分析得知，交换齿轮架损伤区域集中且磨损较深，故选择加式修复方案。加式修复模拟如图 5-22 所示。将交换齿轮架原始 CAD 模型与损伤模型按上述的配准方法进行配准，再对配准后的两模型实施布尔操作，得到缺损部位的模型。布尔操作前，先将原始 CAD 模型转化为三角网格格式，该转化过程不影响配准结果。最后，对缺损部位模型进行切片，生成缺损部位模型截面轮廓数据，模拟激光熔敷修复路径。

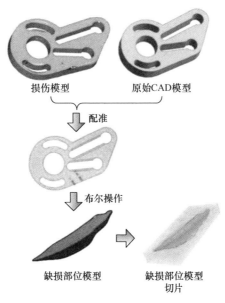

图 5-22　加式修复模拟

5.4　机床再制造的实施模式分析

　　目前，国内从事机床再制造的主要力量是机床制造企业、专业化的第三方机床维修与再制造公司以及数控系统制造企业。依托品牌、技术、人才、物流等方面的优势，重庆机床（集团）有限责任公司、湖南宇环同心数控机床有限公司、武汉重型机床集团有限公司、沈阳机床股份有限公司、大连机床集团有限责任公司等机床制造企业都成立了从事机床再制造的事业部或子公司。国内还有许多第三方机床维修与再制造公司，大大小小有 2000 多家，如武汉华中自控技术发展股份有限公司、北京圣蓝拓数控技术有限公司、北京凯奇数控设备成套有限公司、重庆恒特自动化技术有限公司、上海宝欧工业自动化有限公司等单位开展了各类机床的改造与再制造业务，并取得了较好的经济效益。此外，广州数控设备有限公司和武汉华中数控股份有限公司等数控系统制造企业主要为我国制造业企业进行设备的数控化升级与再制造，并参与军工数控"换脑工程"，取得了可观的经济及社会效益。

5.4.1　回收型机床再制造模式

　　回收型机床再制造模式是指机床制造企业或第三方机床维修与再制造公司从二手机床市场购买回收老旧、退役机床，再制造与升级后通过市场销售给新的机床使用方，如图 5-23 所示。我国制造企业机床装备的新度系数普遍较低，加上一些企业转产或停产等因素导致机床设备闲置，不断有老旧机床、退役机床、闲置机床流入二手机床市场。机床再制造企业可从二手机床市场回收这些老旧机床设备，采用现代先进制造技术、表面工程技术、信息技术、数控及自动化技术等高新技术进行再设计、再制造、再装配，再制造出功能及性能得到恢复和提升的新机床。由于现阶段客户对再制造机床的认识问题，该模式目前在机床再制造产业中所占比例较小，但随着再制造工作的进一步推进以及机床再制造外部环境的改善，该模式所占比例将逐步增大。

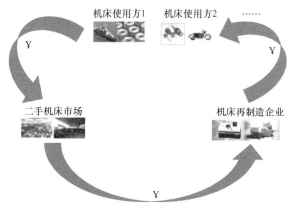

图 5-23　回收型机床再制造模式

5.4.2　合同制机床再制造模式

合同制机床再制造模式是指机床再制造企业与客户企业签订技术协议，低成本地为其提供一整套基于再制造的车间生产线机床设备的整体性能升级解决方案，如图 5-24 所示。机床制造企业为各制造企业提供的大量机床，在多年使用之后会出现精度、性能丧失严重的现象，面临着功能性淘汰；同时，随着数控及自动化等新技术的发展，已售老旧机床也面临技术性淘汰。为此，一些客户提出了机床再制造需求，希望通过再制造对老旧机床装备能力进行综合提升。为提高客户的品牌忠诚度，机床制造企业对客户企业的再制造需求会积极响应；第三方的机床维修与再制造企业也具有提供合同制机床再制造服务的能力。通过与客户企业签订合同和技术协议，按照客户要求，这些机床再制造企业可为客户提供车间生产线机床设备的批量再制造服务，既包括对机床制造企业生产的老旧机床的再制造，也包括对其他品牌老旧机床的再制造。

5.4.3　置换型机床再制造模式

目前，各制造企业大量存在的老旧机床仍在服役，但精度、性能丧失现象严重，影响零部件加工质量，但购置新设备需要一大笔资金。针对这种问题，可采用"以旧换再"的机床置换模式，由客户将老旧机床折价给机床再制造企业，机床再制造企业用再制造新机床进行置换，如图5-25所示。这种模式不仅可节省企业设备购置资金，而且不影响企业的生产，可避免停产损失。

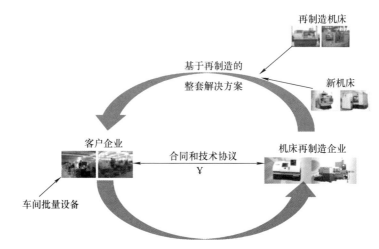

图5-24　合同制机床再制造模式

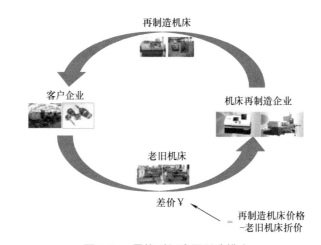

图5-25　置换型机床再制造模式

5.4.4　机床在役再制造模式

1. 机床在役再制造的需求分析

虽然，我国机床装备行业发展迅速，为制造业的发展提供了关键设备与制造能力，但是在役机床装备整体技术水平落后，数控化率低，功能部件性能水平低，智能化水平落后，不足以支撑《中国制造 2025》背景下我国制造业转型升级的迫切需求。

1）在役机床装备精度及性能退化现象严重，难以保障零部件加工精度，影响产品质量及其一致性。我国制造业经历了多年的高速发展期，而在役机床装备长期承担繁重的加工任务，尤其是制造企业的大重型机床等关键主要设备，长期处于超负荷运行状态；同时，部分国产机床由于关键功能部件设计制造水平、质量及可靠性等与国外有差距，很容易发生磨损、点蚀和疲劳破坏等现象。这使得大量在役机床装备在未达到使用年限之前，加工性能退化现象严重，而且还有部分在役机床装备处于超期服役状态，已不能满足新产品及零部件的加工精度要求。

2）在役机床装备自动化、智能化水平低，难以满足智能制造需求，生产率低。21 世纪以来，由于数控技术的成熟以及零部件加工对数控机床的需求迫切，我国机床行业的产量数控化率出现了较大提升，其中金属切削机床产量数控化率从 2004 年的 11% 提升至 2016 年的 30% ~ 40%，但相比于德国、日本等国家平均 65% 以上的机床产量数控化率，差距仍然较大。目前，在役的尤其是服役时间超过 10 年的机床装备，自动化、智能化水平偏低，而且缺乏联网通信等网络化功能，无法满足制造业生产柔性化、制造自动化、信息交互网络化以及建设数字化车间的发展需求，生产率低，生产成本高。

3）在役机床装备能耗高，加工过程绿色化程度不高，跑冒滴漏等产生的环境污染较严重，不能满足绿色制造的需要。在役机床装备由于原电动机效率低以及原传动部件效率低、能源损耗大等原因，其能耗普遍偏高而且能源利用率低；机床在加工产品及零部件的过程中，产生大量的粉尘、噪声、油雾油污（主要来源于切削液）、固体废弃物等污染排放，带来较为严重的车间环境污染并影响员工健康。随着环境意识的增强以及中央环境保护督察力度的加强，在役机床装备的能耗高、污染重等绿色化问题日益突出，已不能满足我国制造业绿色发展的迫切需求。

在《中国制造 2025》行动纲领的引领下，我国制造业迫切需要转型升级，实现由"制造大国"向"制造强国"的转变。量大面广的整体技术水平落后的在役机床装备已成为制约我国制造业转型升级的主要瓶颈，迫切需要通过在役再制造与智能化、绿色化、服务化综合提升，提高加工效率、加工质量以及运行可靠性。

》2. 机床在役再制造的概念及实施方法

机床装备在役再制造是一种新型的制造服务业发展模式，以在役机床装备为毛坯，运用现代先进的信息技术、智能技术及绿色制造等新技术，通过再制造与智能化、绿色化、网络化综合提升，实现老旧在役机床装备及其所构成的制造系统的升级换代，以满足工业转型对新一代制造装备的迫切需求。机床装备在役再制造与传统实施的机床再制造有所区别。传统实施的机床再制造针对的主要是退役、老旧、报废的机床，强调对废旧机床资源的循环再利用，而机床装备在役再制造主要针对性能退化、故障频发、技术相对落后或不能满足当前加工要求的在役机床装备，强调面向绿色化、智能化、服务化以及质量提升的工业转型，提高在役机床装备的性能水平及可靠性。机床装备在役再制造与传统的机床再制造之间的区别见表5-2。

表5-2　机床装备在役再制造与传统的机床再制造之间的区别

序号	指标	机床装备在役再制造	传统的机床再制造
1	对象	老旧、健康能效状况差、技术相对落后的在役机床装备	退役、淘汰、报废的废旧机床及零部件
2	目标	强调面向绿色化、智能化、服务化以及质量提升的工业转型	强调废旧机床资源的循环再利用
3	智能化提升	可增加智能防撞、在线智能检测等智能化功能，实现智能化提升	智能化提升较少
4	能效提升	通过结构优化、驱动方式改变等方式，可实现能效提升15%左右	能效提升较少，一般为5%～10%
5	清洁化提升	可采用切屑回收系统、微量润滑等技术手段，实现清洁化升级	可减少切削液滴漏等污染，但效果不明显
6	技术水平	最新或定制化设计的技术性能水平，满足工业转型需求	主要以恢复机床性能为主，强调修旧如新
7	产业特征	循环经济＋服务型制造业	机床再制造循环经济产业

机床装备在役再制造的实施流程主要包括在役机床装备性能状态匹配适应分析，机床装备在役再制造定制化再设计，在役机床装备拆解、清洗、检测与分类，机床装备在役再制造与性能提升以及再装配等过程，如图5-26所示。

1）在役机床装备性能状态匹配适应分析。在役机床装备由于出厂状态、服役状况的不同，其性能状态变化规律具有不确定性及不可预知性。实施机床装备在役再制造，需要对在役机床装备的加工精度、可靠性以及自动化水平、绿色化水平、网络化水平等运行状态与性能状态进行监控与诊断，并针对在役机床装备的性能状态与当前产品加工要求或未来企业转型升级的需求（包括质量提升、智能车间建设、绿色加工、服务型制造等）进行匹配适应分析。若发现在役机床装备发生故障或者性能状态、技术水平不能满足产品加工要求以及转

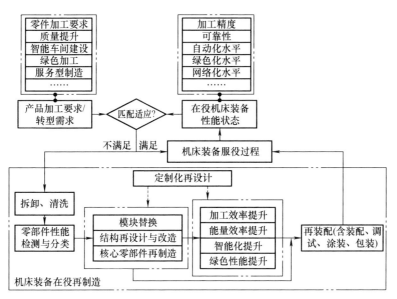

图 5-26　机床装备在役再制造的实施流程

型升级要求，则需要实施机床装备在役再制造。

2）机床装备在役再制造定制化再设计。面向产品及零部件加工要求、企业转型升级的定制化要求，同时考虑在役机床装备原有机械结构、电气系统、冷却润滑系统、液压气动系统等对再制造与升级所产生的约束与限制，确定再制造机床功能、整机结构、主要技术参数以及整体设计方案，完成在役机床装备结构再设计、匹配性再设计以及再制造方案设计与评选。机床装备在役再制造方案的设计过程具有定制化特点，如部分方案为替换或修复故障零部件实现快速再制造以恢复生产，部分方案需要对在役机床装备实施智能化提升以提高生产率，部分方案需要对在役机床装备实施绿色化提升以提高加工过程绿色程度。

3）在役机床装备拆解、清洗、检测与分类。针对在役机床装备的结构特征，采用一定的工具和手段并遵循合适的拆解顺序，按照在役再制造的技术需求，将在役机床装备拆解为满足定制化需求的零部件；在拆解之后，对所有需要进行再加工或再利用的机床零部件进行清洗，除去废旧零部件表面的灰尘、油脂、油渍、锈蚀以及表面的油漆涂层等；清洗之后，需要对机床零部件所存在的局部变形、磨损、氧化、表面变质、裂纹、孔隙、强应力集中点等缺陷进行检测与分析，并将零部件划分为三类：可直接重用零部件、再加工后可重用零部件以及需要更换的零部件。

4）机床装备在役再制造与性能提升。针对部分有损伤或性能退化严重的功能部件，需要利用先进表面技术和复合表面技术、机械再加工技术、再制造特种加工技术、修复热处理等技术进行修复与再制造；考虑已有结构与新技术的匹配性，在役机床装备部分机械结构需要再设计与改造，部分功能部件需要模块化替换，以满足性能提升要求；针对企业建设数字化车间、绿色工厂的需求，需要利用最新的自动化技术、智能控制技术、绿色制造技术等对在役机床装备实施性能提升，提高机床加工效率、能量效率以及智能化、绿色化水平。

5）再装配。按照机床装备在役再制造的技术条件，将再制造后的核心零部件、更新替换的功能部件及元件、直接重用的零部件等重新装配成再制造机床整机，并完成调试与检验、涂装、包装等工作，恢复在役机床装备的制造能力。

5.5 机床再制造工程实践

5.5.1 滚齿机再制造

YX3120 系列滚齿机主要由床身、大立柱、进给箱、滑板、液压系统、排屑及冷却系统、护罩、刀架、工作台、小立柱、电气系统等几部分组成。通过拆卸、清洗、检测与分类等过程后，对滚齿机机械部分进行修复与再加工，对电气、液压、冷却等系统实施更换升级，并补充部分替换零部件，恢复机床精度至原出厂标准，达到客户的要求。

YX3120 系列滚齿机零部件的拆卸顺序如下：①拆卸有关电气线路和控制装置；②拆卸机床附件；③拆卸冷却装置及油管；④拆卸小立柱组件；⑤卸下进给箱；⑥卸下滚刀箱及刀架滑板；⑦拆卸大立柱组件；⑧卸下工作台组件；⑨卸下主电动机。

经过拆卸、清洗之后，分析 YX3120 系列滚齿机各个零部件的损失、精度丧失情况，制定再制造工艺方案。表 5-3 所列为 YX3120 系列滚齿机各零部件再制造工艺方法及流程。

表 5-3 YX3120 系列滚齿机各零部件再制造工艺方法及流程

零部件名称	再制造工艺方法及流程	再制造过程图
床身	床身一般可直接重用 床身导轨由于使用时间较长，容易出现磨损等。修复过程：导轨面重新加工（磨削或者精刨）→刮花。刮花的好处有两点：一是增大导轨面的实际接触面积；二是在刮花的凹坑处可以存储少量的润滑油，减小运动接触面的摩擦力	

零部件名称	再制造工艺方法及流程	再制造过程图
工作台组件	工作台及工作台壳体导轨副通常采用对刮来修整 　　分度蜗杆副的修复方法很多，有滚剃修复法、自由珩磨、强迫珩磨、变制动力矩珩磨等 　　先修复蜗轮（精滚、剃修复齿形精度），再修相配蜗杆（与修复后的蜗轮配）	
大立柱组件	修复及更换大立柱各部分弧齿锥齿轮、轴承、铜套、丝杠、螺母、蜗轮、蜗杆等，调整各部分间隙，达到工艺要求	
小立柱组件	修复及更换小立柱各部分易损件及配刮支架与导轨的结合面，达到工艺要求	
刀架组件	流程：拆卸→清洗→部分零件再加工→重用件与更换件进行再装配，并进行精度恢复 　　修复及更换滚刀箱主轴、轴瓦及各部分轴承、铜套、弧齿锥齿轮等；刀架壳体等箱体类可直接重用。配刮主轴与轴瓦的接触面，配装达到工艺要求	

（续）

零部件名称	再制造工艺方法及流程	再制造过程图
电气及液压系统	修复及更换电气系统并重新布线 改变原有机床液压系统结构，修复及更换液压系统各零部件，确保各部分油路畅通，无渗漏现象	

　　在对各个零部件修复与再加工后，调整各个零部件的间隙，配刮各零部件结合面，按图样和再装配工艺规程进行装配，恢复整机精度。图5-27所示为再装配过程中的YX3120系列滚齿机。

　　装配到再制造机床上的零部件（包括再制造零部件、更新件）均应符合质量要求。再制造机床要

图5-27　再装配过程中的YX3120系列滚齿机

按照新机床出厂标准进行检验与验收，主要包括：①外观检验；②附件和工具检验；③参数检验；④再制造机床的空运转试验；⑤再制造机床的负荷试验；⑥再制造机床的精度检验；⑦加工和装配质量检验；⑧其他。

　　机床再制造经济及社会效益明显，下面结合YX3120系列滚齿机再制造对机床再制造效益进行分析。

　　1）YX3120系列滚齿机的床身、大立柱箱体、小立柱箱体、工作台箱体等铸件部件及其他附加值较高的零部件得到了重用，资源循环利用率按重量计达80%以上，比制造新机床节能80%以上，并减少大量环境排放（表5-4所列为蜗轮新制造与再制造的对比情况），而且机床机械部分具有耐久性，性能稳定，特别是床身、立柱等铸件，时效越长，性能越好，再制造后的机床性能更加稳定，可靠性更好。

表 5-4 蜗轮新制造与再制造的对比情况

指标	生产工序（步数）	加工时间/h	材料消耗/kg	电能消耗/kW·h	成本（元）
新制造	13	22.2	30	2500	3053
再制造	1	5	0	300	300

2）再制造后的滚齿机比新购机床节约成本 50% 以上，且机床性能超过原有旧机床，低成本地满足了客户需求。表 5-5 所列为再制造机床精度指标与原出厂标准的对比情况，显示再制造 YX3120 完全达到了机床的出厂标准，且部分指标更优。

表 5-5 再制造机床精度指标与原出厂标准的对比情况

检查项目		出厂标准公差/mm	再制造滚齿机实测精度/mm
工作台径向直线度		0.015	0.013
工作台周期性轴向窜动		0.005	0.005
工作精度	周节偏差 Δf_{pt}	±0.010	±0.009
	周节累积误差 ΔF_P	0.040	0.036
	螺旋线斜率偏差	0.017	0.016

5.5.2 在役重型落地镗铣床再制造

某水电设备制造企业的关键设备 SKODA W200G 落地镗铣床服役时间超过 20 年，处于超期服役状态。经过对 SKODA W200G 落地镗铣床当前的性能状况（主要包括机床几何精度和工作精度，功能部件运行平稳性、振动、噪声等）与零部件加工要求进行匹配适应分析与评价，认定该机床已不能满足产品加工要求，迫切需要实施在役再制造与性能提升。针对 SKODA W200G 落地镗铣床的结构特点以及定制化需求，制定了在役再制造的实施方案。

1）机械结构方面。为满足在役 SKODA W200G 落地镗铣床性能提升的要求，对其主传动系统进行结构再设计与改进，更换机床主轴以及主轴自动夹紧装置，并重新设计主轴箱重心偏移补偿装置；床身、立柱、方滑枕、滑座的导轨面需要刮研加工，满足配合精度要求；进给轴按照数控化改造要求进行再设计与升级；再设计机床液压系统，并利用液压装置替换原气动装置；冷却系统更换冷却泵以及切削液箱；润滑系统采用原设计方案，更换易损件；对丝杠副、齿条、轴承等易损件进行材料回收处理。

2）电气控制系统方面。针对在役 SKODA W200G 落地镗铣床智能化升级需求，对其实施数控化升级与改造。选用 SINUMERIK 840DE 数控系统，对整机电气控制系统进行再设计与配置，包括电动机、驱动器以及检测与反馈装置；机床布线需要重新设计与配置。

3）机床网络化升级方面。为实现机床服役过程中状态实时获取及匹配性分析，对 SKODA W200G 落地镗铣床加装一套机床数据采集与监控系统，可实时采集在役机床装备的转速、进给速度、温度、振动等信息，并设置报警阈值；对在役机床装备、刀具及工件的状态运行参数以及加工信息进行分析，为生产过程管理提供信息支撑。

图 5-28 所示为再制造后的 SKODA W200G 落地镗铣床。经过对在役 SKODA W200G 落地镗铣床实施再制造，该机床几何精度可达到其出厂标准，位置精度可按国家标准 GB/T 5289.3—2006 验收，加工精度可达到 IT6～IT7 级（部分精度指标对比见表 5-6）；实现数控化改造升级，提高了加工效率以及加工范围；增加了机床数据采集及监控功能，并可与企业管理系统联网，有助于实现制造业服务化。

图 5-28　再制造后的 SKODA W200G 落地镗铣床

表 5-6　再制造前后部分精度指标对比　　　　　　（单位：mm）

序号	检验项目	出厂标准		再制造前	再制造后
1	立柱移动在垂直平面内的直线度	1000mm 测量长度内为 0.02		0.025	0.020
		局部公差：任意 500mm 测量长度上为 0.015		0.020	0.015
2	立柱移动在水平面内的直线度	1000mm 测量长度内为 0.02		0.020	0.020
		局部公差：任意 500mm 测量长度上为 0.015		0.015	0.015
3	主轴箱垂直移动对立柱移动的垂直度	0.030		0.035	0.025

（续）

序号	检验项目	出厂标准	再制造前	再制造后
4	定位精度和重复定位精度	①立柱滑座 X 轴线移动 ②主轴箱 Y 轴线移动 ③立柱 W 轴线移动 ④镗轴（Z 轴线）	—	满足国家标准 GB/T 5289.3—2006
5	镗削加工精度等级	IT6~IT7	IT7~IT8	IT6~IT7

目前我国在役机床装备量大面广，实施在役再制造的需求迫切，潜力巨大。结合 SKODA W200G 落地镗铣床在役再制造的实施，发现机床装备在役再制造具有显著的技术效益、经济效益及社会效益，是提升我国制造业的制造能力、实现我国制造业转型升级的重要技术手段与模式。

1）在役机床装备整机性能提升，可低成本地支持制造企业质量提升、智能车间建设。SKODA W200G 落地镗铣床单台价值 1800 多万元，实施在役再制造的费用仅为 600 万元，低成本地实现了在役机床装备整机性能提升。在役机床装备的机械部分具有耐久性，性能稳定，特别是床身、立柱等铸件，时效越长，性能越好，有助于保证再制造机床性能稳定及高可靠性，提高加工精度，支持企业质量提升；机床电气控制系统等进行了更新升级，可靠性显著提升；实施智能化在役再制造，提升在役机床装备的智能化水平，实现加工过程自动化，提高生产率与产品质量，可以支持制造企业智能化车间建设。

2）机床装备在役再制造的社会效益、环境效益突出，支持企业绿色转型。通过实施机床装备在役再制造，可循环利用宝贵的机床资源以及成熟的工艺知识、工艺数据等软资源，低成本、快速地满足并提升企业的制造能力；提升在役机床装备的能效水平及绿色化水平，减少车间能耗，减少车间现场的油雾、油污、粉尘、切削液等污染排放，改善工人工作条件，支持企业绿色转型。

3）机床装备在役再制造属于典型的服务型制造，实施机床装备在役再制造可支持企业服务转型。《发展服务型制造专项行动指南》中提到：支持开展回收及再制造、再利用等绿色环保服务。机床装备在役再制造属于典型的服务型制造模式，可逐步发展成为一种新兴的以"在役再制造"为核心、面向产品全生命周期的机床装备服务型制造业。此外，我国制造业目前已由追求规模化、标准化逐步转变为追求智慧化、个性化、定制化；对在役机床装备实施网络化再制造与升级，可支持制造企业由以制造为中心转变为以服务为中心。

参 考 文 献

[1] 徐滨士. 中国再制造工程及其发展 [J]. 中国表面工程，2010，23（2）：1-6.

［2］曹华军，杜彦斌，张明智，等．机床再制造与综合提升内涵及技术框架［J］．中国表面工程，2010，23（6）：75-79．

［3］吴先文．机械设备维修技术［M］．北京：人民邮电出版社，2008．

［4］DU Y B，CAO H J，LIU F，et al. An integrated method for evaluating the remanufacturability of used machine tool［J］. Journal of Cleaner Production，2012，20（1）：82-91．

［5］DU Y B，CAO H J，CHEN X，et al. Reuse-oriented redesign method of used products based on axiomatic design theory and QFD［J］. Journal of Cleaner Production，2013，39：79-86．

［6］SUH N P. 公理设计：发展与应用［M］．谢友柏，袁小阳，徐华等译．北京：机械工业出版社，2004．

［7］全国绿色制造技术标准化管理委员会．绿色制造：金属切削机床再制造技术导则：GB/T 28615—2012［S］．北京：中国标准出版社，2012．

［8］邱言龙．机床维修技术问答［M］．北京：机械工业出版社，2001．

［9］曹健，顾剑锋．数控机床润滑系统控制的改进［J］．制造技术与机床，2005（8）：72-73．

［10］李猛，弋景刚，王家忠．机床数控化改造的主要模式和关键技术研究［J］．机床与液压，2011，39（14）：37-40．

［11］于东，郭锐锋．数控机床中伺服系统的现状及展望［J］．机械工人（冷加工），2005（3）：19-21．

［12］杜彦斌，李智明．退役机床再制造整机性能综合提升方案［J］．现代制造工程，2014（6）：16-21．

［13］李先广，刘飞，曹华军．齿轮加工机床的绿色设计与制造技术［J］．机械工程学报，2009，45（11）：140-145．

［14］全国金属切削机床标准化技术委员会．金属切削机床　安全防护通用技术条件：GB 15760—2004［S］．北京：中国标准出版社，2005．

［15］姚巨坤，杨俊娥，朱胜．废旧产品再制造质量控制研究［J］．中国表面工程，2006，19（z1）：115-117．

［16］杜彦斌，李聪波．机械装备再制造可靠性研究现状及展望［J］．计算机集成制造系统，2014，20（11）：2643-2651．

［17］杜彦斌，曹华军，刘飞，等．面向生命周期的机床再制造过程模型［J］．计算机集成制造系统，2010，16（10）：2073-2077．

［18］杜彦斌，李聪波，刘世豪．基于GO法的机床再制造工艺过程可靠性分析方法［J］．机械工程学报，2017，53（11）：203-210．

［19］DU Y B，LI C B. Implementing energy-saving and environmental-benign paradigm：machine tool remanufacturing by OEMs in China［J］. Journal of cleaner production，2014，66：272-279．

［20］王庆锋，高金吉，李中，等．机电设备在役再制造工程理论研究及应用［J］．机械工程学报，2018，54（22）：15-21．

［21］曹华军，杜彦斌．机床装备在役再制造的内涵及技术体系［J］．中国机械工程，2018，29（19）：93-99．